工程造价轻课系列(互联网+版)

造价案例计价升华篇——
精组价 统大局

鸿图教育 主 编

清华大学出版社
北京

内容简介

本书主要以《建设工程工程量清单计价规范》(GB 50500)，《房屋建筑与装饰工程工程量计算规范》(GB 50854)，《混凝土结构施工图平面整体表示方法制图规则和构造详图》——现浇混凝土框架、剪力墙、梁、板(16G101-1)，现浇混凝土板式楼梯(16G101-2)、独立基础、条形基础、筏形基础、桩基础(16G101-3)及部分省份的预算定额，《建筑工程建筑面积计算规范》(GB/T 50353—2013)等为依据进行编写。

本书共 8 章，内容主要包括建设工程造价构成、建设工程计价方法与依据、某多层住宅剪力墙结构工程、某县城郊区别墅现浇混凝土结构工程、某学校钢筋混凝土框架结构工程、单位工程外部清单组价、竣工决算编制与保证金、工程计价在软件中的体现。

本书适合从事工程造价、工程管理、房地产管理与开发、建筑工程技术、工程经济以及与造价相关行业的人员学习参考，同时可作为一、二级造价工程师实操演练的不二之选，还可供设计人员、施工技术人员、工程监理人员等参考使用，同时也可作为高等院校的教学和参考用书。

图书在版编目(CIP)数据

工程造价轻课系列：互联网+版. 造价案例计价升华篇：精组价 统大局/鸿图教育主编. —北京：清华大学出版社，2021.4

ISBN 978-7-302-57692-1

Ⅰ. ①工… Ⅱ. ①鸿… Ⅲ. ①工程造价 Ⅳ. ①TU723.3

中国版本图书馆 CIP 数据核字(2021)第 045535 号

责任编辑：石　伟
封面设计：李　坤
责任校对：吴春华
责任印制：丛怀宇

出版发行：清华大学出版社
　　　　　网　　址：http://www.tup.com.cn, http://www.wqbook.com
　　　　　地　　址：北京清华大学学研大厦 A 座　　　邮　　编：100084
　　　　　社 总 机：010-62770175　　　　　邮　　购：010-62786544
　　　　　投稿与读者服务：010-62776969, c-service@tup.tsinghua.edu.cn
　　　　　质量反馈：010-62772015, zhiliang@tup.tsinghua.edu.cn
　　　　　课件下载：http://www.tup.com.cn, 010-62791865

印 装 者：天津鑫丰华印务有限公司
经　　销：全国新华书店
开　　本：185mm×230mm　　印　张：20.25　　字　数：442 千字
版　　次：2021 年 4 月第 1 版　　　　　印　次：2021 年 4 月第 1 次印刷
定　　价：69.00 元

产品编号：087870-01

前　言

随着建筑行业的发展，加上国家政策和规范的出台以及相关预算软件的进步，作为一名造价从业人员，不论你是甲方还是乙方，都会涉及工程量的计算以及相应的报价。对于一个项目，识图是最基础的，可以说识图是算量和组价的前提，不会识图就不知道该如何进行算量，那么有了识图和算量的基础之后，造价的精髓主要就是学会组价，也就是能算出来一个项目最终的工程造价，通俗地讲就是要能将一个项目做完最终需要花多少钱算出来。组价的过程中我们需要注意哪些问题？组价过程会涉及不同性质的换算，如材料换算、机械换算等。这个换算的方法如何掌握？如何进行整体调价？调价有哪些方法与技巧？如何编制招标控制价？如何进行投标报价的编制？通过单方造价如何估算拟建类似项目的造价总额？这些问题都是组价过程中的典型重点问题，在理解的基础上逐项攻破，进而掌握，这才是造价的本质体现。精通组价原理，统筹整体大局，从而体现一个造价从业人员的价值取向。

本书主要以《建设工程工程量清单计价规范》(GB 50500)，《房屋建筑与装饰工程工程量计算规范》(GB 50854)，《混凝土结构施工图平面整体表示方法制图规则和构造详图》——现浇混凝土框架、剪力墙、梁、板(16G101-1)，现浇混凝土板式楼梯(16G101-2)、独立基础、条形基础、筏形基础、桩基础(16G101-3)及部分省份的预算定额，《建筑工程建筑面积计算规范》(GB/T 50353—2013)等为依据进行编写。本书特点如下。

(1) 书中系统地讲了工程组价的过程与原理，从组价构成到费用汇总，再到造价分析，循序渐进，杜绝模棱两可。

(2) 本书采用了三种不同形式的案例，含有剪力墙、现浇混凝土结构、框架架构以及单构件与现场签证，不同形式，前后连贯；摆脱眼高手低，注重实际运用。

(3) 摒弃老旧模式，直接采用实际案例，由前到后，逐步引导组价思路，方法有章可循；杜绝思路混乱，掌握组价技巧。

(4) 实践性强，以点带面，可以举一反三，其中采用的案例和图片均来源于实际案例和组价过程。

(5) 碰撞性强，对专业术语进行解释或是图文串讲，真正做到知识点的碰撞，知识的串联，知识的互通应用。

(6) 本书配有音频讲解、三维视频展示、实景图片展示，购书扫码加群另赠相应 PPT 课件。

本书由鸿图教育主编，由杨霖华和张利霞担任副主编，其中第 1 章由赵小云负责编写，第 2 章由杨霖华负责编写，第 3 章由刘瀚负责编写，第 4 章由张凯慧负责编写，第 5 章由杨威负责编写，第 6 章由张凯慧和杨霖华负责编写，第 7 章由杨威负责编写，第 8 章由张鑫负责编写，全书由张利霞和刘瀚负责统稿。

本书在编写过程中，得到了许多同行的支持与帮助，在此一并表示感谢。由于编者水平有限，书中难免有错误和不妥之处，望广大读者批评指正。

编 者

目　录

第1章 建设工程造价的构成

1.1 概 述

　　建设工程造价是指工程的建设价格。这里所说的工程，它的范围和内涵具有很大的不确定性。其含义有两种：第一种含义是指进行某项工程建设花费的全部费用，即该工程项目有计划地进行固定资产再生产、形成相应无形资产和铺底流动资金的一次性费用的总和，很明显，这一含义是从业主的角度来定义的。投资者选定一个投资项目后，就要通过项目评估进行决策，然后进行设计招标、工程招标，直至竣工验收等一系列投资管理活动。在投资活动中所支付的全部费用形成了固定资产和无形资产。所有这些开支就构成了建设工程造价。从这个意义上说，建设工程造价就是建设项目固定资产投资；第二种含义是指工程价格，即建成项工程，预计或实际在土地市场、设备市场、技术劳务市场以及承包市场等交易活动中所形成的建筑安装工程的价格和建设工程总价格。显然，建设工程造价的第二种含义是以社会主义商品经济和市场经济为前提的，它以工程这种特定的商品形式作为交换对象，通过招投标、承发包或其他交易形式，在进行多次性预估的基础上，最终由市场形成价格。通常是把建设工程造价的第二种含义认定为工程承发包价格。

　　建设工程造价的两种含义是以不同角度来把握同一事物的本质。以建设工程的投资者来说，建设工程造价就是项目投资，是"购买"项目付出的价格；同时也是投资者在作为市场供给主体时和"出售"项目时定价的基础。对于承包商来说，建设工程造价是他们作为市场供给主体出售商品和劳务的价格的总和，或是特指范围性的建设工程造价，如建筑安装工程造价。

　　建设项目投资包含固定资产投资和流动资产投资两部分。固定资产投资与建设项目的工程造价在量上相等，建设投资和建设期利息之和对应于固定资产投资。

$$建设投资+建设期利息=固定资产投资=工程造价 \tag{1-1}$$

　　工程造价的基本构成包括用于购买工程项目所含各种设备的费用，用于建筑施工和安装施工所需支出的费用，用于委托工程勘察设计应支付的费用，用于购置土地所需的费用，也包括用于建设单位自身进行项目筹建和项目管理所花费的费用等。总之，工程造价是按照确定的建设内容、建设规模、建设标准、功能要求和使用要求等将工程项目全部建成，在建设期预计或实际支出的建设费用。

工程造价的基本构成.mp3

1.2　工程造价的构成

1.2.1　建筑安装工程费用的构成

在工程建设中，设备工器具购置并不创造价值，建筑安装工作才是创造价值的生产活动。因此，在工程造价构成中，建筑安装工程费用具有相对独立性，它作为建筑安装工程价值的货币表现，亦被称为建筑安装工程造价。

建筑安装工程费用由建筑工程费用和安装工程费用两部分组成。

1. 建筑工程费用

(1) 各类房屋建筑工程费用和列入房屋建筑工程预算的供水、供暖、供电、卫生、通风、煤气等设备费用及其装修、防腐工程的费用，列入建筑工程预算的各种管道、电力、电信和电缆导线敷设工程的费用。

(2) 设备基础、支柱、工作台、烟囱、水塔、水池、灰塔等建筑工程，以及各种窑炉的砌筑工程和金属结构工程的费用。

(3) 为施工而进行的场地平整、工程和水文地质勘探、原有建筑物和障碍物的拆除以及施工临时用水、电、气、路和完工后的场地清理、环境绿化、美化等工作的费用。

(4) 矿井开凿、井巷延伸、露天矿剥离和石油、天然气、钻井以及修建铁路、公路、桥梁、水库、堤坝、灌渠及防洪等工程的费用。

扩展资源 1.建筑工程费的估算方法.doc

2. 安装工程费用

(1) 生产、动力、起重、运输、传动和医疗、实验等各种需要安装的机械设备的装配费用，与设备相连的工作台、梯子、栏杆等装设工程费用，附设于被安装设备的管线敷设工程费用，以及被安装设备的绝缘、防腐、保温、油漆等工作的材料费和安装费。

(2) 为测定安装工作质量，对单台设备进行单机试运转和对系统设备进行系统联动无负荷试运转工作的调试费。

我国现行建筑安装工程费用的具体构成如图 1-1 所示。

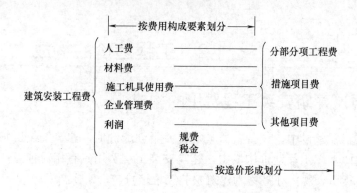

造价划分.mp4

图 1-1 建筑安装工程费用的具体构成

1.2.2 按照费用构成要素划分

按照费用构成要素划分，建筑安装工程费由人工费、材料费、施工机具使用费、企业管理费、利润、规费和增值税组成。其中人工费、材料费、施工机具使用费、企业管理费和利润包含在分部分项工程费、措施项目费、其他项目费中。

按费用构成要素划分的建筑安装工程费用项目组成如图 1-2 所示。

1. 人工费

人工费是指按工资总额构成规定，支付给从事建筑安装工程施工的生产工人和附属生产单位工人的各项费用。

(1) 计时工资或计件工资：是指按计时工资标准和工作时间或对已做工作按计件单价支付给个人的劳动报酬。

(2) 奖金：是指因超额劳动和增收节支支付给个人的劳动报酬，如节约奖、劳动竞赛奖等。

(3) 津贴、补贴：是指为了补偿职工特殊或额外的劳动消耗和因其他特殊原因支付给个人的津贴，以及为了保证职工工资水平不受物价影响支付给个人的物价补贴。例如，流动施工津贴、特殊地区施工津贴、高温(寒)作业临时津贴、高空津贴等。

(4) 加班加点工资：是指按规定支付的在法定节假日工作的加班工资和在法定日工作时间外延时工作的加点工资。

(5) 特殊情况下支付的工资：是指根据国家法律、法规和政策规定，因病、工伤、产假、计划生育假、婚丧假、事假、探亲假、定期休假、停工学习、执行国家或社会义务等原因按计时工资标准或计件工资标准的一定比例支付的工资。

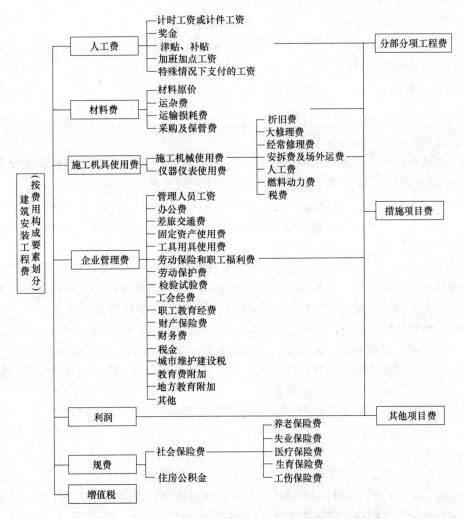

图 1-2　按费用构成要素划分的建筑安装工程费用项目组成

2. 材料费

材料费是指工程施工过程中耗费的各种原材料、半成品、构配件的费用，以及周转材料等的摊销、租赁费用。

(1) 材料原价：是指材料、工程设备的出厂价格或商家供应价格。

(2) 运杂费：是指材料、工程设备自来源地运至工地仓库或指定堆放地点所发生的全部费用。

(3) 运输损耗费：是指材料在运输装卸过程中不可避免的损耗。

(4) 采购及保管费：是指为组织采购、供应和保管材料、工程设备的过程中所需要的各项费用，包括采购费、仓储费、工地保管费、仓储损耗。

工程设备是指构成或计划构成永久工程一部分的机电设备、金属结构设备、仪器装置及其他类似的设备和装置。

3. 施工机具使用费

施工机具使用费是指施工作业所发生的施工机械、仪器仪表使用费或其租赁费，包括施工机械使用费和施工仪器仪表使用费。

施工机械使用费是指施工机械作业发生的使用费或租赁费。以施工机械台班耗用量乘以施工机械台班单价表示，施工机械台班单价应由下列七项费用组成。

(1) 折旧费：是指施工机械在规定的使用年限内，陆续收回其原值的费用。

(2) 大修理费：是指施工机械按规定的大修理间隔台班进行必要的大修理，以恢复其正常功能所需的费用。

(3) 经常修理费：是指施工机械除大修理以外的各级保养和临时故障排除所需的费用。包括为保障机械正常运转所需替换设备与随机配备工具附具的摊销和维护费用，机械运转中日常保养所需润滑与擦拭的材料费用及机械停滞期间的维护和保养费用等。

(4) 安拆费及场外运费：安拆费是指施工机械(大型机械除外)在现场进行安装与拆卸所需的人工、材料、机械和试运转费用，以及机械辅助设施的折旧、搭设、拆除等费用；场外运费是指施工机械整体或分体自停放地点运至施工现场或由一施工地点运至另一施工地点的运输、装卸、辅助材料及架线等费用。

(5) 人工费：是指机上司机(司炉)和其他操作人员的人工费。

(6) 燃料动力费：是指施工机械在运转作业中所消耗的各种燃料及水、电等产生的费用。

(7) 税费：是指施工机械按照国家规定应缴纳的车船使用税、保险费及年检费等。

施工仪器仪表使用费是指工程施工所发生的仪器仪表使用费或租赁费。施工仪器仪表使用费以施工仪器仪表台班耗用量与施工仪器仪表台班单价的乘积表示，施工仪器仪表台班单价由折旧费、维护费、校验费和动力费组成。

4. 企业管理费

企业管理费是指建筑安装企业组织施工生产和经营管理所需的费用。

(1) 管理人员工资：是指按规定支付给管理人员的计时工资、奖金、津贴补贴、加班加点工资及特殊情况下支付的工资等。

(2) 办公费：是指企业管理办公用的文具、纸张、账表、印刷、邮电、书报、办公软件、现场监控、会议、水电、烧水和集体取暖降温(包括现场临时宿舍取暖降温)等费用。

(3) 差旅交通费：是指职工因公出差调动工作的差旅费、住勤补助费，市内交通费和午餐补助费，职工探亲路费，劳动力招募费，职工退休、退职一次性路费，工伤人员就医路费，工地转移费以及管理部门使用的交通工具的油料、燃料等费用。

(4) 固定资产使用费：是指管理和试验部门及附属生产单位使用的属于固定资产的房屋、设备、仪器等的折旧、大修、维修或租赁费。

(5) 工具用具使用费：是指企业施工生产和管理使用的不属于固定资产的工具、器具、家具、交通工具和检验、试验、测绘、消防用具等的购置、维修和摊销费。

(6) 劳动保险和职工福利费：是指由企业支付的职工退职金、按规定支付给离休干部的经费、集体福利费、夏季防暑降温费、冬季取暖补贴、上下班交通补贴等。

(7) 劳动保护费：是指企业按规定发放的劳动保护用品的支出。例如，工作服、手套、防暑降温饮料，以及在有碍身体健康的环境中施工的保健费用等。

(8) 检验试验费：是指施工企业按照有关标准规定，对建筑以及材料、构件和建筑安装物进行一般鉴定、检查所发生的费用，包括自设试验室进行试验所耗用的材料等费用。不包括新结构、新材料的试验费，对构件做破坏性试验及其他特殊要求检验试验的费用和发包人委托检测机构进行检测的费用，对此类检测发生的费用，由发包人在工程建设其他费用中列支。但对施工企业提供的具有合格证明的材料进行检测，其结果不合格的，该检测费用由施工企业支付。

(9) 工会经费：是指企业按《中华人民共和国工会法》规定的全部职工工资总额比例计提的工会经费。

(10) 职工教育经费：是指按职工工资总额的规定比例计提，企业为职工进行专业技术和职业技能培训，专业技术人员继续教育、职工职业技能鉴定、职业资格认定以及根据需要对职工进行各类文化教育所发生的费用。

(11) 财产保险费：是指施工管理用财产、车辆等的保险费用。

(12) 财务费：是指企业为施工生产筹集资金或提供预付款担保、履约担保、职工工资支付担保等所发生的各种费用。

(13) 税金：是指企业按规定缴纳的房产税、车船使用税、土地使用税、印花税等。

(14) 城市维护建设税：是指为了加强城市的维护建设，扩大和稳定城市维护建设资金的来源，规定凡缴纳消费税、增值税的单位和个人，都应当依照规定缴纳城市维护建设税。城市维护建设税税率如下。

① 纳税人所在地在市区的，税率为 7%。

② 纳税人所在地在县城、镇的，税率为 5%。

③ 纳税人所在地不在市区、县城或镇的，税率为 1%。

(15) 教育费附加：是指对缴纳增值税、消费税的单位和个人征收的一种附加费。其作用是为了发展地方性教育事业，扩大地方教育经费的资金来源。以纳税人实际缴纳的增值税、消费税的税额为计费依据，教育费附加的征收率为 3%。

(16) 地方教育附加：按照《关于统一地方教育附加政策有关问题的通知》要求，各地统一征收地方教育附加，地方教育附加征收标准为单位和个人实际缴纳的增值税、消费税税额的 2%。

(17) 其他：包括技术转让费、技术开发费、投标费、业务招待费、绿化费、广告费、公证费、法律顾问费、审计费、咨询费、保险费等。

5. 利润

利润是指企业完成承包工程所获得的盈利。

6. 规费

规费是指按国家法律、法规规定，由省级政府和省级有关权力部门规定必须缴纳或计取的费用。

(1) 社会保险费。

养老保险费：是指企业按照规定标准为职工缴纳的基本养老保险费。

失业保险费：是指企业按照规定标准为职工缴纳的失业保险费。

医疗保险费：是指企业按照规定标准为职工缴纳的基本医疗保险费。

生育保险费：是指企业按照规定标准为职工缴纳的生育保险费。

工伤保险费：是指企业按照规定标准为职工缴纳的工伤保险费。

(2) 住房公积金：是指企业按规定标准为职工缴纳的住房公积金。

(3) 其他应列而未列入的规费，按实际发生计取。

7. 增值税

增值税是以商品(含应税劳务)在流转过程中产生的增值额作为计税依据而征收的一种流转税。从计税原理上说，增值税是对商品生产、流通、劳务服务中多个环节的新增价值或商品的附加值征收的一种流转税。根据财政部、国家税务总局《关于全面推开营业税改征增值税试点的通知》(财税〔2016〕36 号)要求，建筑业自 2016 年 5 月 1 日起纳入营业税改征增值税试点范围(简称营改增)。建筑业营改增后，工程造价按"价税分离"计价规则计算，具体要素价格适用增值税税率执行财税部门的相关规定。税前工程造价为人工费、材料费、施工机具使用费、企业管理费、利润与规费之和。

建筑安装工程费用中的增值税按税前造价乘以增值税税率确定。

1) 采用一般计税方法时增值税的计算

当采用一般计税方法时，建筑业增值税税率为 9%。计算公式为：

$$增值税=税前造价×9\% \qquad (1\text{-}2)$$

税前造价为人工费、材料费、施工机具使用费、企业管理费、利润和规费之和，各费用项目均以不包含增值税可抵扣进项税额的价格计算。

2）采用简易计税方法时增值税的计算

（1）简易计税的适用范围。

根据《营业税改征增值税试点实施办法》《营业税改征增值税试点有关事项的规定》《关于建筑服务等营改增试点政策的通知》的规定，简易计税方法主要适用于以下几种情况。

① 小规模纳税人发生应税行为适用简易计税方法计税。小规模纳税人通常是指纳税人提供建筑服务的年应征增值税销售额未超过 500 万元，并且会计核算不健全，不能按规定报送有关税务资料的增值税纳税人。年应税销售额超过 500 万元但不经常发生应税行为的单位也可选择按照小规模纳税人计税。

② 一般纳税人以清包工方式提供的建筑服务，可以选择适用简易计税方法计税。以清包工方式提供建筑服务，是指施工方不采购建筑工程所需的材料或只采购辅助材料，并收取人工费、管理费或者其他费用的建筑服务。

③ 一般纳税人为甲供工程提供的建筑服务，可以选择适用简易计税方法计税。甲供工程是指全部或部分设备、材料、动力由工程发包方自行采购的建筑工程。其中建筑工程总承包单位为房屋建筑的地基与基础、主体结构提供工程服务，建设单位自行采购全部或部分钢材、混凝土、砌体材料、预制构件的，适用简易计税方法计税。

④ 一般纳税人为建筑工程老项目提供的建筑服务，可以选择适用简易计税方法计税。建筑工程老项目为《建筑工程施工许可证》注明的合同开工日期在 2016 年 4 月 30 日前的建筑工程项目；未取得《建筑工程施工许可证》的，建筑工程承包合同注明的开工日期在 2016 年 4 月 30 日前的建筑工程项目。

（2）简易计税的计算方法。

当采用简易计税方法时，建筑业增值税税率为3%。计算公式为：

$$增值税=税前造价×3\%$$ (1-3)

税前造价为人工费、材料费、施工机具使用费、企业管理费、利润和规费之和，各费用项目均以包含增值税进项税额的含税价格计算。

1.2.3 按照造价形成划分

建筑安装工程费按照工程造价形成由分部分项工程费、措施项目费、其他项目费、规费、增值税组成，分部分项工程费、措施项目费、其他项目费包含人工费、材料费、施工机具使用费、企业管理费和利润。

按造价形成划分的建筑安装工程费用项目组成如图 1-3 所示。

扩展资源 2.工程造价按构成要素如何划分.doc

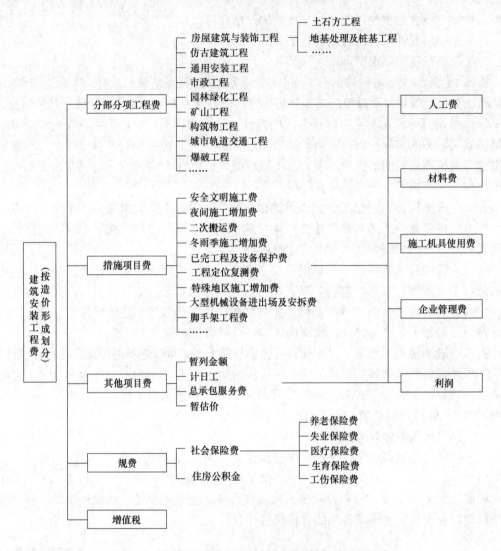

图 1-3　按造价形成划分的建筑安装工程费用项目组成

1. 分部分项工程费

分部分项工程费是指各专业工程的分部分项工程应予列支的各项费用。

(1) 专业工程：是指按现行国家计量规范划分的房屋建筑与装饰工程、仿古建筑工程、通用安装工程、市政工程、园林绿化工程、矿山工程、构筑物工程、城市轨道交通工程、爆破工程等各类工程。

(2) 分部分项工程：是指按现行国家计量规范对各专业工程划分的项目。例如，房屋建筑与装饰工程划分的土石方工程、地基处理及桩基工程、砌筑工程、钢筋及钢筋混凝土工程等。

各类专业工程的分部分项工程划分见现行国家或行业计量规范。

2. 措施项目费

措施项目费是指为完成建设工程施工，发生于该工程施工前和施工过程中的技术、生活、安全、环境保护等方面的费用。

(1) 安全文明施工费。

① 环境保护费：是指施工现场为达到环保部门要求所需要的各项费用。

② 文明施工费：是指施工现场文明施工所需要的各项费用。

③ 安全施工费：是指施工现场安全施工所需要的各项费用。

④ 临时设施费：是指施工企业为进行建设工程施工所必须搭设的生活和生产用的临时建筑物、构筑物和其他临时设施费用，包括临时设施的搭设、维修、拆除、清理费或摊销费等。

(2) 夜间施工增加费：是指因夜间施工所发生的夜班补助费、夜间施工降效、夜间施工照明设备摊销及照明用电等费用。

(3) 二次搬运费：是指因施工场地条件限制而发生的材料、构配件、半成品等一次运输不能到达堆放地点，必须进行二次或多次搬运所发生的费用。

(4) 冬雨季施工增加费：是指在冬季或雨季施工需增加的临时设施、防滑、排除雨雪，人工及施工机械效率降低等费用。

(5) 已完工程及设备保护费：是指竣工验收前，对已完工程及设备采取的必要保护措施所发生的费用。

(6) 工程定位复测费：是指工程施工过程中进行全部施工测量放线和复测工作的费用。

(7) 特殊地区施工增加费：是指工程在沙漠或其边缘地区、高海拔、高寒、原始森林等特殊地区施工增加的费用。

(8) 大型机械设备进出场及安拆费：是指机械整体或分体自停放场地运至施工现场或由一个施工地点运至另一个施工地点，所发生的机械进出场运输和转移费用及机械在施工现场进行安装、拆卸所需的人工费、材料费、机械费、试运转费和安装所需的辅助设施的费用。

(9) 脚手架工程费：是指施工需要的各种脚手架搭、拆、运输费用以及脚手架购置费的摊销(或租赁)费用。

措施项目及其包含的内容详见各类专业工程的现行国家或行业计量规范。

其他项目费.mp3

3. 其他项目费

(1) 暂列金额：是指发包人在工程量清单中暂定并包括在工程合同价款中的一笔款项。用于施工合同签订时尚未确定或者不可预见的所需材料、工程设备、服务的采购，施工中可能发生的工程变更、合同约定调整因素出现时的工程价款调整，以及发生的索赔、现场签证确认等的费用。

(2) 暂估价：招标人在工程量清单中提供的用于支付必然发生的但暂时不能确定的材料的单价以及专业工程的金额。暂估价分为材料暂估价和专业工程暂估价。

(3) 计日工：是指在施工过程中，承包人完成发包人提出的施工图纸以外的零星项目或工作所需的费用。

(4) 总承包服务费：是指总承包人为配合、协调发包人进行的专业工程发包，对发包人自行采购的材料、工程设备等进行保管以及施工现场管理、竣工资料汇总整理等服务所需的费用。

4. 规费

规费的构成和计算与上述 1.2.2 节按费用构成要素划分建筑安装工程费用项目组成部分是相同的，所以这里仅作简要说明。

规费是指按国家法律、法规规定，由省级政府和省级有关权力部门规定必须缴纳或计取的费用。规费包括社会保险费和住房公积金，其中社会保险费包括养老保险费、失业保险费、医疗保险费、生育保险费、工伤保险费。

其他应列而未列入的规费，接实际发生计取。

5. 增值税

增值税的构成和计算与上述 1.2.2 节按费用构成要素划分建筑安装工程费用项目组成部分是相同的，所以这里仅作简要说明。

建筑安装工程费用中的增值税按税前造价乘以增值税税率确定。

1) 采用一般计税方法时增值税的计算

当采用一般计税方法时，建筑业增值税税率为 9%。计算公式为：

$$增值税=税前造价×9\% \tag{1-4}$$

税前造价为人工费、材料费、施工机具使用费、企业管理费、利润和规费之和，各费用项目均以不包含增值税可抵扣进项税额的价格计算。

2) 采用简易计税方法时增值税的计算

(1) 简易计税的适用范围。根据《营业税改征增值税试点实施办法》《营业税改征增值税试点有关事项的规定》《关于建筑服务等营改增试点政策的通知》的规定，简易计税方法主要适用于以下几种情况。

① 小规模纳税人发生应税行为适用简易计税方法计税。

② 一般纳税人以清包工方式提供的建筑服务，可以选择适用简易计税方法计税。

③ 一般纳税人为甲供工程提供的建筑服务，可以选择适用简易计税方法计税。

④ 一般纳税人为建筑工程老项目提供的建筑服务，可以选择适用简易计税方法计税。

(2) 简易计税的计算方法。当采用简易计税方法时，建筑业增值税税率为 3%。计算公式为：

$$增值税 = 税前造价 \times 3\% \tag{1-5}$$

税前造价为人工费、材料费、施工机具使用费、企业管理费、利润和规费之和，各费用项目均以包含增值税进项税额的含税价格计算。

1.3　工程造价的特点

工程造价根据字面的简单解释即为建设工程项目总的建造价格，从不同的角度考虑，工程造价的含义也有所区别。如果是从投资者的角度，那么工程造价就是指工程的建设成本，是建设工程项目的固定资产投资，包括设备费、安装费、人工费、材料费等。如果是从承发包商角度，那么工程造价就是指工程价格，就是通过招投标的形式所形成的整体或单项工程的工程价格。可以说，工程造价属于经济学的范畴，具有丰富的含义与特点，下文重点就工程造价的大额性、个别性、动态性、层次性、兼容性这五个特点进行分析。

1. 工程造价的大额性

要发挥工程项目的投资效用，其工程造价都非常昂贵，动辄数百万、数千万，特大的工程项目造价可达百亿元人民币。

2. 工程造价的个别性

任何一项工程都有特定的用途、功能和规模。对每一项工程的结构、造型、空间分割、设备配置和内外装饰都有具体的要求，因此工程内容和实物形态都具有个别性、差异性。产品的差异性决定了工程造价的个别性差异。同时，每期工程所处的地理位置也不相同，使这一特点得到了强化。

3. 工程造价的动态性

任何一项工程从决策到竣工交付使用，都有一个较长的建设期间，在建设期内，往往由于不可控制因素，会造成许多影响工程造价的动态性因素。例如，设计变更、材料、设备价格、工资标准以及取费费率的调整，贷款利率、汇率的变化，都必然会影响到工程造价的变动。

因此，工程造价在整个建设期处于不确定状态，直至竣工决算后才能最终确定工程的实际造价。

4. 工程造价的层次性

工程造价的层次性取决于工程的层次性。一个建设项目往往包含多项能够独立发挥生产能力和工程效益的单项工程。一个单项工程又由多个单位工程组成。与此相适应，工程造价有三个层次，即建设项目总造价、单项工程造价和单位工程造价。

如果专业分工更细，分部分项工程也可以作为承发包的对象，如大型土方工程、桩基工程、装饰工程等。这样工程造价的层次因增加分部工程和分项工程而成为五个层次。即使从工程造价的计算程序和工程管理角度来分析，工程造价的层次也是非常明确的。

5. 工程造价的兼容性

首先表现在本身具有的两种含义，其次表现在工程造价构成的广泛性和复杂性，工程造价除建筑安装工程费用、设备及工器具购置费用外，征用土地费用、项目可行性研究费用、规划设计费用、与一定时期政府政策(产业和税收政策)相关的费用占有相当的份额。盈利的构成较为复杂，资金成本较大。

1.4　工程造价的作用

1.4.1　工程造价是项目决策的依据

建设工程投资大、生产和使用周期长等特点决定了项目决策的重要性。工程造价决定着项目的一次性投资费用。投资者是否有足够的财务能力支付这笔费用，是否认为值得支付这项费用，是项目决策中要考虑的主要问题，财务能力是一个独立的投资主体必须首先解决的问题。如果建设工程的价格超过投资者的支付能力，就会迫使投资者放弃拟建的项目；如果项目投资的效果达不到预期目标，投资者也会自动放弃拟建的工程。因此，在项目决策阶段，建设工程造价就成为项目财务分析和经济评价的重要依据。

1.4.2　工程造价是制订投资计划和控制投资的依据

工程造价在控制投资方面的作用非常明显。工程造价是通过多次预估，最终通过竣工决算确定下来的。每一次预估的过程就是对造价的控制过程；而每一次估算对下一次估算又都是对造价严格的控制，具体地讲，每一次估算都不能超过前一次估算的一定幅度。这种控制是在投资者财务能力限度内为取得既定的投资效益所必需的。建设工程造价对投资的控制也表现在利用制定各类定额、标准和参数，对建设工程造价的计算依据进行控制。在市场经济利益风险机制的作用下，造价对投资的控制作用成为投资的内部约束机制。

1.4.3 工程造价是筹集建设资金的依据

投资体制的改革和市场经济的建立，要求项目的投资者必须具有很强的筹资能力，以保证工程建设有充足的资金供应。工程造价基本决定了建设资金的需求量，从而为筹集资金提供了比较准确的依据。当建设资金来源于金融机构的贷款时，金融机构在对项目的偿贷能力进行评估的基础上，也需要依据工程造价来确定给予投资者的贷款数额。

1.4.4 工程造价是评价投资效果的重要指标

工程造价是一个包含多层次工程造价的体系，就一个工程项目来说，它既是建设项目的总造价，又包含单项工程的造价和单位工程的造价，同时也包含单位生产能力的造价或 $1m^2$ 建筑面积的造价等。所有这些，使工程造价自身形成了一个指标体系。它能够为评价投资效果提供多种评价指标，并能够形成新的价格信息，为今后类似项目的投资提供参考。

1.4.5 工程造价是合理利益分配和调节产业结构的手段

工程造价的高低，涉及国民经济各部门和企业间的利益分配。在计划经济体制下，政府为了用有限的财政资金建成更多的工程项目，总是趋向于压低建设工程造价，使建设中的劳动消耗得不到完全补偿，价值不能得到完全实现。而未被实现的部分价值则被重新分配到各个投资部门，为项目投资者所占有。这种利益的再分配有利于各产业部门按照政府的投资导向加速发展，也有利于按宏观经济的要求调整产业结构；但也会严重损害建筑企业的利益，从而使建筑业的发展长期处于落后状态，与整个国民经济的发展不相适应。在市场经济体制下，工程造价无例外地受供求状况的影响，并在围绕价值的波动中实现对建设规模、产业结构和利益分配的调节。加上政府正确的宏观调控和价格政策导向，工程造价在这方面的作用会充分发挥出来。

1.4.6 工程造价有利于保证建筑工程投资的科学性

工程预结算是建筑工程设计的起始点，工程成本经过一系列的计算、评价和核算，并编制相应的文件。在审核批准完成后，设计预结算在签订合同以及贷款合同的基础上作为一个具体的投资计划。与此同时，做好一系列的准备工作。例如，准备建筑工程的设计、规划，检查准备施工以及产品成本所需要的现金，完善建筑工程档案。在设计预算工程承包中，工程设计计算成为投资者和企业合同的基础。在建筑工程设计预结算完成后，要递交相关政府部门进行审核，审核完成后，根据设计概算的项目，银行进行贷款的发放，但数量不超过设计概算定额。正是因为经过多过程、多阶段、多层次的计算、评价、核算，从而保证了建筑工程投资的科学性。

1.4.7 工程造价有利于建筑施工设计的编制

在建筑工程施工设计阶段进行的项目预期成本的计算、评估简称建筑工程施工图预结算。在建筑施工设计的编制过程中，首要的是依据工程的施工图纸，根据国家的相关工程量计算的规则，对每个项目的工程量进行计算，而后根据相应的预算成本，对直接费用进行计算，并通过标准的工程费用、间接费用。经过一系列的费用计算，确定单位的工程成本、项目投标报价、资金结算，从而有利于建筑施工设计编制的后续工作。

1.4.8 工程造价能有效控制建筑工程成本

工程造价的控制措施是保证工程造价发挥作用，达成目标的根本方法，现阶段较为先进和常用的控制措施包括施工组织设计、进度管理、质量管理和组织管理。具体分析如下。

1. 施工组织设计

施工组织设计是为了让施工变得更加合理、科学、有序，从而提高施工质量，减少资源损耗，加快施工进度，以实现控制预算，达到设计要求的目的。不仅如此，施工组织设计对于工程造价的控制作用，还可以通过施工方案的合理程度，科技成果的具体应用，企业核心竞争力形成等方面得到体现。

2. 进度管理

进度管理通俗一点的说法是化整为零，按部结算，通过对承包合同中规定的工程进度内容和完成质量进行管理控制，以实现工程造价的阶段性控制。在进度管理中，离不开的核心关键词是工期，工期与质量、成本并称建设工程项目的三条黄金线，工期的缩短和延长直接带来人力、物力、财力的变化，对于工程造价的浮动具有重大影响。实行进度管理，有利于分阶段对建设工程项目使用费用进行控制管理，有利于严格履行合同工期，确保工程顺利、保质、按时完成。

3. 质量管理

质量管理主要控制质量成本，质量成本是保证质量的支出和未到达保证质量目标的支出的和。在保证质量支出的成本中包括预防和评估两个方面，与建设工程质量成正比，而未达到保证质量目标的支出则属于故障成本，与建设工程质量成反比。由此可见，在质量管理中，适当提高并保证质量支出有利于提高建设工程项目质量，降低或杜绝安全事故的发生，在一定程度上对于提高建设工程项目收益有利。

4. 组织管理

组织管理的核心是人，方法是协调。任何一个建设工程项目想要顺利完成，都离不开人，上述提到的施工组织设计、进度管理、质量管理等工程造价的控制措施都需要人来确保实现落实。因此，要加强组织管理，突出组织管理在工程造价控制中的作用，明确岗位职业和岗位分工，充分发挥每一个岗位每一个人的作用和专业能力，调动积极性，建立明确的绩效考核机制，将"责任、权力、利益"进行有机统一，确保各项工作顺利进行，确保工程造价的准确精密。

在施工企业施工图预算的前提下，建筑工程预算造价的控制与管理，是依靠施工图纸、规范，结合组织设计，工程计算的消费等相关的费用，在一定程度上，规范企业的成本计划的文件。通过一定的数量来表示的劳动量、材料、机械设备、金额根据不同要求进行相关的设定。施工预算是施工单位在施工过程中的具体计算所需劳动力，材料和机械的数量消耗，它是依靠施工图纸、规范，结合组织设计，来提升成本预算的针对性和准确性。

1.5　工程造价计价模式

1.5.1　计价模式

工程造价是指完成一个建设项目预期开支或实际开支的全部建设费用，即该工程项目从建设前期到竣工投产全过程所花费的费用总和。工程计价则是指，在工程项目实施建设的各个阶段，根据不同的目的，综合运用技术、经济、管理等手段，对特定工程项目的工程造价进行全过程、全方位的预测、优化、计算、分析等一系列活动的总和。

工程计价模式目前有两种模式，即传统定额计价模式和工程量清单计价模式。

1. 传统定额计价模式

通常称为定额计价模式，根据定额中规定的工程量计算规则、定额单价计算人、料、机费用，再按规定的费率和取费标准计取企业管理费、利润、规费和税金，汇总得出工程造价。

其基本特征是价格=定额+费用+文件规定，并作为法定性的依据强制执行。不论是工程招标编制标底，还是投标报价均以此为唯一依据，承发包双方共用同一定额和费用标准确定标底价和投标报价。定额计价是建立在以政府定价为主导的计划经济管理基础上的价格管理模式。它所体现的是政府对工程价格的直接管理和调控。

2. 工程量清单计价模式

将工程量清单中的分部分项工程按采用的施工定额、预算定额的定额子项进行分解，再按施工定额、预算定额的工程量计算规则计算各定额子项的施工工程量，再按信息价(如某种材料要求采用市场价格的采用市场价格)并考虑一定的调价因素计算出分部分项工程人、料、机费用，再按规定的费率和取费标准计取企业管理费、利润、规费和税金，汇总得出工程造价。

工程量清单计价是属于全面成本管理的范畴，其思路是"统一计算规则，有效控制消耗量，彻底放开价格，正确引导企业自主报价，市场有序竞争形成价格"。跳出传统的定额计价模式，建立一种全新的计价模式。依靠市场和企业的实力通过竞争形成价格，使业主通过企业报价可直观地了解项目造价。

工程量清单计价模式.mp3

扩展资源 3.工程量清单计价的作用.doc

工程量清单计价与定额计价不仅在表现形式、计价方法上发生了变化，而且从定额管理方式和计价模式上也发生了变化。采用行业统一定额计价，投标企业没有定价的发言权，只能被动接受，而工程量清单投标报价可以充分发挥企业的能动性，企业可利用自身的特点，在投标中处于优势地位。

1.5.2 工程量清单计价的优点

(1) 工程量清单计价模式能够反映市场经济规律。在正确的工程量清单基础上，业主能够获得较低的报价，从而节约工程资金。

(2) 工程量清单计价模式遵循政府宏观调控、企业自主报价、市场竞争形成价格的原则。投标商在平等的工程量基础上报价，竞争更加公平。

(3) 工程量清单计价模式有利于建筑市场风险的合理分担。投标商依据工程量清单报价，可以降低投标风险和投标费用，并可以节约投标时间，把更多的精力放在施工技术和施工难题上。

(4) 工程量清单计价模式有利于招投标工作的进行。

对已报价的工程量清单进行评估，更加简单化和程序化。在招标之前，编制工程量清单可对施工图纸和施工规范的正确性、可建性和一致性进行检查。已计价的工程量清单作为合同的重要信息，可用于工程结算、变更，工程纠纷以及建筑物后期的维护管理等。

第 2 章 建设工程计价的方法与依据

2.1 工程计价方法

工程计价是指按照规定的程序、方法和依据，对工程造价及其构成内容进行估计或确定的行为。工程计价依据是指在工程计价活动中，所要依据的与计价内容、计价方法和价格标准相关的工程计量计价标准、工程计价定额及工程造价信息等。

2.1.1 工程计价的含义

工程计价是按照法律、法规和标准规定的程序、方法和依据，对工程项目实施建设的各个阶段的工程造价及其构成内容进行预测和确定的行为。

工程计价的含义应该从以下三方面进行解释。

扩展资源 1.工程计价.doc

(1) 工程计价是工程价值的货币形式。工程计价是自下而上的分布组合计价，建设项目兼具单件性与多样性的特点。

(2) 工程计价是投资控制的依据。后一次估算不能超过前一次估算的幅度。

(3) 工程计价是合同价款管理的基础。

2.1.2 工程计价的基本原理

建设项目是兼具单件性与多样性的集合体。每一个建设项目的建设都需要按业主的特定需要进行单独设计、单独施工，不能批量生产和按整个项目确定价格，只能采用特殊的计价程序和计价方法，即将整个项目进行分解，划分为可以按有关技术经济参数测算价格的基本构造单元(如定额项目、清单项目)，这样就可以计算出基本构造单元的费用。一般来说，分解结构层次越多，基本子项也越细，计算也更精确。

任何一个建设项目都可以分解为一个或几个单项工程，任何一个单项工程都是由一个或几个单位工程所组成。作为单位工程的各类建筑工程和安装工程仍然是一个比较复杂的综合实体，还需要进一步分解。单位工程可以按照结构部位、路段长度及施工特点或施工任务分解为分部工程。分解成分部工程后，从工程计价的角度，还需要把分部工程按照不同的施工方法、材料、工序及路段长度等，加以更为细致的分解，划分为更为简单细小的部分，即分项工程。分解到分项工程后还可以根据需要进一步划分或组合为定额项目或清单项目，这样就可以得到基本构造单元了。

工程造价计价的主要思路就是将建设项目细分至最基本的构造单元，找到了适当的计量单位及当时当地的单价，就可以采取一定的计价方法，进行分部组合汇总，计算出相应的工程造价。工程计价的基本原理就在于项目的分解与组合。

工程计价的基本原理可以用公式的形式表达如下：

$$分部分项工程费=\sum[基本构造单元工程量(定额项目或清单项目)\times相应单价] \qquad (2\text{-}1)$$

工程造价的计价可分为工程计量和工程计价两个环节。

1. 工程计量

工程计量工作包括工程项目的划分和工程量的计算。

(1) 单位工程基本构造单元的确定，即划分工程项目。编制工程概算预算时，主要是按工程定额进行项目的划分；编制工程量清单时，主要是按照工程量清单计量规范规定的清单项目进行划分。

(2) 工程量的计算就是按照工程项目的划分和工程量计算规则，就施工图设计文件和施工组织设计对分项工程实物量进行计算。工程实物量是计价的基础，不同的计价依据有不同的计算规则规定。目前，工程量计算规则包括两大类。

① 各类工程定额规定的计算规则。

② 各专业工程计量规范附录中规定的计算规则。

2. 工程计价

工程计价包括工程单价的确定和总价的计算。

(1) 工程单价是指完成单位工程基本构造单元的工程量所需要的基本费用。工程单价包括工料单价和综合单价。

① 工料单价亦称直接工程费单价，包括人工、材料、机械台班费用，是各种人工消耗量、各种材料消耗量、各类机械台班消耗量与其相应单价的乘积。用下式表示：

$$工料单价=\sum(人材机消耗量\times人材机单价) \qquad (2\text{-}2)$$

② 综合单价包括人工费、材料费、机械台班费，还包括企业管理费、利润和风险因素。综合单价根据国家、地区、行业定额或企业定额消耗量和相应生产要素的市场价格来确定。

(2) 工程总价是指经过规定的程序或办法逐级汇总形成的相应工程造价。

根据采用单价的不同，总价的计算程序有所不同。

① 采用工料单价时，在工料单价确定后，乘以相应定额项目工程量并汇总，得出相应工程直接工程费，再按照相应的取费程序计算其他各项费用，汇总后形成相应工程造价。

② 采用综合单价时，在综合单价确定后，乘以相应项目工程量，经汇总即可得出分

部分项工程费，再按相应的办法计取措施项目费、其他项目费、规费项目费、税金项目费，各项目费汇总后得出相应工程造价。

2.1.3 工程计价的标准和依据

工程计价的标准和依据主要包括计价活动的相关规章规程、工程量清单计价和计量规范、工程定额和相关造价信息。

从目前我国现状来看，工程定额主要用于在项目建设前期各阶段对于建设投资的预测和估计，在工程建设交易阶段，工程定额通常只能作为建设产品价格形成的辅助依据。工程量清单计价依据主要适用于合同价格形成以及后续的合同价格管理阶段。计价活动的相关规章规程则根据其具体内容可能适用于不同阶段的计价活动。造价信息是计价活动所必需的依据。

1. 计价活动的相关规章规程

现行计价活动相关的规章规程主要包括建筑工程发包与承包计价管理办法、建设项目投资估算编审规程、建设项目设计概算编审规程、建设项目施工图预算编审规程、建设工程招标控制价编审规程、建设项目工程结算编审规程、建设项目全过程造价咨询规程、建设工程造价咨询成果文件质量标准、建设工程造价鉴定规程等。

2. 工程量清单计价和计量规范

工程量清单计价和计量规范由《建设工程工程量清单计价规范》(GB 50500)、《房屋建筑与装饰工程量计算规范》(GB 50854)、《仿古建筑工程量计算规范》(GB 50855)、《通用安装工程量计算规范》(GB 50856)、《市政工程量计算规范》(GB 50857)、《园林绿化工程量计算规范》(GB 50858)、《矿山工程量计算规范》(GB 50859)、《构筑物工程量计算规范》(GB 50860)、《城市轨道交通工程量计算规范》(GB 50861)、《爆破工程量计算规范》(GB 50862)等组成。

3. 工程定额

工程定额主要指国家、省、有关专业部门制定的各种定额，包括工程消耗量定额和工程计价定额等。

4. 工程造价信息

工程造价信息主要包括价格信息、工程造价指数和已完工程信息等。

2.1.4 工程计价的基本程序

1. 工程概预算编制的基本程序

工程概预算的编制是国家通过颁布统一的计价定额或指标，对建筑产品价格进行计价的活动。国家以假定的建筑安装产品为对象，制定统一的预算和概算定额。然后按概预算定额规定的分部分项子目，逐项计算工程量，套用概预算定额单价(或单位估价表)确定直接工程费，然后按规定的取费标准确定措施费、间接费、利润和税金，经汇总后即为工程概预算价值。工程概预算编制的基本程序，如图 2-1 所示。

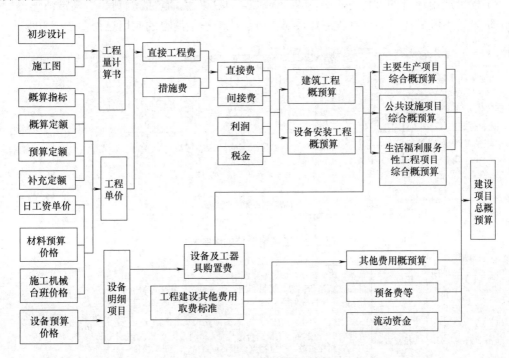

图 2-1　工程概预算编制的基本程序

工程概预算单位价格的形成过程，就是依据概预算定额所确定的消耗量乘以定额单价或市场价，经过不同层次的计算形成相应造价的过程。可以用公式进一步明确工程概预算编制的基本方法和程序：

$$每一计量单位建筑产品的基本构造要素（假定建筑产品）的直接工程价 = 人工费 + 材料费 + 施工机械使用费 \tag{2-3}$$

$$人工费 = \Sigma（人工工日数量 \times 人工单价） \tag{2-4}$$

$$材料费=\sum(材料用量×材料单价)+工程设备费 \tag{2-5}$$

$$机械使用费=\sum(机械台班用量×机械台班单价) \tag{2-6}$$

$$单位工程直接费=\sum(假定建筑产品工程量×工料单价) \tag{2-7}$$

$$单位工程概预算造价=单位工程直接费+间接费+利润+税金 \tag{2-8}$$

$$单项工程概预算造价=\sum 单位工程概预算造价+设备、工器具购置费 \tag{2-9}$$

$$建设项目全部工程概预算造价=\sum 单项工程的概预算造价+预备费+有关的其他费用 \tag{2-10}$$

2. 工程量清单计价的基本程序

工程量清单计价的过程可以分为两个阶段，即工程量清单的编制和工程量清单的应用两个阶段。工程量清单的编制程序如图 2-2 所示，工程量清单的应用过程如图 2-3 所示。

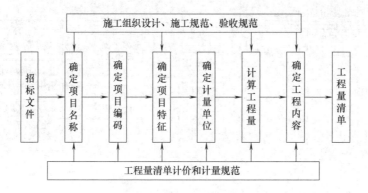

图 2-2　工程量清单的编制程序

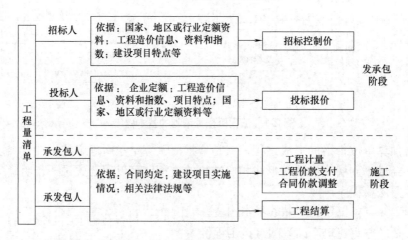

图 2-3　工程量清单的应用过程

工程量清单计价的基本原理可以描述为按照工程量清单计价规范规定,在各相应专业工程计量规范规定的工程量清单项目设置和工程量计算规则基础上,针对具体工程的施工图纸和施工组织设计计算出各个清单项目的工程量,根据规定的方法计算出综合单价,并汇总各清单合价得出工程总价。

$$分部分项工程费 = \sum (分部分项工程量 \times 相应分部分项综合单价) \qquad (2-11)$$

$$措施项目费 = \sum 各措施项目费 \qquad (2-12)$$

$$其他项目费 = 暂列金额 + 暂估价 + 计日工 + 总承包服务费 \qquad (2-13)$$

$$单位工程报价 = 分部分项工程费 + 措施项目费 + 其他项目费 + 规费 + 税金 \qquad (2-14)$$

$$单项工程报价 = \sum 单位工程报价 \qquad (2-15)$$

$$建设项目总报价 = \sum 单项工程报价 \qquad (2-16)$$

公式中,综合单价是指完成一个规定清单项目所需的人工费、材料和工程设备费、施工机具使用费和企业管理费、利润,以及一定范围内的风险费用。风险费用是隐含于已标价工程量清单综合单价中,用于化解发承包双方在工程合同中约定内容和范围内的市场价格波动风险的费用。

工程量清单计价活动涵盖施工招标、合同管理,以及竣工交付全过程,主要包括编制招标工程量清单、招标控制价、投标报价,确定合同价,进行工程计量与价款支付、合同价款的调整、工程结算和工程计价纠纷处理等活动。

2.2　工程计价定额

工程定额主要指国家、地方或行业主管部门制定的各种定额,包括工程消耗量定额和工程计价定额等。工程消耗量定额主要是指完成规定计量单位合格建筑安装产品所消耗的人工、材料、施工机具台班的数量标准。

工程计价定额是指直接用于工程计价的定额或指标,包括预算定额、概算定额、概算指标和投资估算指标等。此外,部分地区和行业造价管理部门还会颁布工期定额,工期定额是指在正常的施工技术和组织条件下,完成建设项目和各类工程所需的工期标准。

根据《住房和城乡建设部关于进一步推进工程造价管理改革的指导意见》(建标〔2014〕142 号)的要求,工程定额的定位应为"对国有资金投资工程,作为其编制估算、概算、最高投标限价的依据;对其他工程仅供参考"。同时通过购买服务等多种方式,充分发挥企业、科研单位、社团组织等社会力量在工程定额编制中的基础作用,提高工程定额编制水平,并应鼓励企业编制企业定额。

应建立工程定额全面修订和局部修订相结合的动态调整机制,及时修订不符合市场实际的内容,提高定额时效性。编制有关建筑产业现代化、建筑节能与绿色建筑等工程定额,发挥定额在新技术、新工艺、新材料、新设备推广应用中的引导约束作用，支持建筑业转型升级。

工程计价信息是指工程造价管理机构发布的建设工程人工、材料、工程设备、施工机具的价格信息，以及各类工程的造价指数、指标等。

2.2.1 定额的分类与作用

1. 定额的分类

工程定额是指在正常施工条件下完成规定计量单位的合格建筑安装工程所消耗的人工、材料、施工机具台班、工期天数及相关费率等的数量标准。工程定额是一个综合概念，是建设工程造价计价和管理中各类定额的总称，包括许多种类的定额，可以按照不同的原则和方法对它进行分类。

(1) 按定额反映的生产要素消耗内容分类。可以把工程定额划分为劳动消耗定额、材料消耗定额和机械消耗定额三种。

① 劳动消耗定额。简称劳动定额(亦称人工定额)，是在正常的施工技术和组织条件下，完成规定计量单位合格的建筑安装产品所消耗的人工工日的数量标准。劳动定额的主要表现形式是时间定额，但同时也表现为产量定额。时间定额与产量定额互为倒数。

② 材料消耗定额。简称材料定额，是指在正常的施工技术和组织条件下，完成规定计量单位合格的建筑安装产品所消耗的原材料、成品、半成品、构配件、燃料，以及水、电等动力资源的数量标准。

③ 机械消耗定额。机械消耗定额是以一台机械一个工作班为计量单位，所以又称为机械台班定额。机械消耗定额是指在正常的施工技术和组织条件下，完成规定计量单位合格的建筑安装产品所消耗的施工机械台班的数量标准。机械消耗定额的主要表现形式是机械时间定额，同时也表现为产量定额。施工仪器仪表消耗定额的表现形式与机械消耗定额类似。

(2) 按定额的编制程序和用途分类。可以把工程定额分为施工定额、预算定额、概算定额、概算指标、投资估算指标五种。

① 施工定额。施工定额是完成一定计量单位的某一施工过程或基本工序所需消耗的人工、材料和机械台班数量标准。施工定额是施工企业(建筑安装企业)组织生产和加强管理在企业内部使用的一种定额，属于企业定额的性质。施工定额是以某一施工过程或基本工序作为研究对象，表示生产产品数量与生产要素消耗综合关系编制的定额。为了适应组织生产和管理的需要，施工定额的项目划分很细，是工程定额中分项最细、定额子目最多的一种定额，也是工程定额中的基础性定额。

② 预算定额。预算定额是在正常的施工条件下，完成一定计量单位合格分项工程和结构构件所需消耗的人工、材料、施工机械台班数量及其费用标准。预算定额是一种计价性定额。从编制程序上看，预算定额是以施工定额为基础综合扩大编制的，同时它也是编制概算定额的基础。

概算定额.mp3

③ 概算定额。概算定额是完成单位合格扩大分项工程或扩大结构构件所需消耗的人工、材料和施工机械台班的数量及其费用标准，是一种计价性定额。概算定额是编制扩大初步设计概算、确定建设项目投资额的依据。概算定额的项目划分粗细，与扩大初步设计的深度相适应，一般是在预算定额的基础上综合扩大而成的，每一综合分项概算定额都包含数项预算定额。

④ 概算指标。概算指标是以单位工程为对象，反映完成一个规定计量单位建筑安装产品的经济消耗指标。概算指标是概算定额的扩大与合并，以更为扩大的计量单位来编制的。概算指标的内容包括人工、机械台班、材料定额三个基本部分，同时还列出了各结构分部的工程量及单位建筑工程(以体积计或面积计)的造价，是一种计价定额。

⑤ 投资估算指标。投资估算指标是以建设项目、单项工程、单位工程为对象，反映建设总投资及其各项费用构成的经济指标。它是在项目建议书和可行性研究阶段编制投资估算、计算投资需要量时使用的一种定额。它的概略程度与可行性研究阶段相适应。投资估算指标往往根据历史的预、决算资料和价格变动等资料编制，但其编制基础仍然离不开预算定额、概算定额。

上述各种定额的相互联系，如表 2-1 所示。

表 2-1　各种定额间的相互联系

	施工定额	预算定额	概算定额	概算指标	投资估算指标
对象	施工过程或基本工序	分项工程和结构构件	扩大的分项工程或扩大的结构构件	单位工程	建设项目、单项工程、单位工程
用途	编制施工预算	编制施工图预算	编制扩大初步设计概算	编制初步设计概算	编制投资估算
项目划分	最细	细	较粗	粗	很粗
定额水平	平均先进	平均			
定额性质	生产性定额	计价性定额			

(3) 按照专业划分，由于工程建设涉及众多的专业，不同的专业所含的内容也不同，所以就确定人工、材料和机械台班消耗数量标准的工程定额来说，也需按不同的专业分别进行编制和执行。

① 建筑工程定额按专业对象分为建筑及装饰工程定额、房屋修缮工程定额、市政工程定额、铁路工程定额、公路工程定额、矿山井巷工程定额等。

② 安装工程定额按专业对象分为电气设备安装工程定额、机械设备安装工程定额、热力设备安装工程定额、通信设备安装工程定额、化学工业设备安装工程定额、工业管道安装工程定额、工艺金属结构安装工程定额等。

(4) 按主编单位和管理权限分类，工程定额可以分为全国统一定额、行业统一定额、地区统一定额、企业定额、补充定额五种。

① 全国统一定额是由国家建设行政主管部门综合全国工程建设中技术和施工组织管理的情况编制，并在全国范围内适用的定额。

② 行业统一定额是考虑到各行业部门专业工程技术特点，以及施工生产和管理水平编制的。一般只在本行业和相同专业性质的范围内适用。

③ 地区统一定额包括省、自治区、直辖市定额。地区统一定额主要是考虑地区性特点对全国统一定额水平作适当调整和补充编制的。

④ 企业定额是施工单位根据本企业的施工技术、机械装备和管理水平编制的人工、施工机械台班和材料等的消耗标准。企业定额在企业内部适用，是企业综合素质的一个标志。企业定额水平一般应高于国家现行定额，才能满足生产技术发展、企业管理和市场竞争的需要。在工程量清单计价方式下，企业定额作为施工企业进行建设工程投标报价的计价依据，正发挥着越来越大的作用。

⑤ 补充定额是指随着设计、施工技术的发展，现行定额不能满足需要的情况下，为了补充缺陷所编制的定额。补充定额只能在指定的范围内适用，可以作为以后修订定额的基础。

上述各种定额虽然适用于不同的情况和用途，但是它们是一个互相联系的、有机的整体，在实际工作中配合使用。

2. 定额的作用

(1) 工程定额是建设工程计价的依据。在工程建设各阶段确定工程造价(如编制设计概算、施工图预算、招标控制价、投标报价及竣工结算)时，均需按定额计算人工、材料和机械台班的消耗量。

(2) 工程定额是企业实行科学管理的必要手段，根据定额提供的人工、材料、机械台班消耗标准，可以编制施工进度计划、施工作业计划，下达施工任务书，合理组织调配资源，进行成本核算。在企业中推行经济责任制、贯彻按劳分配的原则等也以定额为依据。

2.2.2 预算定额及其基价编制

1. 预算定额的编制

预算定额是在施工定额的基础上进行综合扩大编制而成的。预算定额中的人工、材料和施工机械台班的消耗水平根据施工定额综合取定，定额子目的综合程度大于施工定额，从而可以简化施工图预算的编制工作。预算定额是编制施工图预算的主要依据。

预算定额项目中人工、材料和施工机械台班消耗量指标，应根据编制预算定额的原则、依据，采用理论与实际相结合、图纸计算与施工现场测算相结合、编制定额人员与现场工作人员相结合等方法进行计算。

2015年《房屋建筑与装饰工程消耗量定额》(TY 01-31-2015)中砌筑工程分部砖砌体部分砖墙、空斗墙、空花墙项目的示例，如表2-2所示。

预算定额的说明包括定额总说明、分部工程说明及各分项工程说明。涉及各分部需说明的共性问题列入总说明，属某一分部需说明的事项列章节说明。

表 2-2 砖墙、空斗墙、空花墙项目的示例

工作内容：调、运、铺砂浆，运、砌砖，安放木砖、垫块。　　　　　　　　　　计量单位：10m³

定额编号			4-2	4-3	4-4	4-5	4-6
项目			单面清水砖墙				
			1/2 砖	3/4 砖	1 砖	1 砖半	2 砖及 2 砖以上
名　称		单位	消 耗 量				
人工	合计工日	工日	17.096	16.599	13.881	12.895	12.125
	其中 普工	工日	4.600	4.401	3.545	3.216	2.971
	一般技工	工日	10.711	10.455	8.859	8.296	7.846
	高级技工	工日	1.785	1.743	1.477	1.383	1.308
材料	烧结煤矸石普通砖 240×115×53	千块	5.585	5.456	5.337	5.290	5.254
	干混砌筑砂浆 DM M10	m³	1.978	2.163	2.313	2.440	2.491
	水	m³	1.130	1.100	1.060	1.070	1.060
	其他材料费	%	0.180	0.180	0.180	0.180	0.180
机械	干混砂浆罐式搅拌机	台班	0.198	0.217	0.232	0.244	0.249

1)　人工消耗量指标的确定

预算定额中人工消耗量水平和技工、普工比例，以人工定额为基础，通过有关图纸规

定，计算定额人工的工日数。

(1) 人工消耗量指标的组成。

预算定额中人工消耗量指标包括完成该分项工程必需的各种用工量。

① 基本用工。

基本用工，指完成分项工程的主要用工量。例如，砌筑各种墙体工程的砌砖、调制砂浆以及运输砖和砂浆的用工量。

② 其他用工。

其他用工，是辅助基本用工消耗的工日。按其工作内容不同又分以下三类。

a. 超运距用工：指超过人工定额规定的材料、半成品运距的用工。

b. 辅助用工：指材料需在现场加工的用工，如筛沙子、淋石灰膏等增加的用工量。

c. 人工幅度差用工：指人工定额中未包括的，而在一般正常施工情况下又不可避免的一些零星用工，其内容如下。

- 各种专业工种之间的工序搭接及土建工程与安装工程的交叉、配合中不可避免的停歇时间。
- 施工机械在场内单位工程之间变换位置及在施工过程中移动临时水电线路引起的临时停水、停电所发生的不可避免的间歇时间。
- 施工过程中水电维修用工。
- 隐蔽工程验收等工程质量检查影响的操作时间。
- 现场内单位工程之间操作地点转移影响的操作时间。
- 施工过程中工种之间交叉作业造成的不可避免的剔凿、修复、清理等用工。
- 施工过程中不可避免的直接少量零星用工。

(2) 人工消耗指标的计算

预算定额的各种用工量，应根据测算后综合取定的工程数量和人工定额进行计算。

① 综合取定工程量：预算定额是一项综合性定额，它是按组成分项工程内容的各工序综合而成的。编制分项定额时，要按工序划分的要求测算、综合取定工程量，如砌墙工程除了主体砌墙外，还需综合砌筑门窗洞口、附墙烟囱、垃圾道、预留抗震柱孔等含量。综合取定工程量是指按照一个地区历年实际设计房屋的情况，选用多份设计图纸，进行测算取定数量。

② 计算人工消耗量：按照综合取定的工程量或单位工程量和劳动定额中的时间定额，计算出各种用工的工日数量。

a. 基本用工的计算：

$$基本用工数量=\sum(工序工程量×时间定额) \tag{2-17}$$

b. 超运距用工的计算：

$$超运距用工数量=\sum(超运距材料数量×时间定额) \tag{2-18}$$

其中，超运距=预算定额规定的运距−劳动定额规定的运距。

c. 辅助用工的计算：

$$辅助用工数量=\Sigma(加工材料数量\times 时间定额) \qquad (2-19)$$

d. 人工幅度差用工的计算：

$$人工幅度差用工数量=\Sigma(基本用工+超运距用工+辅助用工)\times 人工幅度差系数 \qquad (2-20)$$

2) 材料耗用量指标的确定

材料耗用量指标是指在节约和合理使用材料的条件下，生产单位合格产品所必须消耗的一定品种规格的材料、燃料、半成品或配件数量标准。材料耗用量指标以材料消耗定额为基础，按预算定额的定额项目，综合材料消耗定额的相关内容，经汇总后确定。

3) 机械台班消耗指标的确定

预算定额中的施工机械消耗指标，是以台班为单位进行计算，每一台班为八小时工作制。预算定额的机械化水平，应以多数施工企业采用的和已推广的先进施工方法为标准。预算定额中的机械台班消耗量按合理的施工方法取定并考虑增加了机械幅度差。

(1) 机械幅度差。

机械幅度差是指在施工定额中未曾包括的，而机械在合理的施工组织条件下所必需的停歇时间，在编制预算定额时应予以考虑。其内容包括以下几点。

① 施工机械转移工作面及配套机械互相影响损失的时间。

② 在正常的施工情况下，机械施工中不可避免的工序间歇。

③ 检查工程质量影响机械操作的时间。

④ 临时水、电线路在施工中移动位置所发生的机械停歇时间。

⑤ 工程结尾时，工作量不饱满所损失的时间。

由于垂直运输用的塔吊、卷扬机及砂浆、混凝土搅拌机是按小组配合，应以小组产量计算机械台班产量，不另增加机械幅度差。

(2) 机械台班消耗指标的计算。

① 小组产量计算法：按小组日产量大小来计算耗用机械台班多少，计算公式如下：

$$分项定额机械台班使用量=分项定额计量单位值/小组产量 \qquad (2-21)$$

② 台班产量计算法：按台班产量大小来计算定额内机械消耗量大小，计算公式如下：

$$定额台班用量=定额单位/台班产量\times 机械幅度差系数 \qquad (2-22)$$

2. 预算定额基价的编制

预算定额基价就是预算定额分项工程或结构构件的单价，只包括人工费、材料费和施工机具使用费，亦称工料单价。

在拟定的预算定额的基础上，根据所在地区的工资、物价水平计算确定相应的人工、材料和施工机械台班的价格，即相应的人工工资价格、材料预算价格和施工机械台班价格，计算拟定预算定额中每一分项工程的单位预算价格，这一过程亦称单位估价表的编制。

工料单价是确定定额计量单位的分部分项工程的人工费、材料费和机械使用费的费用标准，即人、料、机费用单价。

分部分项工程的单价，是用定额规定的分部分项工程的人工、材料、施工机具的消耗量，分别乘以相应的人工价格、材料价格、机械台班价格，从而得到分部分项工程的人工费、材料费和机械费，并将三者汇总而成的。因此，定额基价是以定额为基本依据，根据相应地区和市场的资源价格，既需要人工、材料和施工机具的消耗量，又需要人工、材料和施工机具价格，经汇总得到分部分项工程的单价。

生产要素价格，即人工价格、材料价格和机械台班价格随地区的不同而不同，随市场的变化而变化。因此，定额基价应是地区定额基价，应按当地的资源价格来编制。同时，定额基价应是动态变化的，应随着市场价格的变化，及时不断地对定额基价中的分部分项工程单价进行调整、修改和补充，使定额基价能够正确反映市场的变化。

通常，定额基价是以一个城市或一个地区为范围进行编制，在该地区范围内适用。因此定额基价的编制依据如下所述。

(1) 全国统一或地区通用的预算定额或基础定额，以确定人工、材料、机械台班的消耗量。

(2) 本地区或市场上的资源实际价格或市场价格，以确定人工、材料、机械台班价格。

定额基价的编制公式为：

$$分部分项工程单价 = 分部分项人工费 + 分部分项材料费 + 分部分项机械费$$
$$= \Sigma(人工定额消耗量 \times 人工价格) + \Sigma(材料定额消耗量 \times 材料价格)$$
$$+ \Sigma(机械台班定额消耗量 \times 机械台班价格) \tag{2-23}$$

编制定额基价时，在项目的划分、项目名称、项目编号、计量单位和工程量计算规则上应尽量与定额保持一致。

编制定额基价，可以简化施工图预算的编制。在编制预算时，将各个分部分项工程的工程量分别乘以定额基价表中的相应单价后，即可计算得出分部分项工程的人、料、机费用，经累加汇总就可得到整个工程的人、料、机费用。

作为施工企业，应依据本企业定额中的人工、材料、机械台班消耗量，按相应人工、材料、机械台班的市场价格，计算确定一定计量单位的分部分项工程的工料单价，形成本企业的定额基价表。

2.2.3 概算定额的编制

概算定额亦称扩大结构定额。它规定了完成一定计量单位的扩大结构构件或扩大分项工程的人工、材料、机械台班消耗量的数量标准。

1. 概算定额的作用

概算定额是在初步设计阶段编制设计概算或技术设计阶段编制修正概算的依据，是确定建设工程项目投资额的依据。概算定额可用于进行设计方案的技术经济比较，也是编制概算指标的基础。

2. 编制概算定额的一般要求

(1) 概算定额的编制深度要适应设计深度的要求。概算定额是在初步设计阶段使用的，受初步设计的设计深度所限制，因此定额项目划分应遵循简化、准确和适用的原则。

(2) 概算定额水平的确定应与基础定额、预算定额的水平基本一致。它必须反映在正常条件下，大多数企业的设计、生产、施工管理水平。

由于概算定额是在预算定额的基础上，适当地再一次扩大、综合和简化，因而在工程标准、施工方法和工程量取值等方面进行综合、测算时，概算定额与预算定额之间必将产生并允许留有一定的幅度差，以便根据概算定额编制的概算能够控制住施工图预算。

3. 概算定额的编制方法

概算定额是在预算定额的基础上综合而成的，每一项概算定额项目都包括数项预算定额的定额项目。

(1) 直接利用综合预算定额。例如，砖基础、钢筋混凝土基础、楼梯、阳台、雨篷等。

(2) 在预算定额的基础上再合并其他次要项目。例如，墙身包括伸缩缝；地面包括平整场地、回填土、明沟、垫层、找平层、面层及踢脚。

(3) 改变计量单位。例如，屋架、天窗架等不再按立方米体积计算，而按屋面水平投影面积计算。

(4) 采用标准设计图纸的项目，可以根据预先编好的标准预算计算。例如，构筑物中的烟囱、水塔、水池等，以每座为单位。

(5) 工程量计算规则进一步简化。例如，砖基础、带形基础以轴线(或中心线)长度乘以断面面积计算；内外墙也均以轴线(或中心线)长乘以高，再扣除门窗洞口计算；屋架按屋面投影面积计算；烟囱、水塔按座计算；细小零星占造价比重很小的项目，不计算工程量，按占主要工程的百分比计算。

4. 概算定额手册的内容

按专业特点和地区特点编制的概算定额手册，内容基本上是由文字说明、定额项目表和附录三个部分组成。

(1) 文字说明部分。文字说明部分有总说明和分部工程说明。在总说明中，主要阐述概算定额的编制依据、适用范围、包括的内容及作用、应遵守的规则及建筑面积计算规则等。分部工程说明主要阐述本分部工程包括的综合工作内容及分部分项工程的工程量计算规则等。

(2) 定额项目表。主要包括以下内容。

① 定额项目的划分。概算定额项目一般按以下两种方法划分。一是按工程结构划分：一般是按土石方、基础、墙、梁板柱、门窗、楼地面、屋面、装饰、构筑物等工程结构划分。二是按工程部位(分部)划分：一般是按基础、墙体、梁柱、楼地面、屋盖、其他工程部位等划分，如基础工程中包括砖、石、混凝土基础等项目。

② 定额项目表。定额项目表是概算定额手册的主要内容，由若干分节定额组成。各分节定额由工程内容、定额表及附注说明组成。定额表中列有定额编号，计量单位，概算价格，人工、材料、机械台班消耗量指标，综合了预算定额的若干项目与数量。

2.2.4 概算指标及其编制

概算指标是以每100m² 建筑面积、每1000m³ 建筑体积或每座构筑物为计量单位，规定人工、材料、机械及造价的定额指标。

概算指标是概算定额的扩大与合并，它是以整个房屋或构筑物为对象，以更为扩大的计量单位来编制的，也包括劳动力、材料和机械台班定额三个基本部分。同时，还列出了各结构分部的工程量及单位工程(以体积计或以面积计)的造价。例如，每1000m³ 房屋或构筑物、每1000m 管道或道路、每座小型独立构筑物所需要的劳动力、材料和机械台班的消耗数量等。

1. 概算指标的作用

概算指标的作用与概算定额类似，在设计深度不够的情况下，往往用概算指标来编制初步设计概算。

因为概算指标比概算定额进一步扩大与综合，所以依据概算指标来估算投资就更为简便，但精确度也随之降低。

2. 概算指标的编制方法

由于各种性质建设工程项目所需要的劳动力、材料和机械台班的数量不同，概算指标通常按工业建筑和民用建筑分别编制。工业建筑中又按各工业部门类别、企业大小、车间结构编制，民用建筑中又按用途性质、建筑层高、结构类别编制。

概算指标的编制方法.mp3

单位工程概算指标，一般选择常见的工业建筑的辅助车间(如机修车间、金工车间、装配车间、锅炉房、变电站、空压机房、成品仓库、危险品仓库等)和一般民用建筑项目(如工房、单身宿舍、办公楼、教学楼、浴室、门卫室等)为编制对象,根据设计图纸和现行的概算定额等,测算出每 $100m^2$ 建筑面积或每 $1000m^3$ 建筑体积所需的人工、主要材料、机械台班的消耗量指标和相应的费用指标等。

3. 概算指标的内容和形式

概算指标的组成内容一般分为文字说明、指标列表和附录等几部分。

(1) 文字说明:概算指标的文字说明,其内容通常包括概算指标的编制范围、编制依据、分册情况、指标包括的内容、指标未包括的内容、指标的适用范围、指标允许调整的范围及调整方法等。

(2) 列表形式:建筑工程的列表形式中,房屋建筑、构筑物一般以建筑面积 $100m^2$、建筑体积 $1000m^3$、"座"、"个"等为计量单位,附以必要的示意图,给出建筑物的轮廓示意或单线平面图;列有自然条件、建筑物类型、结构形式、各部位中结构的主要特点、主要工程量;列出综合指标:人工、主要材料、机械台班的消耗量。建筑工程的列表形式中,设备以"t"或"台"为计量单位,也可以设备购置费或设备的百分比表示;列出指标编号、项目名称、规格、综合指标等。

2.2.5 投资估算指标及其编制

1. 投资估算指标的内容

投资估算指标是确定和控制建设项目全过程各项投资支出的技术经济指标,其范围涉及建设前期、建设实施期和竣工验收交付使用期等各个阶段的费用支出,内容因行业不同而各异,一般可分为建设项目综合指标、单项工程指标和单位工程指标 3 个层次。

(1) 建设项目综合指标。

建设项目综合指标是指按规定应列入建设项目总投资的从立项筹建开始至竣工验收交付使用的全部投资额,包括单项工程投资、工程建设其他费用和预备费等。

建设项目综合指标一般以项目的综合生产能力单位投资表示,如"元 / 吨""元/千瓦",或以使用功能表示,如医院"元 / 床"。

(2) 单项工程指标。

单项工程指标是指按规定应列入能独立发挥生产能力或使用效益的单项工程内的全部投资额,包括建筑工程费,安装工程费,设备、工器具及生产家具购置费和其他费用。单项工程一般划分原则如下所述。

① 主要生产设施。指直接参加生产产品的工程项目,包括生产车间和生产装置。

② 辅助生产设施。指为主要生产车间服务的工程项目。包括集中控制室,中央实验室,机修、电修、仪器仪表修理及木工(模)等车间,原材料、半成品、成品及危险品等仓库。

③ 公用工程。包括给排水系统(给排水泵房、水塔、水池及全厂给排水管网)、供热系统(锅炉房及水处理设施、全厂热力管网)、供电及通信系统(变配电所、开关所及全厂输电、电信线路)以及热电站、热力站、煤气站、空压站、冷冻站、冷却塔和全厂管网等。

④ 环境保护工程。包括废气、废渣、废水等处理和综合利用设施及全厂性绿化。

⑤ 总图运输工程。包括厂区防洪、围墙大门、传达及收发室、汽车库、消防车库、厂区道路、桥涵、厂区码头及厂区大型土石方工程。

⑥ 厂区服务设施。包括厂部办公室、厂区食堂、医务室、浴室、哺乳室、自行车棚等。

⑦ 生活福利设施。包括职工医院、住宅、生活区食堂、俱乐部、托儿所、幼儿园、子弟学校、商业服务点以及与之配套的设施。

⑧ 厂外工程。例如，水源工程，厂外输电、输水、排水、通信、输油等管线以及公路、铁路专用线等。

单项工程指标一般以单项工程生产能力单位投资，如"元"或其他单位表示，如变配电站"元/(千伏·安)"；锅炉房"元/蒸汽吨"；供水站"元/m^3"；办公室、仓库、宿舍、住宅等房屋则依据不同结构形式以"元/m^2"表示。

(3) 单位工程指标。

单位工程指标按规定应列入能独立设计、施工的工程项目的费用，即建筑安装工程费用。

单位工程指标一般以如下方式表示。例如，房屋区别不同结构形式以"元/m^2"表示；道路区别不同结构层、面层以"元/m"表示；水塔区别不同结构层、容积以"元/座"表示；管道区别不同材质、管径以"元/m"表示。

2. 投资估算指标的编制原则

由于投资估算指标属于项目建设前期进行估算投资的技术经济指标，它不但要反映实施阶段的静态投资，还必须反映项目建设前期和交付使用期内发生的动态投资，以投资估算指标为依据编制的投资估算，包含项目建设的全部投资额。

投资估算指标的编制还必须遵循下述原则。

(1) 投资估算指标项目的确定，应考虑以后几年编制建设项目建议书和可行性研究报告投资估算的需要。

(2) 投资估算指标的分类、项目划分、项目内容、表现形式等要结合各专业的特点，并且要与项目建议书、可行性研究报告的编制深度相适应。

(3) 投资估算指标的编制内容，典型工程的选择，必须遵循国家的有关建设方针政策，符合国家技术发展方向，贯彻国家高科技政策和发展方向原则，使指标的编制既能反映现实的高科技成果，反映正常建设条件下的造价水平，也能适应今后若干年的科技发展水平。

(4) 投资估算指标的编制要反映不同行业、不同项目和不同工程的特点，投资估算指标要适应项目前期工作深度的需要，而且具有更大的综合性。

(5) 投资估算指标的编制要体现国家对固定资产投资实施间接调控作用的特点，要贯彻能分能合、有粗有细、细算粗编的原则。

(6) 投资估算指标的编制要贯彻静态和动态相结合的原则。

2.2.6 企业定额

企业定额是施工企业根据本企业的技术水平和管理水平，编制的完成单位合格产品所必需的人工、材料和施工机械台班消耗量，以及其他生产经营要素消耗的数量标准。企业定额反映企业的施工生产与生产消费之间的数量关系，是施工企业生产力水平的体现。企业的技术和管理水平不同，企业定额的定额水平也就不同。因此，企业定额是施工企业进行施工管理和投标报价的基础和依据，也是企业核心竞争力的具体表现。

1. 企业定额的作用

随着我国社会主义市场经济体制的不断完善，工程造价管理制度改革的不断深入，企业定额将日益成为施工企业进行管理的重要工具。

扩展资源 2.企业定额管理的内容.doc

(1) 企业定额是施工企业计算和确定工程施工成本的依据，是施工企业进行成本管理、经济核算的基础。企业定额是根据本企业的人员技能、施工机械装备程度、现场管理和企业管理水平制定的，按企业定额计算得到的工程费用是企业进行施工生产所需的成本。在施工过程中，对实际施工成本的控制和管理，就应以企业定额作为控制的计划目标数开展相应的工作。

(2) 企业定额是施工企业进行工程投标、编制工程投标价格的基础和主要依据。企业定额的定额水平反映出企业施工生产的技术水平和管理水平，在确定投标价格时，首先是依据企业定额计算出施工企业拟完成投标工程需发生的计划成本。在掌握工程成本的基础上，再根据所处的环境和条件，确定在该工程上拟获得的利润、预计的风险和其他应考虑的因素，从而确定投标价格。因此，企业定额是施工企业编制投标报价的基础。

(3) 企业定额是施工企业编制施工组织设计的依据。企业定额可以应用于工程的施工管理，用于签发施工任务单、签发限额领料单以及结算计件工资或计量奖励工资等。企业定额直接反映本企业的施工生产力水平。运用企业定额可以更合理地组织施工生产，有效确定和控制施工中人力、物力消耗，节约成本开支。

2. 企业定额的编制原则

施工企业在编制企业定额时应依据本企业的技术能力和管理水平，以基础定额为参照和指导，测定计算完成分项工程或工序所必需的人工、材料和机械台班的消耗量，准确反映本企业的施工生产力水平。

目前，为适应国家推行的工程量清单计价办法，企业定额可采用基础定额的形式，按统一的工程量计算规则、统一划分的项目、统一的计量单位进行编制。

在确定人工、材料和机械台班消耗量以后，需按选定的市场价格，包括人工价格、材料价格和机械台班价格等编制分项工程单价和分项工程的综合单价。

3. 企业定额的编制方法

编制企业定额最关键的工作是确定人工、材料和机械台班的消耗量，以及计算分项工程单价或综合单价。具体测定和计算方法同施工定额及预算定额的编制。

人工消耗量的确定，首先是根据企业环境，拟定正常的施工作业条件，分别计算测定基本用工和其他用工的工日数，进而拟定施工作业的定额时间。

确定材料消耗量，是通过企业历史数据的统计分析、理论计算、实地考察等方法计算确定材料包括周转材料的净用量和损耗量，从而拟定材料消耗的定额指标。

机械台班消耗量的确定，同样需要按照企业的环境，拟定机械工作的正常施工条件，确定机械净工作效率和利用系数，据此拟定施工机械作业的定额台班和与机械作业相关的工人小组的定额时间。

人工价格亦即劳动力价格，一般情况下就按地区劳务市场价格计算确定。人工单价最常见的是日工资单价，通常是根据工种和技术等级的不同分别计算人工单价，有时可以简单地按专业工种将人工粗略划分为结构、精装修、机电三大类，然后按每个专业需要的不同等级人工的比例综合计算人工单价。

材料价格按市场价格计算确定，其应是供货方将材料运至施工现场堆放地或工地仓库后的出库价格。

施工机械使用价格最常用的是台班价格。应通过市场询价，根据企业和项目的具体情况计算确定。

2.3　工程量清单计价及规范

工程量清单是载明建设工程分部分项工程项目、措施项目和其他项目的名称和相应数量，以及规费和税金项目等内容的明细清单。其中由招标人根据国家标准、招标文件、设计文件，以及施工现场实际情况编制的称为招标工程量清单，而作为投标文件组成部分的已标明价格并经承包人确认的称为已标价工程量清单。招标工程量清单应由具有编制能力的招标人或受其委托，具有相应资质的工程造价咨询人或招标代理人编制。采用工程量清单方式招标，招标工程量清单必须作为招标文件的组成部分，其准确性和完整性由招标人负责。招标工程量清单应以单位(项)工程为单位编制，由分部分项工程量清单、措施项目清单、其他项目清单、规费项目清单、税金项目清单组成。

2.3.1 工程量清单的组成及作用

工程量清单由分部分项工程量清单、措施项目清单、其他项目清单、规费项目清单、税金项目清单组成。

工程量清单在工程中的作用。

工程量清单在工程中的作用.mp3

(1) 在招投标阶段，招标工程量清单为投标人的投标竞争提供了一个平等和共同的基础。工程量清单将要求投标人完成的工程项目及其相应工程实体数量全部列出，为投标人提供拟建工程的基本内容、实体数量和质量要求等信息。这使所有投标人所掌握的信息相同，受到的待遇是客观、公正和公平的。

(2) 工程量清单是建设工程计价的依据。在招投标过程中，招标人根据工程量清单编制招标工程的招标控制价；投标人按照工程量清单所表述的内容，依据企业定额计算投标价格，自主填报工程量清单所列项目的单价与合价。

(3) 工程量清单是工程付款和结算的依据。发包人根据承包人是否完成工程量清单规定的内容以及投标时在工程量清单中所报的单价作为支付工程进度款和进行结算的依据。

(4) 工程量清单是调整工程量、进行工程索赔的依据。在发生工程变更、索赔、增加新的工程项目等情况时，可以选用或者参照工程量清单的分部分项工程或几家项目与合同单价来确定变更项目或索赔项目的单价和相关费用。

2.3.2 分部分项工程项目清单

分部分项工程是"分部工程"和"分项工程"的总称。"分部工程"是单位工程的组成部分，系按结构部位、路段长度及施工特点或施工任务将单位工程划分为若干分部的工程。例如，砌筑工程分为砖砌体、砌块砌体、石砌体、垫层分部工程。"分项工程"是分部工程的组成部分，系按不同的施工方法、材料、工序及路段长度等分部工程划分为若干个分项或项目的工程。例如，砖砌体分为砖基础、砖砌挖孔桩护壁、实心砖墙、多孔砖墙、空心砖墙、空斗墙、空花墙、填充墙、实心砖柱、多孔砖柱、砖检查井、零星砌砖、砖散水地坪、砖地沟明沟等分项工程。

分部分项工程项目清单必须载明项目编码、项目名称、项目特征、计量单位和工程量。分部分项工程项目清单必须根据各专业工程计量规范规定的项目编码、项目名称、项目特征、计量单位和工程量计算规则进行编制。在分部分项工程量清单的编制过程中，由招标人负责前六项内容填列，金额部分在编制招标控制价或投标报价时填列。

分部分项工程和单价措施项目清单与计价表，如表2-3所示。

表 2-3　分部分项工程和单价措施项目清单与计价

工程名称：　　　　　　　　　标段：　　　　　　　　　第 页/共 页

序号	项目编码	项目名称	项目特征	计量单位	工程量	金额		
						综合单价	合价	其中：暂估价

1. 项目编码

项目编码是分部分项工程和措施项目清单名称的阿拉伯数字标识。分部分项工程量清单项目编码以五级编码设置，用12位阿拉伯数字表示。一、二、三、四级编码为全国统一，即一至九位应按计价规范附录的规定设置；第五级即十至十二位为清单项目编码，应根据拟建工程的工程量清单项目名称设置，不得有重号，这三位清单项目编码由招标人针对招标工程项目具体编制，并应自001起顺序编制。各级编码代表的含义如下所述。

(1) 第一级表示专业工程代码(分二位)。

(2) 第二级表示附录分类顺序码(分二位)。

(3) 第三级表示分部工程顺序码(分二位)。

(4) 第四级表示分项工程项目名称顺序码(分三位)。

(5) 第五级表示工程量清单项目名称顺序码(分三位)。

项目编码的结构如图2-4所示(以房屋建筑与装饰工程为例)。

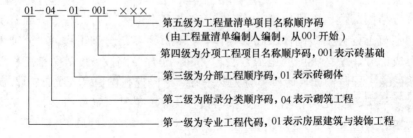

图 2-4　工程量清单项目编码的结构

当同一标段(或合同段)的一份工程量清单中含有多个单位工程且工程量清单是以单位工程为编制对象时，在编制工程量清单时应特别注意对项目编码十至十二位的设置不得有重码的规定。例如，一个标段(或合同段)的工程量清单中含有三个单位工程，每一单位工程中都有项目特征相同的平整场地工程，在工程量清单中又须反映三个不同单位工程的平整场地工程量时，则第一个单位工程的平整场地的项目编码应为 010101001001，第二个单位工程的平整场地的项目编码应为 010101001002，第三个单位工程的平整场地的项目编码应为 010101001003，并分别列出各单位工程平整场地的工程量。

2. 项目名称

分部分项工程量清单的项目名称应按各专业工程计量规范附录的项目名称结合拟建工程的实际确定。附录表中的"项目名称"为分项工程项目名称，是形成分部分项工程量清单项目名称的基础。在编制分部分项工程量清单时，以附录中的分项工程项目名称为基础，考虑该项目的规格、型号、材质等特征要求，结合拟建工程的实际情况，使其工程量清单项目名称具体化、细化，以反映影响工程造价的主要因素。例如，"门窗工程"中的"特殊门"应区分"冷藏门""冷冻闸门""保温门""变电室门""隔音门""人防门""金库门"等。清单项目名称应表达详细、准确，各专业工程计量规范中的分项工程项目名称如有缺陷，招标人可作补充，并报当地工程造价管理机构(省级)备案。

3. 项目特征

项目特征是构成分部分项工程项目、措施项目自身价值的本质特征。项目特征是对项目的准确描述，是确定一个清单项目综合单价不可缺少的重要依据，是区分清单项目的依据，是履行合同义务的基础。分部分项工程量清单的项目特征应按各专业工程计量规范附录中规定的项目特征，结合技术规范、标准图集、施工图纸，按照工程结构、使用材质及规格或安装位置等，予以详细而准确的表述和说明。凡项目特征中未描述到的其他独有特征，由清单编制人视项目具体情况确定，以准确描述清单项目为准。在各专业工程计量规范附录中还有关于各清单项目"工作内容"的描述。工作内容是指完成清单项目可能发生的具体工作和操作程序，但应注意的是，在编制分部分项工程量清单时，工作内容通常无须描述，因为在计价规范中，工程量清单项目与工程量计算规则、工作内容有一一对应的关系，当采用计价规范这一标准时，工作内容均有规定。

4. 计量单位

计量单位应采用基本单位，除各专业另有特殊规定外，均按以下单位计量。

(1) 以重量计算的项目——吨或千克(t 或 kg)。

(2) 以体积计算的项目——立方米(m^3)。

(3) 以面积计算的项目——平方米(m^2)。

(4) 以长度计算的项目——米(m)。

(5) 以自然计量单位计算的项目——个、套、块、樘、组、台……

(6) 没有具体数量的项目——宗、项……

各专业有特殊计量单位的，另外加以说明，当计量单位有两个或两个以上时，应根据所编工程量清单项目的特征要求，选择最适宜表现该项目特征并方便计量的单位。计量单位的有效位数应遵守下列规定。

(1) 以"t"为单位，应保留小数点后三位数字，第四位小数四舍五入。

(2) 以"m""m^2""m^3""kg"为单位，应保留小数点后两位数字，第三位小数四舍五入。

(3) 以"个""件""根""组""系统"等为单位，应取整数。

5. 工程量

工程数量主要通过工程量计算规则计算得到。工程量计算规则是指对清单项目工程量的计算规定。除另有说明外，所有清单项目的工程量应以实体工程量为准，并以完成后的净值计算；投标人投标报价时，应在单价中考虑施工中的各种损耗和需要增加的工程量。

根据工程量清单计价与计量规范的规定，工程量计算规则可以分为房屋建筑与装饰工程、仿古建筑工程、通用安装工程、市政工程、园林绿化工程、矿山工程、构筑物工程、城市轨道交通工程、爆破工程九大类。

以房屋建筑与装饰工程为例，其计量规范中规定的实体项目包括土石方工程，地基处理与边坡支护工程，桩基工程，砌筑工程，混凝土及钢筋混凝土工程，金属结构工程，木结构工程，门窗工程，屋面及防水工程，保温、隔热、防腐工程，楼地面装饰工程，墙、柱面装饰与隔断、幕墙工程，天棚工程，油漆、涂料、裱糊工程，其他装饰工程，拆除工程等，分别制定了它们的项目的设置和工程量计算规则。

随着工程建设中新材料、新技术、新工艺等的不断涌现，计量规范附录所列的工程量清单项目不可能包含所有项目。在编制工程量清单时，当出现计量规范附录中未包括的清单项目时，编制人应作补充。在编制补充项目时应注意以下三个方面。

(1) 补充项目的编码应按计量规范的规定确定。具体做法如下：补充项目的编码由计量规范的代码与 B 和三位阿拉伯数字组成，并应从 001 起顺序编制。如果房屋建筑与装饰工程需补充项目，则其编码应从 01B001 开始起顺序编制，同一招标工程的项目不得重码。

(2) 在工程量清单中应附补充项目的项目名称、项目特征、计量单位、工程量计算规则和工作内容。

(3) 将编制的补充项目报省级或行业工程造价管理机构备案。

2.3.3 措施项目清单

1. 措施项目清单的类别

措施项目费用的发生与使用时间、施工方法或者两个以上的工序相关，如安全文明施工，夜间施工，非夜间施工照明，二次搬运，冬雨季施工，地上、地下设施，建筑物的临时保护设施，已完工程及设备保护等。但是有些措施项目则是可以计算工程量的项目，如脚手架工程，混凝土模板及支架(撑)，垂直运输，超高施工增加，大型机械设备进出场及安拆，施工排水、降水等，这类措施项目按照分部分项工程量清单的方式采用综合单价计价，更有利于措施费的确定和调整。措施项目中可以计算工程量的项目清单宜采用分部分项工程量清单的方式编制，列出项目编码、项目名称、项目特征、计量单位和工程量计算规则(见表 2-3)；不能计算工程量的项目清单，以"项"为计量单位进行编制(见表 2-4)。

表 2-4　总价措施项目清单与计价表

工程名称：　　　　　　　　　　标段：　　　　　　　　　　　第 页/共 页

序号	项目编码	项目名称	计算基础	费率(%)	金额(元)	调整费率(%)	调整后金额(元)	备注
		安全文明施工费						
		夜间施工增加费						
		二次搬运费						
		冬雨季施工增加费						
		已完工程及设备保护费						
合计								

注: (1)"计算基础"中安全文明施工费可为"定额基价""定额人工费"或"定额人工费+定额机械费"，其他项目可为"定额人工费"或"定额人工费+定额机械费"。

(2)按施工方案计算的措施费，若无"计算基础"和"费率"的数值，也可只填"金额"数值，但应在备注栏说明施工方案出处或计算方法。

2. 措施项目清单的编制

措施项目清单的编制须考虑多种因素，除工程本身的因素外，还涉及水文、气象、环境、安全等因素。措施项目清单应根据拟建工程的实际情况列项。若出现清单计价规范中未列的项目，可根据工程实际情况补充。

措施项目清单的编制依据主要有以下几点。

(1) 施工现场情况、地勘水文资料、工程特点。

(2) 常规施工方案。

(3) 与建设工程有关的标准、规范、技术资料。

(4) 拟订的招标文件。

(5) 建设工程设计文件及相关资料。

2.3.4 其他项目清单

其他项目清单是指分部分项工程量清单、措施项目清单所包含的内容以外，因招标人的特殊要求而发生的与拟建工程有关的其他费用项目和相应数量的清单。工程建设标准的高低、工程的复杂程度、工程的工期长短、工程的组成内容、发包人对工程管理要求等都直接影响其他项目清单的具体内容。其他项目清单包括暂列金额；暂估价(包括材料暂估单价、工程设备暂估单价、专业工程暂估价)；计日工；总承包服务费。其他项目清单宜按照如表 2-5 所示的格式编制，出现未包含在表格中内容的项目，可根据工程实际情况补充。

表 2-5 其他项目清单与计价汇总表

序号	项目名称	金额(元)	结算金额(元)	备 注
1	暂列金额			明细详见表 2-6
2	暂估价			
2.1	材料(工程设备)暂估价/结算价			明细详见表 2-7
2.2	专业工程暂估价/结算价			明细详见表 2-8
3	计日工			明细详见表 2-9
4	总承包服务费			明细详见表 2-10
5	索赔与现场签证			
合计				

注：材料(工程设备)暂估单价计入清单项目综合单价，此处不汇总。

1. 暂列金额

暂列金额是指招标人在工程量清单中暂定并包括在合同价款中的一笔款项。用于工程合同签订时尚未确定或者不可预见的所需材料、工程设备、服务的采购，施工中可能发生的工程变更、合同约定调整因素出现时的合同价款调整，以及发生的索赔、现场签证确认等的费用。不管采用何种合同形式，其理想的标准是，一份合同的价格就是其最终的竣工结算价格，或者至少两者应尽可能接近。我国规定对政府投资工程实行概算管理，经项目审批部门批复的设计概算是工程投资控制的刚性指标，即使商业性开发项目也有成本的预先控制问题，否则，无法相对准确预测投资的收益和科学合理地进行投资控制。但工程建设自身的特性决定了工程的设计需要根据工程进展不断地进行优化和调整，业主需求可能会随工程建设进展出现变化，工程建设过程还会存在一些不能预见、不能确定的因素。消化这些因素必然会影响合同价格的调整，暂列金额正是因这类不可避免的价格调整而设立，以便达到合理确定和有效控制工程造价的目标。设立暂列金额并不能保证合同结算价格就不会再出现超过合同价格的情况，是否超出合同价格完全取决于工程量清单编制人对暂列金额预测的准确性，以及工程建设过程是否出现了其他事先未预测到的事件。暂列金额应根据工程特点，按有关计价规定估算。暂列金额可按照如表2-6所示的格式列示。

表2-6　暂列金额明细表

工程名称：　　　　　　　　　　标段：　　　　　　　　　　　　第　页 共　页

序　号	项目名称	计量单位	暂定金额(元)	备　注
1				
2				
3				
合计				

注：此表由招标人填写，如不能详列，也可只列暂定金额总额，投标人应将上述暂列金额计入投标总价中。

2. 暂估价

暂估价是指招标人在工程量清单中提供的用于支付必然发生但暂时不能确定价格的材料、工程设备的单价以及专业工程的金额，包括材料暂估单价、工程设备暂估单价和专业工程暂估价；暂估价类似于FIDIC合同条款中的Prime Cost Items，在招标阶段预见肯定要发生，只是因为标准不明确或者需要由专业承包人完成，暂时无法确定价格。暂估价数量和拟用项目应当结合工程量清单中的"暂估价表"予以补充说明。为方便合同管理，需要纳入分部分项工程量清单项目综合单价中的暂估价应只是材料、工程设备暂估单价，以方便投标人组价。专业工程的暂估价一般应是综合暂估价，同样包括人工费、材料费、施工机具使用费、企业管理费和利润，不包括规费和税金。总承包招标时，专业工程设计深度往往是不够的，一般需要交由专业设计人员设计。在国际社会，出于对提高可建造性的考虑，一般由专业承包人负责设计，以发挥其专业技能和专业施工经验的优势。这类专业工程交由专业分包人完成是国际工程的良好实践，目前在我国工程建设领域也已经比较普遍。公开透明地合理确定这类暂估价的实际开支金额的最佳途径就是通过施工总承包人与工程建设项目招标人共同组织的招标。

暂估价中的材料、工程设备暂估单价应根据工程造价信息或参照市场价格估算，列出明细表；专业工程暂估价应分不同专业，按有关计价规定估算，列出明细表。暂估价可按照如表 2-7、表 2-8 所示的格式列示。

材料(工程设备)暂估单价及调整，如表 2-7 所示。

表 2-7 材料(工程设备)暂估单价及调整表

工程名称：　　　　　　　　　　标段：　　　　　　　　　第　页　共　页

序号	材料(设备)名称、规格、型号	计量单位	数　量		暂估(元)		确认(元)		差额±(元)		备注
			暂估	确认	单价	合价	单价	合价	单价	合价	
合计											

注：此表由招标人填写"暂估单价"，并在备注栏说明暂估价的材料、工程设备拟用在哪些清单项目上，投标人应将上述材料、工程设备暂估价计入工程量清单综合单价报价中。

专业工程暂估价及结算价，如表 2-8 所示。

表 2-8 专业工程暂估价及结算价表

序号	工程名称	工程内容	暂列金额(元)	结算金额(元)	差额±(元)	备注
合计						

注：此表"暂估金额"由招标人填写，投标人应将"暂估金额"计入投标总价中。结算时按合同约定结算金额填写。

3. 计日工

计日工是在施工过程中，承包人完成发包人提出的工程合同范围以外的零星项目或工作，按合同中约定的单价计价的一种方式。计日工是为了解决现场发生的零星工作的计价而设立的。国际上常见的标准合同条款中，大多数都设立了计日工(Daywork)计价机制。计日工对完成零星工作所消耗的人工工时、材料数量、施工机械台班进行计量，并按照计日工表中填报的适用项目的单价进行计价支付。计日工适用的所谓零星项目或工作一般是指合同约定之外的或者因变更而产生的、工程量清单中没有相应项目的额外工作，尤其是那些难以事先商定价格的额外工作。

计日工应列出项目名称、计量单位和暂估数量。计日工可按照如表 2-9 所示的格式列示。

表 2-9　计日工表

工程名称：　　　　　　　　标段：　　　　　　　　　　　第　页　共　页

编号	项目名称	单位	暂定数量	实际数量	综合单价(元)	合　价	
						暂定	实际
	人工						
1							
2							
人工小计							
	材料						
1							
2							
材料小计							
	施工机械						
1							
2							
施工机械小计							
	企业管理费和利润						
总计							

注：此表项目名称、暂定数量由招标人填写，编制招标控制价时，单价由招标人按有关计价规定确定；投标时，单价由投标人自主报价，按暂定数量计算合价计入投标总价中。结算时，按发承包双方确认的实际数量计算合价。

4. 总承包服务费

总承包服务费是指总承包人为配合协调发包人进行的专业工程发包，对发包人自行采购的材料、工程设备等进行保管以及施工现场管理、竣工资料汇总整理等服务所需的费用。招标人应预计该项费用并按投标人的投标报价向投标人支付该项费用。

总承包服务费应列出服务项目及其内容等。总承包服务费可按照如表 2-10 所示的格式列示。

表 2-10　总承包服务费计价表

工程名称：　　　　　　　　　标段：　　　　　　　　　　　第　页 共　页

序号	项目名称	项目价值(元)	服务内容	计算基础	费率(%)	金额(元)
1	发包人发包专业工程					
2	发包人提供材料					
	合计					

注：此表项目名称、服务内容由招标人填写，编制招标控制价时，费率及金额由招标人按有关计价规定确定；投标时，费率及金额由投标人自主报价，计入投标总价中。

5. 索赔与现场签证

工程索赔是指在工程合同履行过程中，当事人一方因非己方的原因而遭受经济损失或工期延误，按照合同约定或法律规定，应由对方承担责任，而向对方提出工期和(或)费用补偿要求的行为。

《标准施工招标文件》(2007 年版)的通用合同条款中，按照引起索赔事件的原因不同，对一方当事人提出的索赔可能给予合理补偿工期、费用和(或)利润的情况，分别做出了相应的规定。其中，引起承包人索赔的事件以及可能得到的合理补偿内容如表 2-11 所示。

表 2-11　《标准施工招标文件》中承包人的索赔事件及可补偿内容

序号	条款号	索赔事件	可补偿内容		
			工期	费用	利润
1	1.6.1	迟延提供图纸	√	√	√
2	1.10.1	施工中发现文物、古迹	√	√	
3	2.3	迟延提供施工场地	√	√	√
4	4.11	施工中遇到不利物质条件	√	√	
5	5.2.4	提前向承包人提供材料、工程设备		√	
6	5.2.6	发包人提供材料、工程设备不合格或迟延提供或变更交货地点	√	√	
7	8.3	承包人依据发包人提供的错误资料导致测量放线错误	√	√	√
8	9.2.6	因发包人原因造成承包人人员工伤事故		√	
9	11.3	因发包人原因造成工期延误	√	√	

续表

序号	条款号	索赔事件	可补偿内容		
			工期	费用	利润
10	11.4	异常恶劣的气候条件导致工期延误	√		
11	11.6	承包人提前竣工		√	
12	12.2	发包人暂停施工造成工期延误	√	√	√
13	12.4.2	工程暂停后因发包人原因无法按时复工	√	√	√
14	13.1.3	因发包人原因导致承包人工程返工		√	√
15	13.5.3	监理人对已经覆盖的隐蔽工程要求重新检查且检查结果合格	√	√	√
16	13.6.2	因发包人提供的材料、工程设备造成工程不合格	√	√	√
17	14.1.3	承包人应监理人要求对材料、工程设备和工程重新检验且检验结果合格	√	√	√
18	16.2	基准日后法律的变化	√	√	
19	18.4.2	发包人在工程竣工前提前占用工程	√	√	√
20	18.6.2	因发包人的原因导致工程试运行失败	√	√	√
21	19.2.3	工程移交后因发包人原因出现新的缺陷或损坏的修复		√	√
22	19.4	工程移交后因发包人原因出现的缺陷修复后的试验和试运行		√	√
23	21.3.1(4)	因不可抗力停工期间应监理人要求照管、清理、修复工程		√	
24	21.3.1(4)	因不可抗力造成工期延误	√		
25	22.2.2	因发包人违约导致承包人暂停施工	√	√	√

　　现场签证是指发包人或其授权现场代表(包括工程监理人、工程造价咨询人)与承包人或其授权现场代表就施工过程中涉及的责任事件所作的签认证明。施工合同履行期间出现现场签证事件的，发承包双方应调整合同价款。

　　承包人在施工过程中，若发现合同工程内容因场地条件、地质水文、发包人要求等不一致时，应提供所需的相关资料，提交发包人签证认可，作为合同价款调整的依据。承包人应按照现场签证内容计算价款，报送发包人确认后，作为增加合同价款，与进度款同期支付。经承包人提出，发包人核实并确认后的现场签证表如表2-12所示。

表2-12 现场签证表

工程名称：＿＿＿＿＿＿＿ 标段：＿＿＿＿＿＿＿ 编号：＿＿＿＿＿＿＿

施工部位		日期	

致：＿＿＿＿＿＿＿＿＿＿(发包人全称)

根据＿＿＿＿＿(指令人姓名)＿＿＿年＿＿月＿＿日的口头指令或你方＿＿＿＿＿(或监理人)＿＿＿＿年＿＿月＿＿日的书面通知，我方要求完成此项工作应支付价款金额为(大写)＿＿＿＿＿＿，(小写)＿＿＿＿＿＿，请予核准。

附：1. 签证事由及原因
　　2. 附图及计算式

承包人(章)

承包人代表＿＿＿＿＿＿

日期＿＿＿＿＿＿

复核意见：	复核意见：
你方提出的此项签证申请经复核：	□此项签证按承包人中标的计日工单价计算，金额为(大写)＿＿＿＿＿＿元(小写＿＿＿＿＿＿元)
□不同意此项签证，具体意见见附件	
□同意此项签证，签证金额的计算，由造价工程师复核	□此项签证因无计日工单价，金额为(大写)＿＿＿＿＿＿元(小写＿＿＿＿＿＿元)
监理工程师＿＿＿＿＿＿ 日期＿＿＿＿＿＿	造价工程师＿＿＿＿＿＿ 日期＿＿＿＿＿＿

审核意见：

□不同意此项签证

□同意此项签证，价款与本期进度款同期支付

发包人(章)

发包人代表＿＿＿＿＿＿

日期＿＿＿＿＿＿

注：1. 在选择栏中的"□"内做标识"√"；

　　2. 本表一式四份，由承包人在收到发包人(监理人)的口头或书面通知后填写，发包人、监理人、造价咨询人、承包人各存一份。

2.3.5 规费、税金项目清单

规费项目清单应按照下列内容列项：社会保险费，包括养老保险费、失业保险费、医疗保险费、工伤保险费、生育保险费；住房公积金；出现计价规范中未列的项目，应根据省级政府或省级有关权力部门的规定列项。税金项目主要是指增值税。出现计价规范中未列的项目，应根据税务部门的规定列项。规费、税金项目计价表，如表 2-13 所示。

扩展资源 3.措施项目清单
报价的建议.doc

表 2-13　规费、税金项目计价表

工程名称：　　　　　　　　　标段：　　　　　　　　　　　　第　页　共　页

序号	项目名称	计算基础	计算基数	计算费率(%)	金额(元)
1	规费	定额人工费			
1.1	社会保险费	定额人工费			
(1)	养老保险费	定额人工费			
(2)	失业保险费	定额人工费			
(3)	医疗保险费	定额人工费			
(4)	工伤保险费	定额人工费			
(5)	生育保险费	定额人工费			
1.2	住房公积金	定额人工费			
1.3	工程排污费	按工程所在地环境保护部门收取标准、按实计入			
2	税金(增值税)	人工费+材料费+施工机具使用费+企业管理费+利润+规费			
合计					

2.3.6 营改增对工程量清单的影响

住建部发布了《建设项目总投资费用项目组成(征求意见稿)》《建设项目工程总承包费用项目组成(征求意见稿)》。这两份征求意见稿对建设项目总投资费用和工程总承包费用的组成部分和计算方法作出了明确规定，对于今后招标人编制工程量清单将有所帮助。

受营改增税制变化的影响，中国建设工程造价信息网(住建部标准定额司、标准定额研究所主办)发布了征求意见函，对由住房和城乡建设部标准定额研究所、四川省建设工程造价管理总站局部修订的《建设工程工程量清单计价规范》(GB 50500—2013)公开征求意见。根据住房和城乡建设部《关于进一步推进工程造价管理改革的指导意见》中"推行工程量清单全费用综合单价"的要求，对《建设工程工程量清单计价规范》(GB 50500—2013)中的个别条文作了修改。

例如，建设工程发承包及实施阶段的工程造价由分部分项工程费、措施项目费、其他项目费组成，删除原文中的"规费和税金"。

工程量清单载明建设工程分部分项工程项目、措施项目、其他项目的名称和相应数量等内容的明细清单。删除原文中的"以及规费、税金项目"。

综合单价完成一个规定清单项目所需的人工费、材料和工程设备费、施工机具使用费和企业管理费、利润、规费、税金以及一定范围内的风险费用，原文中增加"规费、税金"等。

1. "营改增"对于工程造价体系的影响

(1) 转变计税的税率。

我国为了促使营业税向增值税模式进行转变，制定了完善以及全面的增值税的方案，在方案的内容中明确了税率的问题，改变了传统工程缴纳工程总额度的3%营业税。

首先，工程中需要缴纳的税款环节以及缴纳税收的项目之间相互联系、相互抵消，大大降低了工程项目税款金额，随着营业税改增值税的不断推广以及深入发展提出了定额取税方式，就是将工程建设中的缴纳税收的3%的营业税改变成缴纳9%的增值税，根据实际的缴税情况进行分析，定额取税缴纳方式需要进一步商榷。

其次，价税彻底分离。其中，营改增的最大作用是促使价税之间相互分离，并且在工程项目造价环节中，需要将原本占造价金额3%的营业税加以剔除，之后将原料报价的税费剔除，从而促使材料报价无限接近最为真实的报价，换句话说，就是人们经常说的裸价。充分了解市场真实材料的价格之后，将材料价格的报价实施重新调整，工程项目建设竣工之后应当对缴纳税收钱款重新报价。通过将营业税逐渐转变成增值税，在工程项目完成之后应当为此缴税从而实现价税之间的分离，这样不但可以有效节约工程项目造价成本，而且可以提升项目的经济效益以及项目利润。

(2) 综合税负计取。

营业税改变成增值税的方式对于工程计价的影响是促使计价方式采取综合税负方式，换句话说，工程项目的计价体现基本上是保持在现存报价体系，根据这个基准，不需要实施大范围以及大规模的调整。工程项目的收费标准并不是总价3%的营业税，而是和工程实际情况符合的综合税负，综合税负经过工程造价人员的考察以及数据结算，因此，具有一定的真实性及可靠性，综合税负方法成为工程造价系统中十分快捷、简单的方式。

2. "营改增"对于工程计价体系的影响

现行计价体系是以营业税模式计价，工程造价各费用组成是根据住房和城乡建设部、财政部关于《建筑安装工程费用项目组成》(建标〔2013〕44 号)规定计取。建筑安装工程费用按费用构成要素划分，分为人工费、材料费、施工机具使用费、企业管理费、利润、规费和税金。税金含营业税和以营业税为基数计算的附加税费，建筑业营业税税率为 3%。营业税的计算基数中人工费、材料费、施工机具使用费、企业管理费、规费均以不扣除可抵扣进项税额的含税金额计算。增值税中销项税额的计算，是以不包含销项税额的销售额或应税劳务收入为依据，这就需将原工程造价中所有组成要素中所含的进项税额剥离出来，采用不含税的工程造价作为增值税销项税额的计税基数，亦即实行"价税分离"的工程计价规则，建筑业增值税税率为 11%。

在营业税模式下，工程造价税金是指国家税法规定的应计入工程造价内的营业税、城市维护建设税及教育费附加等，是一项综合税率，按照工程造价进行计算和缴纳。施工企业计取的税金恒等于向税务机关缴纳的税金，即工程造价税金的计算一直"收支平衡"，施工企业完全不需要为税金的高低付出努力。在增值税的条件下，这种平衡模式将会被打破，不可能再维持这种平衡。在增值税下，建筑业既有同样的销项税税率，又有不同的进项税抵扣。进项税抵扣及抵扣多少与施工企业的管理水平和项目的特点密切相关，同时也与整个社会增值税抵扣环节是否健全有关。

3. "营改增"对工程造价影响的应对措施

(1) 施工机具使用费也是我国建筑业在经营过程中涉及的一个主要元素。施工机具费用中所涉及的修理费用、运输费用等都应该是不含税的价格，假如是含税价格，那么所含的增值税也与当前营改增方案的相关规定有所冲突。涉及仪器仪表使用费里的摊销费用和维修费用都应该是不包括进项税额的价格。

(2) 对造价人员影响。

"营改增"导致建筑行业存在大量无法抵扣项目。例如，零星人工成本和建筑企业员工的人工成本难以取得可抵扣的进项税，为获得进项税额抵扣，将其全部外包，而外包单位必须具备一般纳税人资格；施工用的很多零星材料和初级材料(如沙、石等)，因供料渠道多为小规模企业、私营企业、个体户等，通常难以取得可抵扣的增值税专用发票；工程成本中的机械使用费和外租机械设备一般开具的都是普通服务业发票；BT、BOT 项目通常需垫付资金，且资金回收期长、利息费用巨大，也无法抵扣；施工生产用临时房屋、临时建筑物、构筑物等设施不属于增值税抵扣范围等。

(3) 立足实践，构建与时俱进的工程造价体系。

针对营改增的制度，建筑企业在开展工程造价管理时，要求能够充分利用各大营改增试点的优秀经验，不断优化自身的造价体制。一方面可以加深造价员对于营改增的理解，对新的税收核算方式进行了解和学习，同时重点掌握进项税率的核算方式，构建全新的造价经验。另一方面是在施工过程中，把握成本控制和预算成本之间的契合性，并且利用现代化信息技术，保证财务变化同施工变化步调一致。尽可能减少营改增对工程造价体系的消极影响。

(4) 创新优化建筑企业的发展模式。

目前，我国建筑企业的发展模式是劳动密集型企业，在"营改增"的制度下，人工费、机械费等预算已成为工程造价的一大难点。它已成为影响项目成本预算的准确性的重要因素，因此促进改革和建设企业创新，降低建筑企业产生大量的税款过程中的劳动力成本，促进优化和施工企业的升级，从根本上增加营业税改征增值税的把握，寻求相关的政策支持，有助于提高自动化程度较低的税。

综上所述，随着我国建筑业"营改增"政策的全面实施，对建筑工程造价的计价规则和计价体系都是一个比较大的调整。工程造价管理部门应勇于面对挑战，做好工程计价体系的调整、衔接和服务工作，指导工程计价从营业税模式向增值税模式的过渡，以促进建筑行业的健康发展。

第 3 章 某多层住宅剪力墙结构工程

3.1 分部分项工程计价

某多层住宅剪力墙结构工程在之前的计量中绘制好了 GTJ2018 的图形，进行计价之前需要先把绘制好的计量文件导入计价软件 GCCP5.0 中。接下来，以某多层住宅剪力墙结构工程来进行详细的讲解，结合这个剪力墙结构的案例分析，展现完整计价流程和计算方式是如何进行的，同时在计价的过程中有哪些注意事项和调整方法。

基本流程：导入算量文件→清单分部整理→逐项组价→调价→生成总造价。

接下来讲一下导入操作。

1. 新建工程

打开 GCCP5.0，单击"新建"按钮，根据需要选择新建项目类型，以选择招投标项目为例，如图 3-1 所示；在新建截面选择新建工程类型，有招标项目、投标项目、单位工程三种，以选择单位工程为例。

图 3-1 新建招投标项目

单击"新建单位工程"按钮，如图 3-2 所示。

图 3-2 单位工程

在弹出的新建单位工程界面进行信息编辑，工程名称、清单库、定额库等信息，需按照工程相关信息准确填写，如图 3-3 所示。

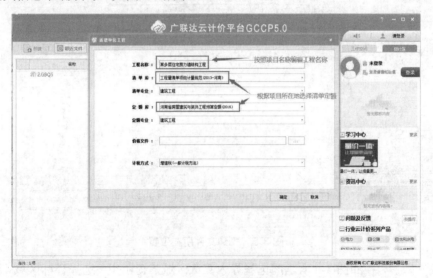

图 3-3 新建工程编辑

2. 导入算量文件

新建工程完成后，在如图 3-4 所示界面单击"量价一体化"按钮，选择"导入算量文件"选项。

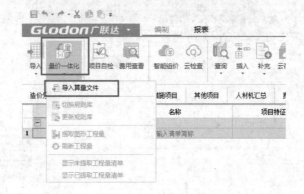

图 3-4　选择"导入算量文件"选项

然后找到文件所在位置，单击"打开"按钮，如图 3-5 所示。

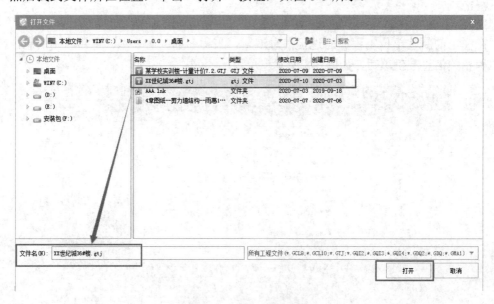

图 3-5　找到文件所在位置

文件导入后，在如图 3-6 所示的选择导入算量区域的提示中，选择目标区域，最后在算量工程文件导入中选择"全部选择"选项，如图 3-7 所示。

图 3-6　选择导入算量区域

		导入	编码	类别	名称	单位	工程量
1		☑	010101002001	项	挖一般土方	m3	1192.5519
2		☑	1-3	定	人工挖一般土方(基深) 一类土 ≤2m	10m3	3.58623 * 10
3		☑	1-42	定	装载机装装一般土方≤200m每增运20m	10m3	8.33929 * 10
4		☑	1-47	定	挖掘机挖装一般土方 三类土	10m3	32.27603 * 10
5		☑	1-132	定	夯填土 机械 地坪	10m3	35.86226 * 10
6		☑	010101003001	项	挖沟槽土方	m3	49.8696
7		☑	1-12	定	人工挖沟槽土方(槽深) 三类土 ≤4m	10m3	4.98696 * 10
8		☑	010101004001	项	挖基坑土方	m3	84.8976
9		☑	1-19	定	人工挖基坑土方(坑深) 三类土 ≤2m	10m3	8.48976 * 10
10		☑	010103001001	项	回填方	m3	435.9356
11		☑	010103001002	项	回填方	m3	46.8479
12		☑	1-132	定	夯填土 机械 地坪	10m3	4.68479 * 10
13		☑	010402001001	项	砌块墙	m3	55.2289
14		☑	4-43	定	蒸压加气混凝土砌块墙 墙厚≤150mm 砂浆	10m3	5.52289 * 10
15		☑	12-10	定	墙面抹灰 一般抹灰 挂钢丝网	100m2	14.840618 * 100
16		☑	010402001002	项	砌块墙	m3	564.761
17		☑	4-45	定	蒸压加气混凝土砌块墙 墙厚≤200mm 砂浆	10m3	56.4761 * 10
18		☑	12-10	定	墙面抹灰 一般抹灰 挂钢丝网	100m2	95.806253 * 100
19		☑	010402001003	项	砌块墙	m3	7.3226
20		☑	4-43	定	蒸压加气混凝土砌块墙 墙厚≤150mm 砂浆	10m3	0.73226 * 10
21		☑	12-10	定	墙面抹灰 一般抹灰 挂钢丝网	100m2	1.217983 * 100
22		☑	010402001004	项	砌块墙	m3	2.0181
23		☑	4-45	定	蒸压加气混凝土砌块墙 墙厚≤200mm 砂浆	10m3	0.20181 * 10

图 3-7　"算量工程文件导入"对话框

确定后软件会自动进行导入，成功后会出现导入成功界面，如图 3-8 所示。

图 3-8　导入成功

3. 清单整理

算量文件导入后，清单会比较乱，需要进行整理。如图 3-9 所示，整理清单有两种方法：①分部整理，就是按照分部分项工程的方式进行整理；②按清单顺序进行整理。以分部整理为例，单击分部整理，在分部整理界面可以选择按专业分部、按章分部、按节分部等方式，如图 3-10 所示，选择"需要章分部标题"，单击"确定"按钮，清单就会自动整理，如图 3-11 所示。

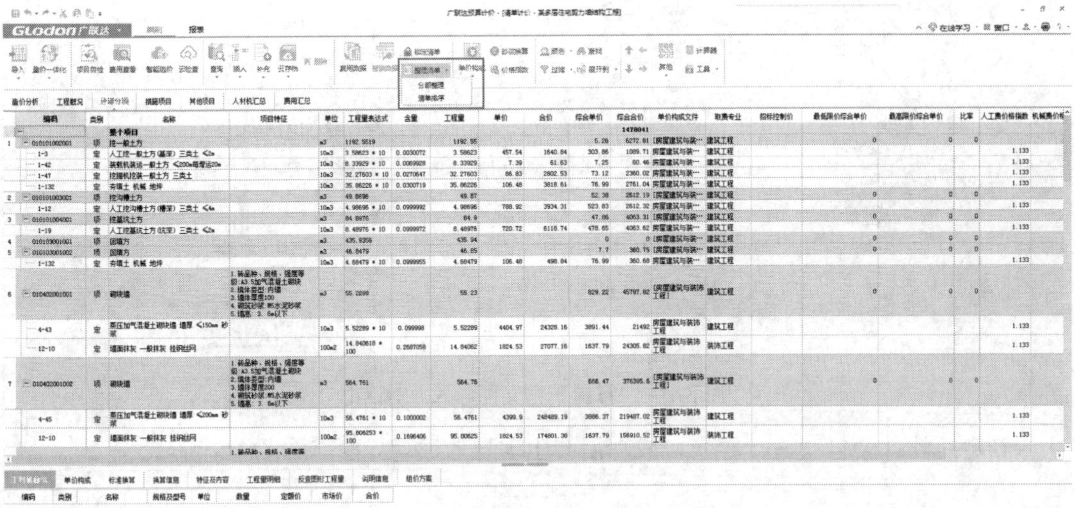

图 3-9　清单整理

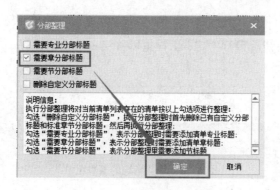

图 3-10　"分部整理"对话框

图 3-11　清单整理完成

3.1.1　土石方工程

土石方工程中包含土方工程、石方工程、回填及其他三节。

1. 平整场地

平整场地是指建筑物所在现场厚度≤30cm 的就地挖、填及平整。挖填土方厚度＞30cm时，全部厚度按一半土方相应规定计算，但仍应计算平整场地。

平整场地的清单组价如图 3-12 所示，项目编码 010101001001；项目特征为土壤类别三类土，弃土运距按实际情况自行考虑；工程量以首层占地面积计算。这里定额子目选择"机械平整场地"。

	编码	类别	名称	项目特征
	整个项目			
	土石方工程			
	砌筑工程			
	混凝土及钢筋混…			
B1	A.1		土石方工程	
1	010101001001	项	平整场地	1. 土壤类别：三类土 2. 弃土运距自行考虑
	1-124	定	机械场地平整	

图 3-12　平整场地的清单组价

2. 挖基坑土方

沟槽、基坑、一般土方的划分：底宽(设计图示垫层或基础的底宽，下同)≤7m，且底长＞3 倍底宽为沟槽；底长≤3 倍底宽，且底面积≤150m² 为基坑；超出上述范围又非平整场地的为一般土方。

土方子目按干土编制。人工挖、运湿土时，相应项目人工乘以系数 1.18；机械挖、运湿土时，相应项目人工、机械乘以系数 1.15；采取降水措施后，人工挖、运土相应项目人工乘以系数 1.09，机械挖、运土不再乘以系数。

干土、湿土、淤泥的划分：以地质勘测资料的地下常水位为准。地下常水位以上为干土，以下为湿土。地表水排出后，土壤含水率≥25%时为湿土。含水率超过液限，土和水的混合物呈现流动状态时为淤泥。

基坑土方计价时需要确认挖土深度，土壤类型，根据工程量或挖土类型选择人工挖土或是机械挖土。本工程是桩基承台的土方，机械挖土难度大，所以选择人工挖土，因此套取定额时选择人工挖基坑土方，如图 3-13 所示。确定完定额后再看是否存在挖湿土、降水、桩间挖土等需要进行换算的情况，如存在需要根据情况在标准换算中进行勾选，单击定额子目，在下方的选项中单击标准换算，在标准换算下方勾选需要进行换算的内容。定额标准换算，如图 3-14 所示。

	1-12	定	人工挖沟槽土方(槽深) 三类土 ≤4m		1
4	010101004001	项	挖基坑土方	1. 挖土深度2m以下	m
	1-19	定	人工挖基坑土方(坑深) 三类土 ≤2m		1

图 3-13　套取人工挖基坑土方

3. 回填

回填是将土重新填入(如沟渠或沿基础墙周围的空隙)；亦指将坑道、地道、隧道的被覆层与毛洞自然面之间的超挖部分和掘开式工事的超挖部分，用各种材料填实的作业。该工程选用了"夯填土 人工 槽坑"，如图 3-15 所示。

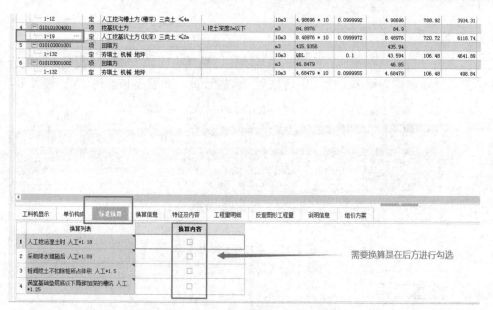

图 3-14　人工挖基坑土方标准换算

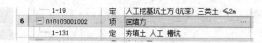

图 3-15　套取夯填土人工槽坑

场区(含地下室顶板以上)回填时需进行换算，回填人工×0.9，如图 3-16 所示。

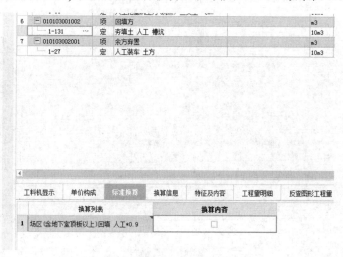

图 3-16　夯填土人工槽坑标准换算

4. 余方弃置

余方弃置一般正常情况应是沟槽、基坑的挖方量减去回填方量的工程量，如遇开挖土方为不良土质不能作为回填土时，则均按余方弃置计算，如图 3-17 所示。

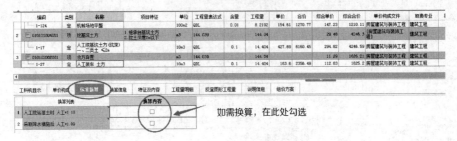

图 3-17　余方弃置标准换算

3.1.2 ‖ 桩基工程

桩基工程本章定额包括打桩、灌注桩两节。某多层住宅剪力墙结构工程桩基工程定额套取如图 3-18 所示。

扩展资源 1.桩基工程.doc

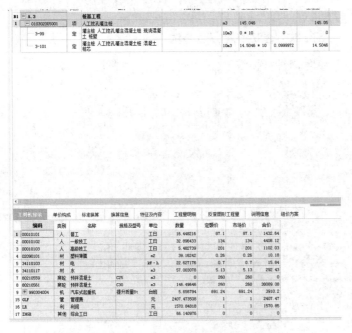

图 3-18　人工挖孔灌注桩定额套取

桩基施工前场地平整、压实地表、地下障碍处理等定额均未考虑,发生时另行计算。单位工程的桩基工程量少于表 3-1 对应数量时,相应项目人工、机械乘以系数 1.25。灌注桩单位工程的桩基工程量指灌注混凝土量。单位工程桩基工程表,如表 3-1 所示。

表 3-1 单位工程桩基工程表

项 目	单位工程的工程量
预制钢筋混凝土方桩	200m³
预应力钢筋混凝土管桩	1000m
预制钢筋混凝土板桩	100m³
钻孔、旋挖成孔灌注桩	150m³
沉管、冲孔成孔灌注桩	100m³
钢管桩	50t

3.1.3 砌筑工程

砌筑工程包含砖砌体、砌块砌体、轻质隔墙、石砌体、垫层五节。定额中砖、砌块和石料按标准或常用规格编制的,设计规格与定额不同时,砌体材料和砌筑(黏结)材料用量应作调整换算。砌筑砂浆按干混预拌砂浆编制。定额所列砌筑砂浆种类和强度等级、砌块专用黏结剂品种,如设计与定额不同时,应作调整换算。

定额中的墙体砌筑层高是按 3.6m 编制的,如超过 3.6m 时,其超高部分工程量的定额人工乘以系数 1.3。

1. 清单定额套取和标准换算

根据项目添加清单描述,墙厚 200mm(对应砖墙 1 砖),砂浆为 M5.0 混合砂浆(对应预拌砂浆为预拌混合砂浆 M5.0);清单描述完整后,添加定位子目,墙厚 200mm 为 1 砖墙体,因此选取混水砖墙 1 砖定额,然后定额工程量同清单工程量。

清单定额套取完成后,需要进行墙体超高和砂浆换算,选中定额行,单击下面的标准换算,把墙体超过 3.6m 时,其超过部分定额人工×1.3 勾选上,砂浆换算成对应的预拌混合砂浆 M5.0,如图 3-19 所示。

2. 主材换算

如图 3-20 所示在砌筑材料进行换算时,如在标准换算中第四条没有相对应的材料,那么需在工料机显示中进行砌筑材料换算。在工料机显示第四条单击名称那一列后边的三个点,在弹出的选项中找到相对应的项目进行换算,如图 3-21 所示。

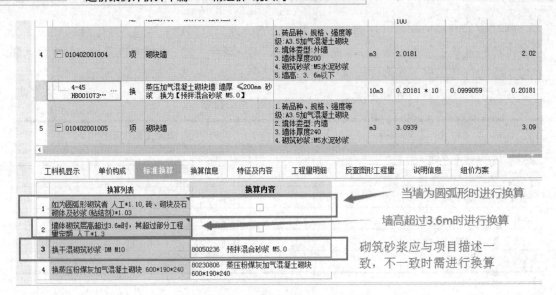

图 3-19　砌块墙定额标准换算

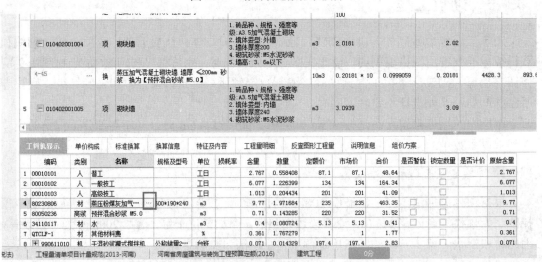

图 3-20　砌筑材料定额换算

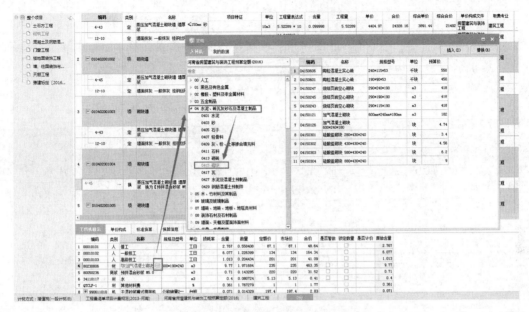

图 3-21 砌筑材料换算选择合适定额子目

3.1.4 混凝土及钢筋混凝土工程

混凝土及钢筋混凝土工程包括混凝土、钢筋、模板、混凝土构件运输与安装四节。

1. 独立基础

建筑物上部结构采用框架结构或单层排架结构承重时，基础常采用圆柱形和多边形等形式的独立式基础，这类基础称为独立基础，亦称单独基础。独立基础分三种：阶形基础、坡形基础、杯形基础。独立基础是整个或局部结构物下的无筋或配筋基础。一般是指结构柱基，高烟囱，水塔基础等的形式。

某多层住宅剪力墙结构工程中为独立基础，因此清单选用独立基础清单，定额选取独立基础定额。混凝土强度等级为 C30，需要在标准换算中进行混凝土换算，如图 3-22 所示。

2. 柱

柱高的确定。

(1) 有梁板的柱高：应自柱基上表面(或楼板上表面)至上一层楼板上表面之间的高度计算。

(2) 无梁板的柱高：应自柱基上表面(或楼板上表面)至柱帽下表面之间的高度计算。

(3) 框架柱的柱高：应自柱基上表面至柱顶面高度计算。

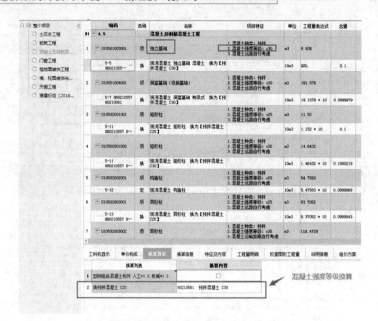

图 3-22　独立基础混凝土标准换算

(4) 构造柱按全高计算，嵌接墙体部分(马牙槎)并入柱身体积。

柱模板高度超过 3.6m 的套取超高定额子目计价，本工程柱高 3m，故不计算超高部分。

某多层住宅剪力墙结构工程为矩形柱，因此清单定额均选用矩形柱，混凝土强度等级分别为 C25、C30，需要根据项目描述中的混凝土强度等级在标准换算中进行混凝土换算，如图 3-23 所示。

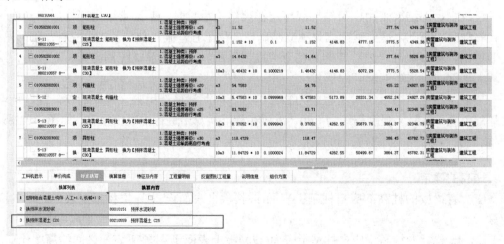

图 3-23　矩形柱混凝土标准换算

3. 梁

某多层住宅剪力墙结构工程为矩形梁，因此清单定额均选用矩形梁，混凝土强度等级为 C30，需要根据项目描述中的混凝土强度等级在标准换算中进行混凝土换算，如图 3-24 所示。

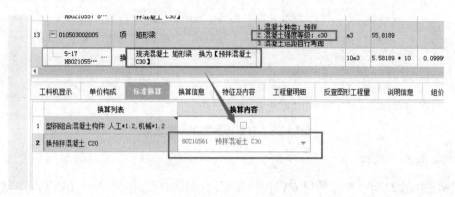

图 3-24 矩形梁混凝土标准换算

某多层住宅剪力墙结构工程圈梁清单定额如图 3-25 所示。默认预拌混凝土等级为 C20，需要换算为预拌混凝土等级 C30。

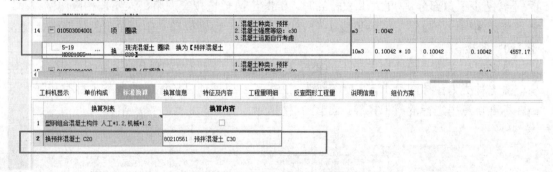

图 3-25 圈梁混凝土标准换算

4. 板

某多层住宅剪力墙结构工程为有梁板，因此清单定额均选用有梁板，混凝土强度等级分别为 C25、C30，需要根据项目描述中的混凝土强度等级在标准换算中进行混凝土换算，如图 3-26 所示。默认预拌混凝土等级为 C30，需要将两项有梁板的混凝土强度等级换算为预拌混凝土 C25 和 C30。

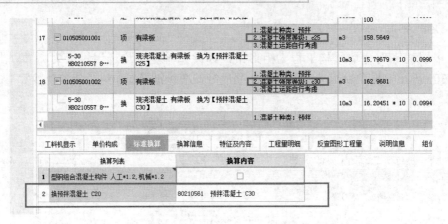

图 3-26 有梁板混凝土标准换算

5. 楼梯

楼梯是按建筑物一个自然层双跑楼梯考虑，如单坡直行楼梯(即一个自然层、无休息平台)按相应项目定额乘以系数 1.2；三跑楼梯(即一个自然层，两个休息平台)按相应项目定额乘以系数 0.9；四跑楼梯(即一个自然层、三个休息平台)按相应项目定额乘以系数 0.75。

当图纸设计板式楼梯梯段底板(不含踏步三角部分)厚度大于 150mm、梁式楼梯梯段底板(不含踏步三角部分)厚度大于 80mm 时，混凝土消耗量按实调整，人工按相应比例调整。弧形楼梯是指一个自然层旋转弧度小于 180°的楼梯，螺旋楼梯是指一个自然层旋转弧度大于 180°的楼梯。

某多层住宅剪力墙结构工程中的楼梯为直行楼梯，因此定额选用"楼梯 直行"。该楼梯混凝土种类为预拌混凝土，强度等级为 C25，需要根据项目描述中的混凝土种类和强度等级在标准换算中进行混凝土换算，如图 3-27 所示。

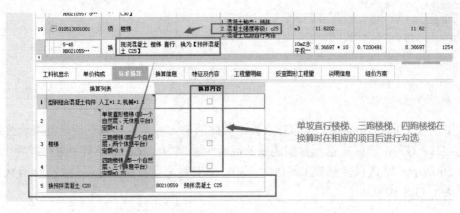

图 3-27 楼梯标准换算

3.1.5 ▌金属结构工程

金属结构工程包括金属结构制作、金属结构运输、金属结构安装和金属结构屋(楼、墙)面板及其他四节。

金属结构构件分类如表 3-2 所示。

表 3-2　金属结构构件分类表

类　别	构件名称
一	钢柱、屋架、托架、桁架、吊车梁、网架、钢架桥
二	钢梁、檩条、支撑、拉条、栏杆、钢平台、钢走道、钢楼梯、零星构件
三	墙架、挡风架、天窗架、轻钢屋架、其他构件

本工程没有金属结构工程相关部分，在此不作赘述。

3.1.6 ▌门窗工程

门窗工程包括木门，金属门，金属卷帘(闸)，厂库房大门、特种门，其他门，木窗，金属窗，门窗套，窗台板，窗帘十节。

门窗计价.mp4

1. 木质门

某多层住宅剪力墙结构工程木质门，门尺寸一般简写在项目特征中，如图 3-28 所示。M0921 表示门尺寸为 900mm×2100mm。门的配套五金一般需要套执手锁和闭门器。

B1	A.8		门窗工程							
1	010801001001	项	木质门	1.门代号及洞口尺寸:M0921 2.种类:平开夹板门 3.五金 4.门框填塞要求:综合考虑 5.其他:其他未尽事宜详见施工图纸及国家规范	樘	263.22		263		门尺寸为900×2100
	8-4	定	成品套装木门安装 双扇门		10樘	15.1 * 10	0.0574144	15.1	22536.33	340298.58
	8-108	定	门特殊五金 执手锁		10个	15.1 * 10	0.0574144	15.1	642.93	9708.24
	8-124	定	门特殊五金 闭门器 明装		10个	15.1 * 10	0.0574144	15.1	1616.4	24407.64

图 3-28　木质门定额套取

2. 防火门

某多层住宅剪力墙结构工程防火门，如图 3-29 所示。防火门比较特别，防火门上必须安装闭门器, 对开门要安装顺位器, 所以该防火门需要套闭门器和顺位器的定额子目。

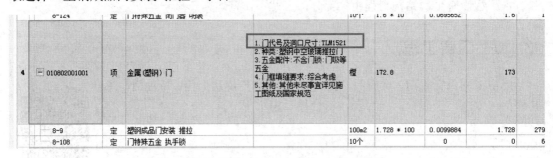

图 3-29　防火门定额套取

3. 金属门

某多层住宅剪力墙结构工程金属门, 如图 3-30 所示。该金属门为推拉门, 所以定额套取选择"塑钢成品门安装 推拉"子目。

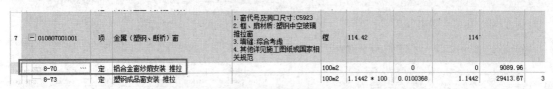

图 3-30　塑钢中空玻璃推拉门定额套取

4. 金属窗

某多层住宅剪力墙结构工程金属窗, 如图 3-31 所示。该窗为塑钢中空玻璃推拉窗, 窗需要配一个纱窗子目, 这里选择与之配套的"铝合金窗纱扇安装 推拉"子目。

7	010807001001	项	金属 (塑钢、断桥) 窗	1.窗代号及洞口尺寸:C5923 2.框、扇材质:塑钢中空玻璃推拉窗 3.填缝:综合考虑 4.其他详见施工图纸或国家相关规范	樘	114.42			114	
	8-70　…	定	铝合金窗纱扇安装 推拉		100m2		0			9089.96
	8-73	定	塑钢成品门安装 推拉		100m2	1.1442 * 100	0.0100368	1.1442	29413.67	3

图 3-31　塑钢中空玻璃推拉窗定额套取

如果是双层窗, 按定额单价乘以系数 2 计算。

3.1.7 屋面及防水工程

屋面及防水工程包括屋面工程、防水工程及其他二节。

本工程的屋面 3 是钢筋混凝土雨棚(不上人屋面)。

屋面 3 采用了 05YJ1 第 98 页屋 12(F6)做法，这里的 F6 是柔性防水代号，其构造为：

(1) 保护层：涂料或粒料。

(2) 防水层：高聚物改性沥青防水卷材厚度≥4.0mm。

(3) 找平层：1：3 水泥砂浆，砂浆中掺聚丙烯或锦纶-6 纤维 0.75～0.90kg/m3，20mm 厚。

(4) 找坡层：1：8 水泥膨胀珍珠岩找 2%坡，最薄处 20mm 厚。

(5) 结构层：钢筋混凝土屋面板。

某多层住宅剪力墙结构工程屋面 3，如图 3-32 所示。

4	010902001001	项	屋面卷材防水	1保护层：涂料或粒料。2防水层：高聚物改性沥青防水卷材厚度≥4.0mm。3找平层：1：3水泥砂浆，砂浆中掺聚丙烯或锦纶-6纤维0.75～0.90kg/m3，20mm厚。4找坡层：1：8水泥膨胀珍珠岩找2%坡，最薄处20mm厚。5结构层：钢筋混凝土屋面板。	m2	781.035		781.035		85.
	9-42	定	卷材防水 高聚物改性沥青自粘卷材 自粘法一层 平面		100m2	QDL	0.01	7.81035	5327.09	41606.44	5203.
	11-1	定	平面砂浆找平层 混凝土或硬基层上 20mm		100m2	QDL	0.01	7.81035	2022.71	15798.07	1530.
	10-13 + 10-14 * -4	换	屋面 水泥珍珠岩 厚度100mm 实际厚度(mm):67.5		100m2	QDL	0.01	7.81035	2045.16	15973.42	1791.

工料机显示　单价构成　标准换算　换算信息　特征及内容　工程量明细　反查图形工程量　说明信息　组价方案

	换算列表	换算内容
1	实际层数(层)	1
2	坡度	15%≤坡度≤25% 人工*1.18	☐
3		25%≤坡度≤45% 人工*1.3	☐
4		>45% 人工*1.43	☐
5	人字形、锯齿形、弧形等不规则瓦屋面 人工*1.3	☐
6	施工桩头、地沟等部位时 人工*1.43	☐
7	单个房间楼地面面积<8m2 人工*1.3	☐
8	卷材防水附加层 人工*1.43	☐

图 3-32　某多层住宅剪力墙结构工程屋面 3 定额套取

3.1.8 保温、隔热、防腐工程

保温、隔热、防腐工程包括保温、隔热工程，防腐工程，其他防腐三节。

1. 保温、隔热工程

(1) 保温层的保温材料配合比、材质、厚度与设计不同时，可以换算。

(2) 弧形墙墙面保温隔热层，按相应项目的人工乘以系数 1.1。

(3) 柱面保温根据墙面保温定额项目人工乘以系数 1.19、材料乘以系数 1.04。

保温、隔热工程.mp3

(4) 墙面岩棉板保温、聚苯乙烯板保温及保温装饰体板保温如使用钢骨架，钢骨架按"墙、柱面装饰与隔断、幕墙工程"相应项目执行。

(5) 抗裂保护层工程如采用塑料膨胀螺栓固定时，每 $1m^2$ 增加有人工 0.03 工日和塑料膨胀螺栓 6.12 套。

(6) 保温隔热材料应根据设计规范，必须达到国家规定要求的等级标准。

2. 防腐工程

(1) 各种胶泥、砂浆、混凝土配合比，以及各种整体面层的厚度，如设计与定额不同时，可以换算。定额已综合考虑了各种块料面层的接合层、胶结料厚度及灰缝宽度。

(2) 花岗岩面层以六面剁斧的块料为准，接合层厚度为 15mm，如板底为毛面时，其接合层胶结料用量按设计厚度调整。

(3) 整体面层踢脚板按整体面层相应项目执行；块料面层踢脚板按立面砌块相应项目人工乘以系数 1.2。

(4) 环氧自流平洁净地面中间层(刮腻子)按每层 1mm 厚度考虑，如设计要求厚度不同时，按厚度可以调整。

(5) 卷材防腐接缝、附加层、收头工料已包括在定额内，不再另行计算。

(6) 块料防腐中面层材料的规格、材质与设计不同时，可以换算。

3. 屋面 1

本工程的屋面 1 是坡屋面，采用了 05YJ1 第 103 页屋 23(B1-50-F14)做法，这里的 B1 是保温层代号，50 是保温层厚度，F14 是柔性防水代号，其构造如下。

(1) 瓦材：块瓦。

(2) 卧瓦层：1∶3 水泥砂浆(配φ6@500×500 钢筋网)，最薄处 20mm 厚。

(3) 找平层：1∶3 水泥砂浆 20mm 厚。

(4) 保温：挤塑聚苯乙烯泡沫塑料板 50mm 厚。

(5) 防水层：高聚物改性沥青防水卷材厚度≥3.0mm；基层处理剂。

(6) 找平层：1∶3 水泥砂浆，砂浆中掺聚丙烯或锦纶-6 纤维 0.75～0.90kg/m^3，15mm 厚。

(7) 结构层：钢筋混凝土屋面板。

某多层住宅剪力墙结构工程屋面 1，如图 3-33 所示。在工料机显示和标准换算中进行材料及厚度换算。

4. 屋面 2

本工程的屋面 2 是平屋面(不上人屋面)，采用了 05YJ1 第 92 页屋 1(B1-40-F1)做法，其构造如下。

(1) 保护层：C20 细石混凝土，内配 φ4@150×150 钢筋网片，40mm 厚。

3			010901001001	项	瓦屋面			m2	781.035		781.035			219.94	171780.84	房屋建筑与装饰工程	建筑工程		
	9-3	定		块瓦屋面 普通黏土瓦混凝土板上卧贴			100m2	QDL	0.01	7.81035	2668.78	20844.11	2302.96	17986.92	房屋建筑与装饰	建筑工程		1.041	1.03
	11-1 H800107S1 8…	换		平面砂浆找平层 混凝土或硬基层上 20mm 换为【特拌地面砂浆(干拌) DS M15】			100m2	QDL	0.01	7.81035	2104.31	16435.4	1612.36	12593.11	房屋建筑与装饰工程	建筑工程		1.041	1.03
	10-37	换		屋面 干铺聚酯无纺布 厚度3mm			100m2	QDL	0.01	7.81035	1987.64	15524.16	1839.55	14367.53	房屋建筑与装饰	建筑工程		1.041	1.03
	9-42 + 9-44 * 2	换		卷材防水 高聚物改性沥青自粘卷材 自粘法一层 平面 实际层数(层):3			100m2	QDL	0.01	7.81035	15242.13	119046.37	14907.19	116430.37	房屋建筑与装饰工程	建筑工程		1.041	1.03
	11-1 + 11-3 * -5, H800107S1 80010747	换		平面砂浆找平层 混凝土或硬基层上 实际厚度 (mm):15 换为【特拌地面砂浆(干拌) DS M15】			100m2	QDL	0.01	7.81035	1756.84	13721.54	1332.92	10410.57	房屋建筑与装饰工程	装饰工程		1.041	1.03

图 3-33　某多层住宅剪力墙结构工程屋面 1 定额套取

(2) 隔离层：干铺无纺聚酯纤维布一层。

(3) 保温层：挤塑聚苯乙烯泡沫塑料板 40mm 厚。

(4) 防水层：高聚物改性沥青防水卷材厚度≥3.0mm；基层处理剂。

(5) 找平层：1∶3 水泥砂浆，砂浆中掺聚丙烯或锦纶-6 纤维 0.75～0.90kg/m³，20mm 厚。

(6) 找坡层：1∶8 水泥膨胀珍珠岩找 2%坡，最薄处 20mm 厚。

(7) 结构层：钢筋混凝土屋面板。

3.1.9 ▎楼地面工程

楼地面工程包括找平层及整体面层、块料面层、橡塑面层、其他材料面层、踢脚线、楼梯面层、台阶装饰、零星装饰项目、分格嵌条、防滑条、酸洗打蜡十一节。

某多层住宅剪力墙结构工程楼地面，如图 3-34 所示。

(1) 水磨石地面水泥石子浆的配合比，设计与定额不同时，可以调整价格。

(2) 同一铺贴面上有不同种类、材质的材料，应分别按相应项目执行。

(3) 厚度≤60mm 的细石混凝土按找平层项目执行，厚度>60mm 的按混凝土及钢筋混凝土工程中垫层项目执行。

(4) 采用地暖的地板垫层，按不同材料执行相应项目，人工乘以系数 1.3，材料乘以系数 0.95。

011102003004	项	块料楼地面	1.地砖面层水泥砂浆擦缝 2.20厚1:2干硬性水泥砂浆粘合层,上洒1-2厚干水泥并洒清水适量 3.改性沥青一布四涂防水层 4.100厚C10混凝土垫层找坡表面赶平 6.素土夯实基土	m2	51.42		51.
1-129	定	原土夯实二遍 机械		100m2	0.5122 * 100	0.0099611	0.51
4-72	定	垫层 灰土		10m3	0.05122 * 10	0.0009961	0.051
11-31	定	块料面层 陶瓷地面砖 0.36m2以内		100m2	0.5122 * 100	0.0099611	0.51

图 3-34　某多层住宅剪力墙结构工程楼地面定额套取

(5) 块料面层。

① 镶贴块料项目是按规格料考虑的,如需现场倒角、磨边者按其他装饰工程中相应项目执行。

② 石材楼地面拼花按成品考虑。

③ 镶嵌规格在 100mm×100mm 以内的石材执行点缀项目。

④ 玻化砖按陶瓷地面砖相应项目执行。

⑤ 石材楼地面需做分格、分色的,按相应项目人工乘以系数 1.10 套取。

(6) 木地板。

① 木地板安装按成品企口考虑,若采用平口安装,按其人工乘以系数 0.85 套取。

② 木地板填充材料按保温、隔热、防腐工程中相应项目执行。

(7) 弧形踢脚线、楼梯段踢脚线按相应项目人工、机械乘以系数 1.15 套取。

(8) 石材螺旋形楼梯,按弧形楼梯项目人工乘以系数 1.2 套取。

(9) 零星项目面层适用于楼梯侧面、台阶的牵边,小便池、蹲台、池槽,以及面积在 $0.5m^2$ 以内且未列项目的工程。

(10) 圆弧形等不规则地面镶贴面层、饰面面层按相应项目人工乘以系数 1.15 套取,块料消耗量损耗按实调整。

(11) 水磨石地面包含酸洗打蜡,其他块料项目如需做酸洗打蜡者,单独执行相应酸洗打蜡项目。

3.1.10　墙、柱面装饰与隔断、幕墙工程

墙、柱面装饰与隔断、幕墙工程包括墙面抹灰、柱(梁)面抹灰、零星抹灰、墙面块料面层、柱(梁)面镶贴块料、镶贴零星块料、墙饰面、柱(梁)饰面、幕墙工程及隔断十节。

某多层住宅剪力墙结构工程墙面,如图 3-35 所示。

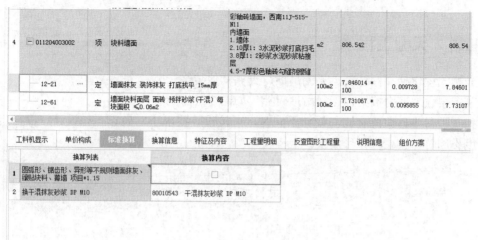

图 3-35　某多层住宅剪力墙结构工程墙面定额套取

1. 抹灰面层

(1) 抹灰项目中砂浆配合比与设计不同者，按设计要求调整；如设计厚度与定额取定厚度不同者，按相应增减厚度项目调整。

(2) 砖墙中的钢筋混凝土梁、柱侧面抹灰＞$0.5m^2$ 的并入相应墙面项目执行；≤$0.5m^2$ 的按零星抹灰项目执行。

(3) 抹灰工程的"零星项目"适用于各种壁柜、碗柜、飘窗板、空调隔板、暖气罩、池槽、花台以及≤$0.5m^2$ 的其他各种零星抹灰。

(4) 抹灰工程的装饰线条适用于门窗套、挑檐、腰线、压顶、遮阳板外边、宣传栏边框等项目的抹灰，以及凸出墙面且展开宽度≤300mm 的竖、横线条抹灰。线条展开宽度＞300mm 且≤400mm 者，按相应项目乘以系数 1.33 套取；展开宽度＞400mm 且≤500mm 者，按相应项目乘以系数 1.67 套取。

2. 块料面层

(1) 墙面贴块料、饰面高度在 300mm 以内者，按踢脚线项目执行。

(2) 勾缝镶贴面砖子目，面砖消耗量分别按缝宽 5mm 和 10mm 考虑，如灰缝宽度与取定的量不同者，其块料及灰缝材料(预拌水泥砂浆)允许调整。

(3) 玻化砖、干挂玻化砖或玻岩板按面砖相应项目执行。

3.1.11 天棚工程

天棚工程包括天棚抹灰、天棚吊顶、天棚其他装饰三节。

某多层住宅剪力墙结构工程吊顶天棚，如图3-36所示。

抹灰项目中砂浆配合比与设计不同时，可按设计要求予以换算；如设计厚度与定额取定厚度不同时，按相应项目调整。

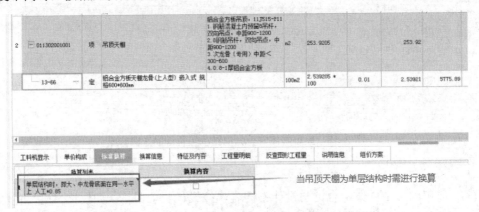

图3-36 某多层住宅剪力墙结构工程吊顶天棚定额套取

混凝土天棚刷素水泥浆或界面剂，按"墙、柱面装饰与隔断、幕墙工程"相应项目人工乘以系数1.15套取。

3.1.12 油漆、涂料、裱糊工程

油漆、涂料、裱糊工程包括木门油漆，木扶手及其他板条，线条油漆，其他木材面油漆，金属面油漆、抹灰面油漆，喷刷涂料，裱糊7节。

某多层住宅剪力墙结构工程抹灰面油漆，如图3-37所示。

1	□ 011406001001	项	抹灰面油漆	内墙面 5. 刷乳胶漆	m2	6393.1223
	14-199	定	乳胶漆 室内 墙面 二遍		100m2	63.931223 100

图3-37 某多层住宅剪力墙结构工程抹灰面油漆定额套取

(1) 当设计与定额取定的喷、涂、刷遍数不同时，可执行相应的每增减一遍项目(视情况确定遍数)进行调整。

(2) 油漆、涂料定额中均已考虑刮腻子。当抹灰面油漆喷刷涂料设计与定额取定的刮

腻子遍数不同时，可按喷刷涂料中刮腻子每增减一遍项目进行调整。喷刷涂料中刮腻子项目仅适用于单独刮腻子工程。

(3) 附着安装在同材质装饰面上的木线条、石膏线条等油漆、涂料，与装饰面同色者，并入装饰面计算；与装饰面分色者，单独计算。

(4) 门窗套、窗台板、腰线、压顶、扶手(栏板上扶手)等抹灰面刷油漆、涂料，与整体墙面同色者，并入墙面计算；与整体墙面分色者，单独计算，按墙面相应项目执行，按人工乘以系数 1.43 套取。

(5) 纸面石膏板等装饰板材面刮腻子刷油漆、涂料，按抹灰面刮腻子刷油漆、涂料相应项目执行。

(6) 附墙柱抹灰面喷刷油漆、涂料、裱糊，按墙面相应项目执行；独立柱抹灰面喷刷油漆、涂料、裱糊，按墙面相应项目执行，按人工乘以系数 1.2 套取。

(7) 油漆。

① 油漆浅、中、深各种颜色已在定额中综合考虑，颜色不同时，不另行调整。

② 定额综合考虑了在同一平面上的分色，但美术图案需另外计算。

③ 木材面硝基清漆项目中每增加刷理漆片一遍项目和每增加硝基清漆一遍项目均适用于三遍以内。

④ 木材面聚酯清漆、聚酯色漆项目，当设计与定额取定的底漆遍数不同时，可按每增减聚酯清漆(或聚酯色漆)一遍项目进行调整，其中聚酯清漆(或聚酯色漆)调整为聚酯底漆，消耗量不变。

⑤ 木材面刷底油一遍、清油一遍可按相应底油一遍熟桐油一遍项目执行，其中熟桐油调整为清油，消耗量不变。

⑥ 木门、木扶手、其他木材面等刷漆，按熟桐油、底油、生漆二遍项目执行。

⑦ 当设计要求金属面刷二遍防锈漆时，按金属面刷防锈漆一遍项目执行，按人工乘以系数 1.74 套取，材料乘以系数 1.90 套取。

⑧ 金属面油漆项目均考虑了手工除锈，如实际为机械除锈，另按金属结构工程中相应项目执行，油漆项目中的除锈用工亦不扣除。

⑨ 墙面真石漆、氟碳漆项目不包括分格嵌缝，当设计要求做分格嵌缝时，费用另行计算。

(8) 涂料。

① 木龙骨刷防火涂料按四面涂刷考虑，木龙骨刷防腐涂料按一面(接触结构基层面)涂刷考虑。

② 金属面防火涂料项目按涂料密度 500kg/m^3 和项目中注明的涂刷厚度计算，当设计与定额取定的涂料密度、涂刷厚度不同时，防火涂料消耗量可作调整。

③ 艺术造型天棚吊顶、墙面装饰的基层板缝粘贴胶带，按本章相应项目执行，按人

工乘以系数 1.2 套取。

3.1.13 其他装饰工程

其他装饰工程包含种类比较多，主要有柜类、货架，压条、装饰线，扶手、栏杆、栏板装饰，暖气罩，厕浴配件，雨篷、旗杆，招牌、灯箱，美术字，石材、瓷砖加工等。

(1) 扶手、栏杆、栏板项目(护窗栏杆除外)适用于楼梯、走廊、回廊及其他装饰性扶手、栏杆、栏板。

(2) 扶手、栏杆、栏板项目已综合考虑扶手弯头(非整体弯头)的费用。如遇木扶手、大理石扶手为整体弯头，弯头另按本章相应项目执行。

(3) 当设计栏板、栏杆的主材消耗量与定额不同时，其消耗量可以调整。

某多层住宅剪力墙结构工程中楼梯扶手定额套取，如图 3-38 所示。

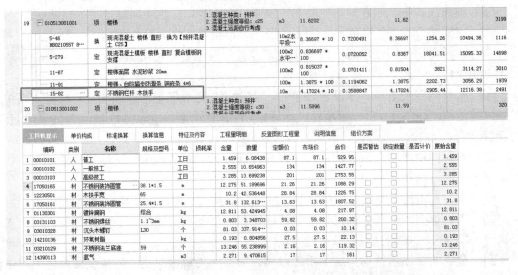

图 3-38　某多层住宅剪力墙结构工程中楼梯扶手定额套取

3.2　措施项目工程计价

3.2.1 总价措施项目

总价措施项目主要包括安全文明施工费、其他措施费(费率类)、夜间施工增加费、二次搬运费、冬雨季施工增加费以及其他(费率类)等，如图 3-39 所示。

此处以安全文明施工费进行介绍。安全文明施工费是指按照国家现行的建筑施工安全、施工现场环境与卫生标准和有关规定，购置和更新施工安全防护用具及设施、改善安全生产条件和作业环境，以及因施工现场扬尘污染防治标准提高所需要的费用。

(1) 环境保护费：是指施工现场为达到环保部门要求所需要的各项费用。

(2) 文明施工费：是指施工现场文明施工所需要的各项费用。

(3) 安全施工费：是指施工现场安全施工所需要的各项费用。

(4) 临时设施费：是指施工企业为进行建设工程施工所必须搭设的生活和生产用的临时建筑物、构筑物和其他临时设施费用，包括临时设施的搭设、维修、拆除、清理费或摊销费等。

(5) 扬尘污染防治增加费：是指根据所在省份的实际情况，因施工现场扬尘污染防治标准提高所需增加的费用。

扩展资源2.总价措施项目.doc

安全文明施工费.mp3

总价措施项目清单与计价表

序号	项目编码	项目名称	计算基础	费率(%)	金额(元)	调整费率(%)	调整后金额(元)	备注
1	011707001001	安全文明施工费	分部分项安全文明施工费+单价措施安全文明施工费					
2	01	其他措施费（费率类）						
2.1	011707002001	夜间施工增加费	分部分项其他措施费+单价措施其他措施费					
2.2	011707004001	二次搬运费	分部分项其他措施费+单价措施其他措施费					
2.3	011707005001	冬雨季施工增加费	分部分项其他措施费+单价措施其他措施费					
3	02	其他（费率类）						

图 3-39　总价措施项目清单与计价表

3.2.2 ▌单价措施项目

单价措施项目是指计价定额中规定的，在施工过程中可以计量的措施项目。内容包括脚手架费，是指施工需要的各种脚手架搭、拆、运输费用及脚手架购置费的摊销(或租赁)费用；垂直运输费；超高增加费；大型机械设备进出场及安拆费：是指计价定额中列项的大型机械设备进出场及安拆费；施工排水及井点降水；模板费；地下室夜间施工照明费；其他。这里主要介绍模板费的定额套取，如图 3-40 所示。

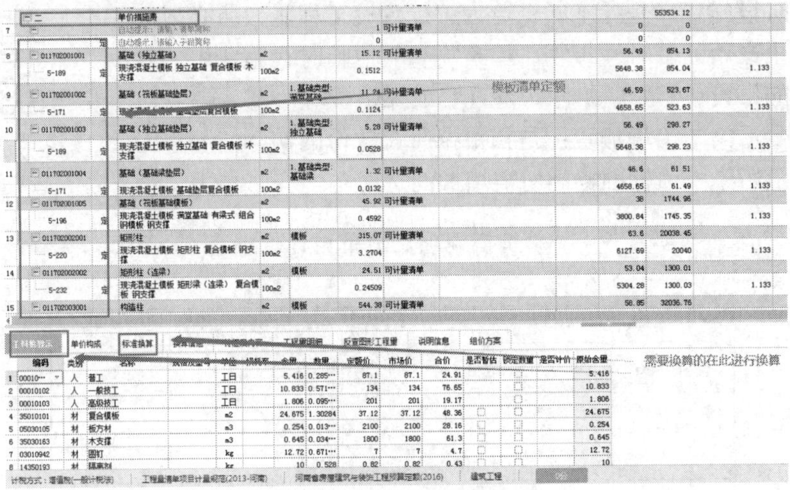

图 3-40　模板费定额套取

模板主要分为组合模板、大钢模板、复合木板、木模板，定额未注明模板类型的均按木模板考虑。

现浇混凝土柱(不含构造柱)、墙、梁(不含圈、过梁)、板是按高度(板面或地面、垫层而至上层板面的高度)3.6m 综合考虑的，当模板高度超过 3.6m 时，还需一个模板超高的定额子目。如遇斜板面结构时，柱分别按各柱的中心高度为准；墙按分段墙的平均高度为准；框架梁按每跨两端的支座平均高度为准；板(含梁板合计的梁)按高点与低点的平均高度为准。需要注意的是，异形柱模板执行圆柱项目。

3.3　其他项目工程计价

其他措施项目费包括暂列金额、暂估价、计日工、总承包服务费。

暂列金额是指建设单位在工程量清单中暂定并包含在工程合同价款中的一笔款项。用于施工合同签订时尚未确定或者不可预见的所需材料、工程设备、服务的采购，施工中可能发生的变更、合同约定调整因素出现时的工程价款调整，以及发生的索赔、现场签证确认等的费用。

暂估价是指发包人在工程量清单或预算书中提供的用于支付必然发生但暂时不能确定价格的材料、工程设备的单价、专业工程以及服务工作的金额。

计日工是指施工过程中，施工企业完成建设单位提出的施工图纸以外的零星项目或工作所需的费用。

总承包服务费是指总承包人为配合、协调建设单位进行的专业工程发包，对建设单位自行采购的材料、工程设备等进行保管以及施工现场管理、竣工资料汇总整理等服务所需的费用。

其他措施项目费可根据具体项目的实际情况进行计取，本案例项目不计取。其他项目清单与计价汇总表，如图 3-41 所示。

其他项目清单与计价汇总表

工程名称：5　　　　　　　　　　　标段：　　　　　　　　　　第 1 页 共 1 页

序号	项 目 名 称	金 额(元)	结算金额(元)	备 注
1	暂列金额			明细详见表-12-1
2	暂估价			
2.1	材料（工程设备）暂估价	—		明细详见表-12-2
2.2	专业工程暂估价			明细详见表-12-3
3	计日工			明细详见表-12-4
4	总承包服务费			明细详见表-12-5

图 3-41　其他项目清单与计价汇总表

3.3.1 暂列金额

暂列金额是指建设单位在工程量清单中暂定并包括在工程合同价款中的一笔款项。用于施工合同签订时尚未确定或者不可预见的所需材料、工程设备、服务的采购，施工中可能发生的工程变更、合同约定调整因素出现时的工程价款调整，以及发生的索赔、现场签证确认等的费用。暂列金额明细表，如图 3-42 所示。

扩展资源 3.暂列金额.doc

暂列金额明细表

工程名称: S   标段: 第 1 页 共 1 页

序号	项 目 名 称	计量单位	暂定金额(元)	备 注
1				

图 3-42　暂列金额明细表

3.3.2 专业工程暂估价

暂估价是指发包人在工程量清单或预算书中提供的用于支付必然发生但暂时不能确定

价格的材料、工程设备的单价、专业工程以及服务工作的金额。招标投标中的暂估价是指总承包招标时不能确定价格而由招标人在招标文件中暂时估定的工程、货物、服务的金额。专业工程暂估价与暂列金额的不同之处如下。

专业工程暂估价.mp3

(1) 性质不同。暂估价是对不确定材料的预测价格。暂列金额是对暂估价与实际价格相比产生的损益所补偿的部分。

(2) 主导人不同。暂估价主导人是发包人，暂列金额是监理人。

(3) 纸质材料不同。暂列金额在合同中，暂估价在招标文件中。

(4) 发生时间不同。暂估价发生在合同签订之前，暂列金额在签订合同之后。

专业工程暂估价及结算价表，如图 3-43 所示。

专业工程暂估价及结算价表

工程名称：5　　　　　　　　　　标段：　　　　　　　　　　第 1 页 共 1 页

序号	工程名称	工程内容	暂估金额（元）	结算金额（元）	差额±（元）	备注
1						

图 3-43　专业工程暂估价及结算价表

3.3.3 计日工费用

计日工是指施工过程中，施工企业完成建设单位提出的施工图纸以外的零星项目或工作所需的费用。

1. 计日工劳务

(1) 在计算应付给承包的计日工工资时，工时应从工人到达施工现场，并开始从事指定的工作算起，到返回原出发地点为止，扣去用餐和休息的时间。只有直接从事指定的工作，且能胜任该工作的工人才能计工，随同工人一起做工的班长应计算在内，但不包括领工(工长)和其他质检管理人员。

(2) 承包人可以得到用于计日工劳务的全部工时的支付，此支付按承包人填报的"计日工劳务单价表"所列单价计算，该单价应包括基本单价及承包人的管理费、税费、利润等所有附加费，说明如下：劳务基本单价包括承包人劳务的全部直接费用，如工资、加班费、津贴、福利费及劳动保护费等；承包人的利润、管理、质检、保险、税费；易耗品的使用、水电及照明费、工作台、脚手架、临时设施费、手动机具与工具的使用及维修，以及上述各项伴随而来的费用。

2. 计日工材料

承包人可以得到计日工使用的材料费用的支付，此费用按承包人"计日工材料单价表"中所填报的单价计算，该单价应包括基本单价及承包人的管理费、税费、利润等所有附加费，说明如下：材料基本单价按供货价加运杂费(到达承包人现场仓库)、保险费、仓库管理费以及运输损耗等计算；承包人的利润、管理、质检、保险、税费及其他附加费。从现场运至使用地点的人工费和施工机械使用费不包括在上述基本单价内。

3. 计日工施工机械

(1) 承包人可以得到用于计日工作业的施工机械费用的支付，该费用按承包人填报的"计日工施工机械单价表"中的租价计算。该租价应包括施工机械的折旧、利息、维修、保养、零配件、油燃料、保险和其他消耗品的费用，以及全部有关使用这些机械的管理费、税费、利润和司机与助手的劳务费等费用。

(2) 在计日工作业中，承包人计算所用的施工机械费用时，应按实际工作小时支付。除非监理工程师同意，计算的工作小时才能将施工机械从现场某处运到监理工程师指令的计日工作业的另一现场往返运送时间包括在内。计日工表，如图3-44所示。

计 日 工 表

工程名称：5　　　　　　　　　　标段：　　　　　　　　　　　第1页 共1页

编号	项 目 名 称	单位	暂定数量	实际数量	综合单价(元)	合 价(元)	
						暂 定	实 际
一	人工						
1							
	人工小计						
二	材料						
1							
	材料小计						
三	施工机械						
1							
	施工机械小计						
四、企业管理费和利润							

图 3-44　计日工表

3.3.4 总承包服务费

　　总承包服务费是指总承包人为配合、协调建设单位进行的专业工程发包，对建设单位自行采购的材料、工程设备等进行保管以及施工现场管理、竣工资料汇总整理等服务所需的费用。需要注意的是，一定要将总承包服务费与总包向分包收取的配合费区分开。编制招标控制价(标底)时，总承包服务费应根据招标文件列出的服务内容和要求按下列规定计算。

　　(1) 招标人仅要求对分包的专业工程进行总承包管理和协调时，按分包的专业工程估算造价的1.5%计算。

　　(2) 招标人要求对分包的专业工程进行总承包管理和协调，并同时要求提供配合服务时，根据招标文件列出的配合服务内容和提出的要求，按分包的专业工程估算造价的3%～

5%计算。

(3) 招标人自行供应材料的，按招标人供应材料价值的 1%计算。

总承包服务费计价表，如图 3-45 所示。

总承包服务费计价表

工程名称：5   标段：   第 1 页 共 1 页

序号	项 目 名 称	项目价值（元）	服务内容	计算基础	费率(%)	金 额(元)
1						

图 3-45   总承包服务费计价表

3.4 人材机汇总

某多层住宅剪力墙结构工程人材机汇总，如图 3-46 所示。若需要导出到 Excel，在人材机界面右击，选择导出到 Excel 即可。

图 3-46　导出人材机汇总表到 Excel

3.5　费 用 汇 总

　　费用汇总中分为不含税工程造价合计和含税工程造价合计。不含税工程造价合计包含分部分项工程费、措施项目费、其他项目费、规费。含税工程造价合计包含不含税工程造价合计、税金。

　　某多层住宅剪力墙结构工程费用汇总，如图 3-47 所示。

	序号	费用代码	名称	计算基数	基数说明	费率(%)	金额	费用类别	备注	输出
1	1	A	分部分项工程	FBFXHJ	分部分项合计		3,444,078.32	分部分项工程费		✓
2	2	B	措施项目	CSXMHJ	措施项目合计		877,806.74	措施项目费		✓
3	2.1	B1	其中: 安全文明施工费	AQWMSGF	安全文明施工费		131,156.98	安全文明施工费		✓
4	2.2	B2	其他措施(费率类)	QTCSF + QTF	其他措施+其他(费率类)		60,345.53	措施费		✓
5	2.3	B3	单价措施	DJCSKJ	单价措施合计		686,304.23	单价措施费		✓
6	3	C	其中:	C1 + C2 + C3 + C4 + C5	其中: 1) 暂列金额+2) 专业工程暂估价+3) 计日工+4) 总承包服务费+5) 其他		0.00	其他项目费		✓
7	3.1	C1	其中: 1) 暂列金额	ZLJE	暂列金额		0.00	暂列金额		✓
8	3.2	C2	2) 专业工程暂估价	ZYGCZGJ	专业工程暂估价		0.00	专业工程暂估价		✓
9	3.3	C3	3) 计日工	JRG	计日工		0.00	计日工		✓
10	3.4	C4	4) 总承包服务费	ZCBFWF	总承包服务费		0.00	总承包服务费		✓
11	3.5	C5	5) 其他	QT	其他		0.00			✓
12	4	D	规费	D1 + D2 + D3	定额规费+工程排污费+其他		162,624.82	规费	不可竞争费	✓
13	4.1	D1	定额规费	FBFX_GF + DJCS_GF	分部分项规费+单价措施规费		162,624.82	定额规费		✓
14	4.2	D2	工程排污费				0.00	工程排污费	据实计取	✓
15	4.3	D3	其他				0.00			✓
16	5	E	不含税工程造价合计	A + B + C + D	分部分项工程+措施项目+其他项目		4,484,509.88			✓
17	6	F	增值税	E	不含税工程造价合计	9	403,605.89	增值税	一般计税方法	✓
18	7	G	含税工程造价合计	E + F	不含税工程造价合计+增值税		4,888,115.77	工程造价		✓

图 3-47　某多层住宅剪力墙结构工程费用汇总

3.6 造 价 分 析

造价分析是对工程总造价进行分析，通过建筑面积计算出工程单方造价，总造价中分部分项工程费中人材机的费用、措施项目费、其他项目费、规费、税金。

某多层住宅剪力墙结构工程造价分析，如图3-48所示。

造价分析	工程概况	分部分项	措施项目	其他项目	人材机汇总	费用汇总

	名称	内容
1	工程总造价(小写)	2,374,041.55
2	工程总造价(大写)	贰佰叁拾柒万肆仟零肆拾壹元伍角伍分
3	单方造价	0.00
4	分部分项工程费	1481791.95
5	其中:人工费	257892.95
6	材料费	1120060.54
7	机械费	5305.28
8	主材费	0
9	设备费	0
10	管理费	61208.12
11	利润	37320.67
12	措施项目费	630674.67
13	其他项目费	0
14	规费	65553.15
15	增值税	196021.78

图3-48 某多层住宅剪力墙结构工程造价分析

3.7 投标报价完整编制流程

1. 投标总价封面

投标总价封面，如图3-49所示。

2. 投标总价扉页

投标总价扉页，如图3-50所示。扉页中有招标人、工程名称、投标总价、投标人、法定代表人或其授权人、编制人、时间的信息。

3. 总说明

总说明，如图3-51所示。

投标报价编制.mp4

某多层住宅剪力墙结构工程　　**工程**

投 标 总 价

投 标 人：_____

　　　　　　　　　　　（单位盖章）

年　月　日

河南省建设工程造价计价软件测评合格编号：2019-RJ004；2017-RJ004

图 3-49　投标总价封面

投 标 总 价

招 标 人： _____

工 程 名 称： 某多层住宅剪力墙结构工程 _____

投 标 总 价 （小写）：2,374,109.15 _____

（大写）：贰佰叁拾柒万肆仟壹佰零玖元壹角伍分 _____

投 标 人： _____
（单位盖章）

法定代表人
或其授权人： _____
（签字或盖章）

编 制 人： _____
（造价人员签字盖专用章）

时 间： 年 月 日

图 3-50 招标控制价扉页

总 说 明

工程名称：某多层住宅剪力墙结构工程　　　　　　　　　　第 1 页 共 1 页

图 3-51 总说明

4. 单位工程投标报价汇总表

单位工程投标报价汇总表，如图3-52所示。

单位工程投标报价汇总表

工程名称：某多层住宅剪力墙结构工程　　　　标段：　　　　　　　　　　第1页 共1页

序号	汇总内容	金额（元）	其中：暂估价（元）
1	分部分项工程	1481791.95	
1.1	A.1土石方工程	20376.3	
1.2	A.4砌筑工程	465725.48	
1.3	A.5混凝土及钢筋混凝土工程	411593.08	
1.4	A.8门窗工程	560824.58	
1.5	A.11楼地面装饰工程	8347.49	
1.6	A.12墙、柱面装饰与隔断、幕墙工程	9097.87	
1.7	A.13天棚工程		
1.8	A.18豫建标定（2016）14号	5827.15	
2	措施项目	630732.22	
2.1	其中：安全文明施工费	52872.43	
2.2	其他措施费（费率类）	24325.67	
2.3	单价措施费	553534.12	
3	其他项目		—
3.1	其中：1）暂列金额		—
3.2	2）专业工程暂估价		—
3.3	3）计日工		—
3.4	4）总承包服务费		—
3.5	5）其他		—
4	规费	65557.62	
4.1	定额规费	65557.62	
4.2	工程排污费		—
4.3	其他		
5	不含税工程造价合计	2178081.79	
6	增值税	196027.36	—
7	含税工程造价合计	2374109.15	
	投标报价合计=1+2+3+4+6	2,374,109.15	0

注：本表适用于单位工程招标控制价或投标报价的汇总，如无单位工程划分，单项工程也使用本表汇总。

图3-52　单位工程投标报价汇总表

5. 分部分项工程和单价措施项目清单与计价表

分部分项工程和单价措施项目清单与计价表，如图 3-53 所示。

分部分项工程和单价措施项目清单与计价表

工程名称：某多层住宅剪力墙结构工程　　　标段：　　　　　　　　　　　　第 2 页 共 8 页

序号	项目编码	项目名称	项目特征描述	计量单位	工程量	金额（元）		其中
						综合单价	合价	暂估价
4	010402001004	砌块墙	1.砖品种、规格、强度等级:A3.5加气混凝土砌块 2.墙体类型:外墙 3.墙体厚度:200 4.砌筑砂浆:M5水泥砂浆 5.墙高: 3.6m以下	m3	2.02	391.11	790.04	
5	010402001005	砌块墙	1.砖品种、规格、强度等级:A3.5加气混凝土砌块 2.墙体类型:内墙 3.墙体厚度:240 4.砌筑砂浆:M5水泥砂浆 5.墙高: 3.6m以下	m3	3.09	435.34	1345.2	
6	010402001006	砌块墙	1.砖品种、规格、强度等级:A3.5加气混凝土砌块 2.墙体类型:外墙 3.墙体厚度:240 4.砌筑砂浆:M5水泥砂浆 5.墙高: 3.6m以下	m3	2.64	442	1166.88	
7	010402001007	砌块墙	1.砖品种、规格、强度等级:A3.5加气混凝土砌块 2.墙体类型:内墙 3.墙体厚度:250 4.砌筑砂浆:M5水泥砂浆 5.墙高: 3.6m以下	m3	44.7	483.19	21598.59	
8	010404001001	垫层（筏板基础）	1.垫层材料种类、配合比、厚度:现浇砼C15	m3	48.76	264.12	12878.49	
9	010404001002	垫层（独立基础）	1.垫层材料种类、配合比、厚度:现浇砼C15	m3	2.89	263.95	762.82	
10	010404001003	垫层（基础梁垫层）	1.垫层材料种类、配合比、厚度:现浇砼C15	m3	0.55	265.11	145.81	
		分部小计					465725.48	
		本页小计					38687.83	

注：为计取规费等的使用，可在表中增设其中："定额人工费"。

表－08

图 3-53　分部分项工程和单价措施项目清单与计价表

6. 分部分项工程和单价措施项目清单与计价表(主要清单)

分部分项工程和单价措施项目清单与计价表(主要清单), 如图 3-54 所示。

分部分项工程和单价措施项目清单与计价表
(主要清单)

工程名称: 某多层住宅剪力墙结构工程　　　　标段:　　　　　　　　　　第1页共1页

序号	项目编码	项目名称	项目特征描述	计量单位	工程量	金额(元)		
						综合单价	合价	其中暂估价
		本页小计						
		合　计						

注: 为计取规费等的使用, 可在表中增设其中: "定额人工费"。

表—08

图 3-54　分部分项工程和单价措施项目清单与计价表(主要清单)

7. 综合单价分析表

综合单价分析表，如图 3-55 所示。

综合单价分析表

工程名称：某多层住宅剪力墙结构工程　　　　　　　　　　　标段：　　　　　　　　　　　　　第 1 页　共 72 页

项目编码	010101001001		项目名称		平整场地		计量单位	m2	工程量	1
清单综合单价组成明细										
定额编号	定额项目名称	定额单位	数量	单价				合价			

定额编号	定额项目名称	定额单位	数量	人工费	材料费	机械费	管理费和利润	人工费	材料费	机械费	管理费和利润
1-124	机械场地平整	100m2	0.01	6.12		132.45	6.85	0.06		1.32	0.07
人工单价			小计					0.06		1.32	0.07
普工87.1元/工日			未计价材料费								
清单项目综合单价								1.45			

材料费明细	主要材料名称、规格、型号	单位	数量	单价（元）	合价（元）	暂估单价（元）	暂估合价（元）

注：1. 如不使用省级或行业建设主管部门发布的计价依据，可不填定额编号、名称等。
　　2. 招标文件提供了暂估单价的材料，按暂估的单价填入表内"暂估单价"栏及"暂估合价"栏。

表-09

图 3-55　综合单价分析表

8. 总价措施项目清单与计价表

总价措施项目清单与计价表,如图 3-56 所示。

总价措施项目清单与计价表

工程名称:某多层住宅剪力墙结构工程　　　　标段:　　　　　　　　　　　第 1 页 共 1 页

序号	项目编码	项目名称	计算基础	费率(%)	金额(元)	调整费率(%)	调整后金额(元)	备注
1	011707001001	安全文明施工费	分部分项安全文明施工费+单价措施安全文明施工费		52872.43			
2	01	其他措施费(费率类)			24325.67			
2.1	011707002001	夜间施工增加费	分部分项其他措施费+单价措施其他措施费	25	6081.42			
2.2	011707004001	二次搬运费	分部分项其他措施费+单价措施其他措施费	50	12162.83			
2.3	011707005001	冬雨季施工增加费	分部分项其他措施费+单价措施其他措施费	25	6081.42			
3	02	其他(费率类)						
		合　计			77198.1			

编制人(造价人员):　　　　　　　　　　复核人(造价工程师):

注:1. "计算基础"中安全文明施工费可为"定额基价""定额人工费"或"定额人工费+定额机械费",其他项目可为"定额人工费"或"定额人工费+定额机械费"。
　　2. 按施工方案计算的措施费,若无"计算基础"和"费率"的数值,也可只填"金额"数值,但应在备注栏说明施工方案出处或计算方法。

表-11

图 3-56　总价措施项目清单与计价表

9. 其他项目清单与计价汇总表

其他项目清单与计价汇总表，如图 3-57 所示。

其他项目清单与计价汇总表

工程名称：某多层住宅剪力墙结构工程　　　　　　标段：　　　　　　第 1 页 共 1 页

序号	项 目 名 称	金 额(元)	结算金额(元)	备 注
1	暂列金额			明细详见表-12-1
2	暂估价			
2.1	材料（工程设备）暂估价	—		明细详见表-12-2
2.2	专业工程暂估价			明细详见表-12-3
3	计日工			明细详见表-12-4
4	总承包服务费			明细详见表-12-5
	合 计		0	—

注：材料（工程设备）暂估单价计入清单项目综合单价，此处不汇总。

表-12

图 3-57　其他项目清单与计价汇总表

10. 暂列金额明细表

暂列金额明细表，如图 3-58 所示。

暂列金额明细表

工程名称:某多层住宅剪力墙结构工程　　标段:　　　　　　　　第 1 页 共 1 页

序号	项 目 名 称	计量单位	暂定金额(元)	备 注
1				
	合 计			—

注：此表由招标人填写，如不能详列，也可只列暂定金额总额，投标人应将上述暂列金额计入投标总价中。

表—12—1

图 3-58　暂列金额明细表

11. 材料(工程设备)暂估单价及调整表

材料(工程设备)暂估单价及调整表, 如图 3-59 所示。

材料（工程设备）暂估单价及调整表

工程名称：某多层住宅剪力墙结构工程　　　　标段：　　　　　　　　　　　第 1 页 共 1 页

序号	材料(工程设备)名称、规格、型号	计量单位	数 量		暂 估(元)		确 认(元)		差额±(元)		备 注
			暂估	确认	单价	合价	单价	合价	单价	合价	
	合 计										

注：此表由招标人填写"暂估单价"，并在备注栏说明暂估价的材料、工程设备拟用在哪些清单项目上，投标人应将上述材料、工程设备暂估单价计入工程量清单综合单价报价中。

表-12-2

图 3-59　材料(工程设备)暂估单价及调整表

12. 专业工程暂估价及结算价表

专业工程暂估价及结算价表，如图3-60所示。

专业工程暂估价及结算价表

工程名称：某多层住宅剪力墙结构工程　　　　标段：　　　　　　　第 1 页 共 1 页

序号	工 程 名 称	工程内容	暂估金额（元）	结算金额（元）	差额±（元）	备 注
1						
合 计			0.00		—	

注：此表"暂估金额"由招标人填写，投标人应将"暂估金额"计入投标总价中。结算时按合同约定结算金额填写。

表—12—3

图 3-60　专业工程暂估价及结算价表

13. 计日工表

计日工表，如图 3-61 所示。

计 日 工 表

工程名称：**某多层住宅剪力墙结构工程**　　　标段：　　　　　　　　第 1 页 共 1 页

编号	项 目 名 称	单位	暂定数量	实际数量	综合单价(元)	合 价(元)	
						暂 定	实 际
一	人工						
1							
	人工小计						
二	材料						
1							
	材料小计						
三	施工机械						
1							
	施工机械小计						
四、企业管理费和利润							
	总 计						

注：此表项目名称、暂定数量由招标人填写，编制招标控制价时，单价由招标人按有关计价规定确定；投标时，单价由投标人自主报价，按暂定数量计算合价计入投标总价中。结算时，按发承包双方确认的实际数量计算合价。

表—12—4

图 3-61　计日工表

14. 总承包服务费计价表

总承包服务费计价表，如图 3-62 所示。

总承包服务费计价表

工程名称：某多层住宅剪力墙结构工程　　　　　标段：　　　　　　　　　　第 1 页 共 1 页

序号	项 目 名 称	项目价值（元）	服务内容	计算基础	费率(%)	金 额(元)
1						
	合　计	—		—		—

注：此表项目名称、服务内容由招标人填写，编制招标控制价时，费率及金额由招标人按有关计价规定确定；投标时，费率及金额由投标人自主报价，计入投标总价中。

表—12—5

图 3-62　总承包服务费计价表

15. 规费、税金项目计价表

规费、税金项目计价表，如图 3-63 所示。

规费、税金项目计价表

工程名称：某多层住宅剪力墙结构工程　　　　　　标段：　　　　　　　　　　　第 1 页 共 1 页

序号	项目名称	计算基础	计算基数	计算费率(%)	金额(元)
1	规费	定额规费+工程排污费+其他	65557.62		65557.62
1.1	定额规费	分部分项规费+单价措施规费	65557.62		65557.62
1.2	工程排污费				
1.3	其他				
2	增值税	不含税工程造价合计	2178081.79	9	196027.36
		合　计			261584.98

编制人（造价人员）：　　　　　　　　　　复核人（造价工程师）：

表—13

图 3-63　规费、税金项目计价表

16. 主要材料价格表

主要材料价格表，如图 3-64 所示。

主要材料价格表

工程名称: 某多层住宅剪力墙结构工程

序号	材料编码	材料名称	规格、型号等特殊要求	单位	数量	单价	合价
1	03031101	闭门器		套	211.09	132.8	28032.75
2	03210347	钢丝网	综合	m2	12102.77775	10	121027.78
3	05030105	板方材		m3	33.135928	2100	69585.45
4	11010136	木质防火门		m2	31.44	390	12261.6
5	11010146	双扇套装平开实木门		樘	151	2100	317100
6	11110111	塑钢推拉门		m2	193.76604	187.72	36373.76
7	11110211	塑钢平开窗	(含5mm玻璃)	m2	133.740801	210.8	28192.56
8	11110221	塑钢推拉窗	(含5mm玻璃)	m2	127.672218	195.17	24917.79
9	11210203	铝合金平开纱窗扇		m2	253.41	85	21539.85
10	14410181	硅酮耐候密封胶		kg	411.165732	41.53	17075.71
11	14410219	聚氨酯发泡密封胶(750ml/支)		支	639.072629	23.3	14890.39
12	33010177	钢支撑及配件		kg	5520.332632	4.6	25393.53
13	35010101	复合模板		m2	1743.466269	37.12	64717.47
14	35030163	木支撑		m3	9.254173	1800	16657.51
15	80230801	蒸压粉煤灰加气混凝土砌块	600*120*240	m3	61.112815	235	14361.51
16	80230806	蒸压粉煤灰加气混凝土砌块	600*190*240	m3	553.743181	235	130129.65
17	80230811	蒸压粉煤灰加气混凝土砌块	600*240*240	m3	49.274408	235	11579.49
18	80210557	预拌混凝土	C20	m3	80.31428	260	20881.71
19	80210559	预拌混凝土	C25	m3	347.096297	260	90245.04
20	80210561	预拌混凝土	C30	m3	574.747493	260	149434.35

图 3-64　主要材料价格表

17. 总价项目进度款支付分解表

总价项目进度款支付分解表，如图 3-65 所示。

总价项目进度款支付分解表

工程名称：**某多层住宅剪力墙结构工程**　　　　标段：　　　　　　　　　　单位：元

序号	项目名称	总价金额	第一次支付	二次支付	三次支付	四次支付	五次支付
1	安全文明施工费	52872.43					
2	其他措施费（费率类）	24325.67					
2.1	夜间施工增加费	6081.42					
2.2	二次搬运费	12162.83					
2.3	冬雨季施工增加费	6081.42					
3	其他（费率类）						
	合　计	77198.1					

编制人（造价人员）：　　　　　　　　　　复核人（造价工程师）：

注：1 本表应由承包人在投标报价时根据发包人在招标文件明确的进度款支付周期与报价填写，签订合同时，发承包双方可就支付分解协商调整后作为合同附件。
　　2 单价合同使用本表，"支付"栏时间应与单价项目进度款支付周期相同。
　　3 总价合同使用本表，"支付"栏时间应与约定的工程计量周期相同。

表—16

图 3-65　总价项目进度款支付分解表

18. 发包人提供材料和工程设备一览表

发包人提供材料和工程设备一览表，如图 3-66 所示。

发包人提供材料和工程设备一览表

工程名称: 某多层住宅剪力墙结构工程　　　　标段:　　　　　　　　第 1 页 共 1 页

序号	材料(工程设备) 名称、规格、型号	单位	数 量	单价(元)	交货方式	送达地点	备 注

注: 此表由招标人填写，供投标人在投标报价、确定总承包服务费时参考。

表-20

图 3-66　发包人提供材料和工程设备一览表

19. 承包人提供主要材料和工程设备一览表(适用于造价信息差额调整法)

承包人提供主要材料和工程设备一览表(适用于造价信息差额调整法), 如图 3-67 所示。

承包人提供主要材料和工程设备一览表
(适用于造价信息差额调整法)

工程名称:某多层住宅剪力墙结构工程　　　　标段:　　　　　　　　第 1 页 共 1 页

序号	名称、规格、型号	单位	数 量	风险系数(%)	基准单价(元)	投标单价(元)	发承包人确认单价(元)	备 注

注: 1 此表由招标人填写除"投标单价"栏的内容, 投标人在投标时自主确定投标单价。
　　2 招标人应优先采用工程造价管理机构发布的单价作为基准单价, 未发布的, 通过市场调查确定其基准单价。

表-21

图 3-67　承包人提供主要材料和工程设备一览表(适用于造价信息差额调整法)

20. 单位工程主材表

单位工程主材表，如图 3-68 所示。

单位工程主材表

工程名称：某多层住宅剪力墙结构工程　　　　　　　　　　　　第 1 页 共 1 页

序号	名称及规格	单位	数量	市场价	市场价合计	厂家	产地
合计							

图 3-68　单位工程主材表

21. 工程量清单综合单价分析表

工程量清单综合单价分析表，如图3-69所示。

工程量清单综合单价分析表

工程名称：某多层住宅剪力墙结构工程　　　　　标段：　　　　　　　　　　　　　　第1页　共74页

项目编码	010101001001		项目名称	平整场地								计量单位			m²			
清单综合单价组成明细																		
定额编号	定额名称	定额单位	数量	单价							合价							
				人工费	材料费	机械费	管理费和利润	安全文明施工费	其他措施费	规费	增值税	人工费	材料费	机械费	管理费和利润	安全文明施工费	其他措施费	规费	增值税
1-124	机械场地平整	100m²	0.01	6.12		132.45	6.85					0.06		1.32	0.07			
人工单价				小计								0.06		1.32	0.07			
普工87.1元/工日				未计价材料费														
清单项目综合单价												1.45						
材料费明细	主要材料名称、规格、型号							单位	数量	单价(元)	合价(元)		暂估单价(元)		暂估合价(元)			

注：1. 如不使用升级或行业建设主管部门发布的计价依据，可不填定额项目、编号等。
　　2. 招标文件提供了暂估单价的材料，按暂估的单价填入表内"暂估单价"栏及"暂估合价"栏。

表—09

图 3-69　工程量清单综合单价分析表

110

第4章 某县城郊区别墅现浇混凝土结构工程

4.1 工程计价

4.1.1 分部分项工程计价

1. 土石方工程

人工挖一般土方、沟槽、基坑深度超过 6m 时，6m＜深度≤7m，按深度≤6m 相应项目人工乘以系数 1.25；7m＜深度≤8m，按深度≤6m 相应项目人工乘以系数 1.25^2；依次类推。

某县城郊区别墅现浇混凝土结构工程挖一般土方如图 4-1 所示。

挖一般土方计价.mp4

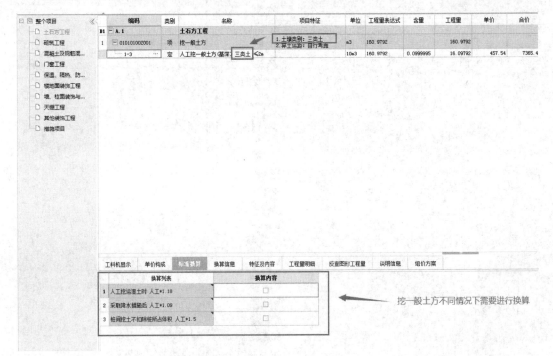

图 4-1 挖一般土方清单组价

土石方的开挖、运输均按开挖前的天然密实体积计算。土方回填，按回填后的竣工体积计算。不同状态的土石方体积换算，如表 4-1 所示。

表4-1　土石方体积换算表

名　称	虚　方	松　填	天然密实	夯　填
土方	1.00	0.83	0.77	0.67
	1.20	1.00	0.92	0.80
	1.30	1.08	1.00	0.87
	1.50	1.25	1.15	1.00
石方	1.00	0.85	0.65	—
	1.18	1.00	0.76	—
	1.54	1.31	1.00	—
块石	1.75	1.43	1.00	(码方)1.67
砂夹石	1.07	0.94	1.00	—

2. 砌筑工程

1) 墙

(1) 墙长度：外墙按中心线、内墙按净长线计算。

(2) 墙高度：①外墙：斜(坡)屋面无檐口天棚者算至屋面板底；有屋架且室内、外均有天棚者，算至屋架下弦底另加200mm；无天棚者，算至屋架下弦底另加300mm，出檐宽度超过600mm时，按实砌高度计算；有钢筋混凝土楼板隔层者，算至板顶。平屋顶算至钢筋混凝土板底。②内墙：位于屋架下弦者，算至屋架下弦底；无屋架者，算至天棚底另加100mm；有钢筋混凝土楼板隔层者，算至楼板顶；有框架梁时，算至梁底。③女儿墙：从屋面板上表面算至女儿墙顶面(如有混凝土压顶时，算至压顶下表面)。④内、外山墙：按其平均高度计算。

(3) 墙厚度：①标准砖以240mm×115mm×53mm为准，其砌体厚度按规定方法计算。②使用非标准砖时，其砌体厚度应按砖实际规格和设计厚度计算；如设计厚度与实际规格不同时，按实际规格计算。

(4) 框架间墙：不分内外墙，按墙体净尺寸以体积计算。

(5) 围墙：高度算至压顶上表面(如有混凝土压顶时，算至压顶下表面)，围墙柱并入围墙体积内。

某县城郊区别墅现浇混凝土结构工程墙如图4-2所示。

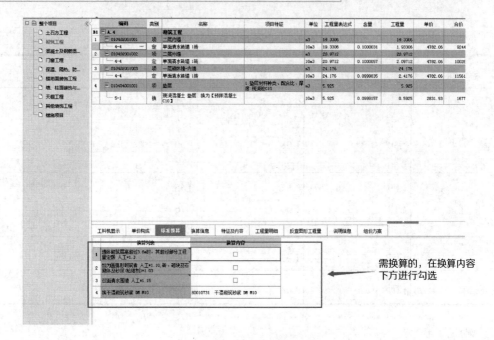

图 4-2　砌筑工程清单组价

如果墙体有超过 3.6m 的、圆弧形砌筑的、双面墙体及砌筑砂浆要求的需进行换算，未发生时无须进行换算。

2)　垫层

人工级配砂石垫层是按中(粗)砂 15%(不含填充石子空隙)、砾石 85%(含填充砂)的级配比例编制的。

砌筑工程中垫层适用于除混凝土垫层以外的其他垫层。垫层工程量按设计图示尺寸以体积计算。

某县城郊区别墅现浇混凝土结构工程砌筑工程垫层如图 4-3 所示。

3. 混凝土与钢筋混凝土工程

混凝土按预拌混凝土编制，采用现场搅拌时，执行相应的预拌混凝土项目，再执行现场搅拌混凝土调整费项目。现场搅拌混凝土调整费项目中，仅包含了冲洗搅拌机用水量，如需冲洗石子，用水量另行处理。

固定泵、泵车项目适用于混凝土送到施工现场未入模的情况，泵车项目仅适用于高度在 15m 以内，固定泵项目适用于所有高度。

混凝土按常用强度等级考虑，设计强度等级不同时，可以换算；混凝土各种外加剂统一在配合比中考虑；图纸设计要求增加的外加剂另行计算。

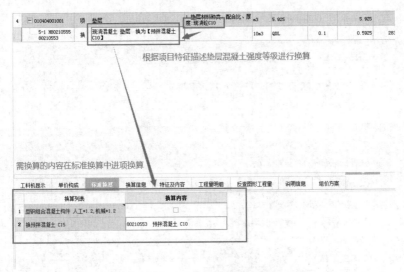

根据项目特征描述垫层混凝土强度等级进行换算

需换算的内容在标准换算中进项换算

图4-3　砌筑工程垫层清单组价

现浇混凝土工程量除另有规定者外，均按设计图示尺寸以体积计算。不扣除构件内钢筋、预埋铁件及墙、板中 $0.3m^2$ 以内的孔洞所占体积。型钢混凝土中型钢骨架所占体积按(密度)$7850kg/m^2$ 扣除。

预制混凝土均按图示尺寸以体积计算，不扣除构件内钢筋、铁件及小于 $0.3m^2$ 以内孔洞所占体积。

1)　独立基础

独立基础是整个或局部结构物下的无筋或配筋基础。一般是指结构柱基，高烟囱，水塔基础等的形式。独立基础按设计图示尺寸以体积计算，不扣除伸入承台基础的桩头所占体积。

某县城郊区别墅现浇混凝土结构工程独立基础如图4-4所示。

2)　构造柱

构造柱是一种空间架构，具有增强建筑物的整体性和稳定性、防止房屋倒塌的作用。它的设置部位在外墙四角、错层部位横墙与外纵墙交接处、较大洞口两侧等，多层砖混结构建筑的墙体中还应设置钢筋混凝土构造柱，并与各层圈梁相连接，使之能够抗弯抗剪。

独立基础.mp3

扩展资源1.独立基础.doc

构造柱.mp3

扩展资源2.构造柱.doc

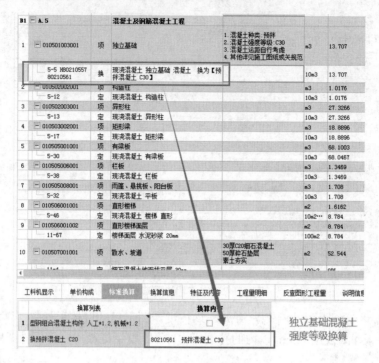

图 4-4 独立基础清单组价

某县城郊区别墅现浇混凝土结构工程构造柱如图 4-5 所示。

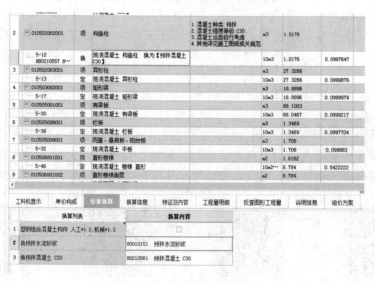

图 4-5 构造柱清单组价

3) 异形柱

异形柱是异形截面柱的简称。这里所谓"异形截面",是指柱截面的几何形状与常用普通的矩形截面相异而言。异形柱截面几何形状为 L 形、T 形和十字形,且截面各肢的肢高肢厚比不大于 4 的柱。异形柱的模板执行圆柱项目。

某县城郊区别墅现浇混凝土结构工程异形柱的清单组价如图 4-6 所示。

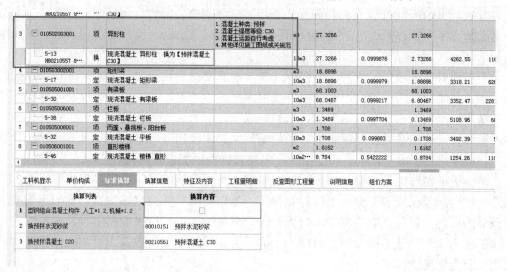

图 4-6 异形柱清单组价

4) 梁

钢筋混凝土梁是用钢筋混凝土材料制成的梁。钢筋混凝土梁既可做成独立梁,也可与钢筋混凝土板组成整体的梁—板式楼盖,或与钢筋混凝土柱组成整体的单层或多层框架。钢筋混凝土梁形式多种多样,是房屋建筑、桥梁建筑等工程结构中最基本的承重构件,应用范围极广。

钢筋混凝土梁按其截面形式,可分为矩形梁、T 形梁、工字梁、槽形梁和箱形梁。按其施工方法,可分为现浇梁、预制梁和预制现浇叠合梁。按其配筋类型,可分为钢筋混凝土梁和预应力混凝土梁。按其结构简图,可分为简支梁、连续梁、悬臂梁、主梁和次梁等。

在某县城郊区别墅现浇混凝土结构工程中梁主要为矩形梁,其清单组价如图 4-7 所示。

图 4-7 矩形梁清单组价

5) 板

(1) 有梁板。

钢筋混凝土板,用钢筋混凝土材料制成的板,是房屋建筑和各种工程结构中的基本结构或构件,常用作屋盖、楼盖、平台、墙、挡土墙、基础、地坪、路面、水池等,应用范围极广。钢筋混凝土板按平面形状分为方板、圆板和异形板。按结构的受力作用方式分为单向板和双向板。

有梁板.mp3

最常见的有单向板、四边支承双向板和由柱支承的无梁平板。板的厚度应满足强度和刚度的要求。

单向板有现浇和预制两种。现浇板通常与钢筋混凝土梁连成整体并形成多跨连续的结构形式。预制板在工业和民用建筑中广泛用作屋盖和楼盖,常用的预制板有实体板、空心板和槽形板,板的宽度视当地制造、吊装和运输设备的具体条件而定。为了保持预制板结构的整体性,要注意处理好板与板、板与墙和梁的连接构造。单向板的计算和梁的计算相同,按板厚相当于梁高,板宽相当于一个单位长度的梁宽进行计算。

单向板的钢筋由受力钢筋和分布钢筋组成。受力钢筋由计算决定,根据弯矩图的变化沿跨度方向配置在板的下面或上面的受拉区。分布钢筋与受力钢筋垂直,均匀地配置于受力钢筋的内侧,以便在灌筑混凝土时固定受力钢筋的位置、抵抗混凝土收缩和温度变化所产生的应力,承担分布板上局部荷载产生的应力。当跨度和荷载较大时,板中的受力筋可采用预应力钢筋或钢丝。

在某县城郊区别墅现浇混凝土结构工程中板主要为有梁板,其清单组价如图 4-8 所示。

图 4-8 有梁板清单组价

无梁平板的计算,常用的有总弯矩分配法(经验系数法)和等代框架法。

总弯矩分配法将平板分别沿纵向和横向看成是多跨连续单向板,先算出由均布荷载所产生的简支板总弯矩,再将总弯矩分配于柱上板带和跨中板带的支座和跨中。经验分配系数根据试验研究和实践经验并适当考虑钢筋混凝土板的内力重分布特性而确定,在有关规范中可以查到。该法以其计算简便而被广泛采用。

等代框架法将整个结构分别沿纵横柱列方向划分为具有"框架柱"和"框架梁"的纵向与横向框架,按一般结构力学的方法进行计算,然后将弯矩按有关规范的规定比例,分配于柱上板带和跨中板带。等代框架梁的宽度是:当竖向荷载作用时,取等于板跨中心线间的距离;当水平荷载作用时,取等于板跨中心线间距离的一半。

(2) 栏板。

栏板，是建筑物中起到围护作用的一种构件，供人在正常使用建筑物时防止坠落的防护措施，是一种板状护栏设施，封闭连续，一般用在阳台或屋面女儿墙部位，高度一般在1m左右。栏板一般是用水泥、大理石等材料铺成，牢固性较高，方便站立。

某县城郊区别墅现浇混凝土结构工程中栏板的清单组价如图4-9所示。

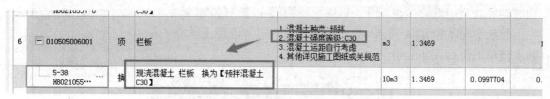

图4-9　栏板清单组价

6) 楼梯

楼梯是一种用于连接较大垂直距离的建筑设计，用于楼层之间和高差较大时的交通联系。早在中国战国时期的铜器上已镌刻有楼梯，意大利于15—16世纪将室内楼梯从传统的封闭空间中解放出来，使之成为形体富于变化且带有装饰性的建筑组成部分。楼梯的原理是将垂直距离切分为小段的垂直距离，主要由楼梯段、休息板(平台)和栏杆扶手(栏板)三部分组成，特殊类型的楼梯有电动扶梯、折梯等。

某县城郊区别墅现浇混凝土结构工程中楼梯清单组价如图4-10所示。

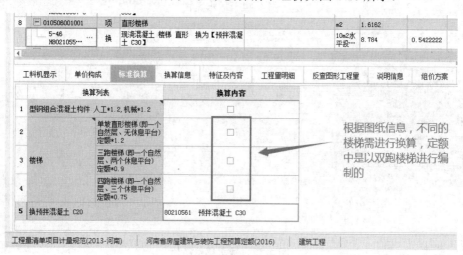

图4-10　楼梯清单组价

7) 散水

散水是指房屋外墙四周的勒脚处(室外地坪上)用片石砌筑或用混凝土浇筑的有一定坡

度的散水坡。散水的作用是迅速排走勒脚附近的雨水，避免雨水冲刷或渗透到地基，防止基础下沉，以保证房屋的巩固耐久。散水宽度一般不应小于 80cm，当屋檐较大时，散水宽度要随之增大，以便屋檐上的雨水都能落在散水上迅速排散。散水的坡度一般为 5%，外缘应高出地坪 20～50mm，以便雨水排出，流向明沟或地面他处散水，与勒脚接触处应用沥青砂浆灌缝，以防止墙面雨水渗入缝内。

扩展资源 3.散水.doc

散水实物如图 4-11 所示，某县城郊区别墅现浇混凝土结构工程中散水清单组价如图 4-12 所示。

图 4-11　散水实物

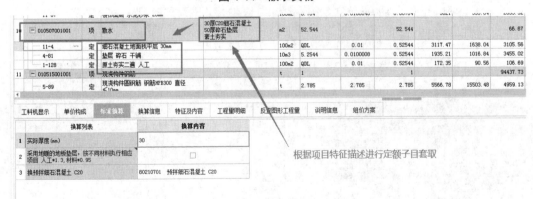

图 4-12　散水清单组价

💡 **注意：** 厚度≤60mm 的细石混凝土按找平层项目执行，厚度>60mm 的按"混凝土及钢筋混凝土工程"垫层项目执行。

4. 门窗工程

门窗按其所处的位置不同分为围护构件或分隔构件，是建筑物围护结构系统中重要的组成部分。最早的直棂窗在汉墓和陶屋明器中就有，唐、宋、辽、金的砖、木建筑和壁画亦有大量表现。根据不同的设计要求，其分别具有保温、隔热、隔声、防水、防火等功能；新的要求节能，寒冷地区由门窗缝隙而损失的热量，占全部采暖耗热量的 25%左右。门窗的密闭性的要求，是节能设计中的重要内容。门和窗又是建筑造型的重要组成部分(虚实对比、韵律艺术效果，起着重要的作用)，所以它们的形状、尺寸、比例、排列、色彩、造型等对建筑的整体造型都有很大的影响。

某县城郊区别墅现浇混凝土结构工程中门窗主要有金属门、金属卷帘门、金属窗。

1) 金属门

某县城郊区别墅现浇混凝土结构工程中金属门清单组价如图 4-13 所示。

1	□ 010802001001	项	金属(塑钢)门
	8-10 ⋯	定	塑钢成品门安装 平开
	8-108	定	门特殊五金 执手锁

图 4-13　金属门清单组价

2) 金属卷帘门

某县城郊区别墅现浇混凝土结构工程中金属卷帘门清单组价如图 4-14 所示。

2	□ 010803001001	项	金属卷帘(闸)门
	8-17	定	卷帘(闸)门 彩钢板
	8-19	定	金属卷帘(闸)门 电动装置
	8-118	定	门特殊五金 地锁

图 4-14　金属卷帘门清单组价

在金属卷帘门定额子目套取中，应注意金属卷帘门电动装置以及地锁的套取。

3) 金属窗

某县城郊区别墅现浇混凝土结构工程中金属窗为推拉窗，优点是开启面积大，通风好，密封性好，隔音、保温、抗渗性能优良。内开式的擦窗方便；外开式的开启时不占空间。缺点是窗幅小，视野不开阔。外开窗开启要占用墙外的一块空间，刮大风时易受损；而内开窗更是要占去室内的部分空间，使用纱窗也不方便，开窗时使用纱窗、窗帘等也不方便，如质量不过关，还可能渗雨。

某县城郊区别墅现浇混凝土结构工程中金属窗清单组价如图 4-15 所示。

3	□ 010807006001	项	金属（塑钢、断桥）橱窗
	8-73	定	塑钢成品窗安装 推拉
	8-77	定	塑钢窗纱扇安装 推拉

图 4-15　金属窗清单组价

5. 保温、隔热、防腐工程

保温、隔热、防腐工程是在建筑中比较重要的一环。这里主要讲屋面的保温、隔热、防腐工程。在某县城郊区别墅现浇混凝土结构工程中，屋面有坡屋面和平屋面两种。

某县城郊区别墅现浇混凝土结构工程坡屋面清单组价如图 4-16 所示。

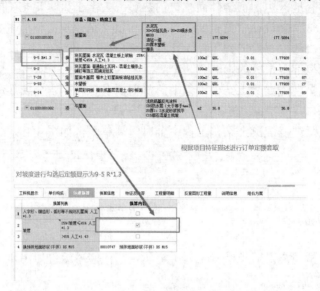

图 4-16　坡屋面清单组价

某县城郊区别墅现浇混凝土结构工程平屋面清单组价如图 4-17 所示。

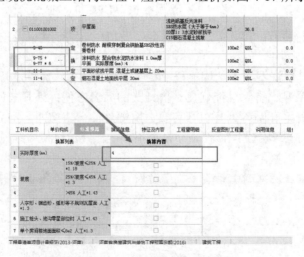

图 4-17　平屋面清单组价

在图 4-17 中，框选定额子目显示为 9-75+9-77*6，在最初的套取的定额子目中为 9-15，如图 4-18 所示，但是在项目特征描述中 SBS 防水层(大于等于 4mm)，所以需要进行换算，即在实际厚度中 1 改为 4，则定额子目自动变为 9-75+9-77*6。

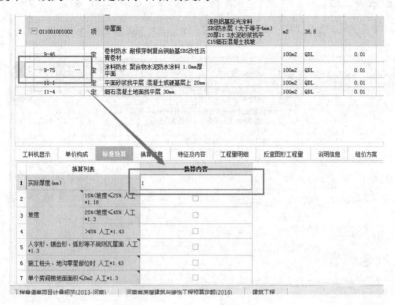

图 4-18　清单组价

6. 楼地面装饰工程

在某县城郊区别墅现浇混凝土结构工程中的楼地面装饰工程只对一层地面卫生间进行讲解，其余楼地面装饰不再一一讲解，如图 4-19 所示。

图 4-19　一层楼地面卫生间清单组价

定额子目中的 4-85 即为项目特征描述中的塘渣垫层；4-81 为项目特征描述中的 80 厚碎石垫层；5-1 为项目特征描述中的 100 厚 C15 细石混凝土垫层；9-79 为项目特征描述中的

1mm 厚水泥基渗透型防水涂料；11-2 为项目特征描述中的 20 厚 1：2 水泥砂浆面，需对 1：2 水泥砂浆面进行换算。

7. 墙柱面装饰工程

某县城郊区别墅现浇混凝土结构工程一层外墙面装修清单组价如图 4-20 所示。

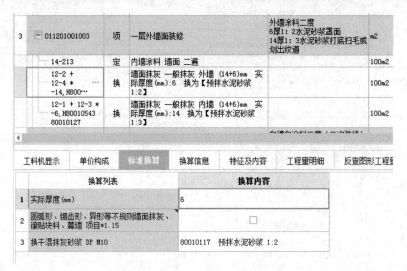

图 4-20　一层外墙面装修清单组价

墙柱面装饰工程的定额子目套取与楼地面装饰工程定额子目套取类似，只需注意对项目特征描述中的厚度、比例等内容进行换算。

8. 天棚抹灰

天棚抹灰，按设计图示尺寸以展开面积计算天棚抹灰。不扣除间壁墙、垛、柱、附墙烟囱和管道所占的面积，带梁天棚的梁两侧抹灰面积并入天棚面积内，板式楼梯底面抹灰面积(包括休息平台以及≤500m 宽的楼梯井)按水平投影面积乘以系数 1.15 计算，锯齿形楼梯底板抹灰面积(包括踏步、休息平台以及≤500mm 宽的楼梯井)按水平投影面积乘以系数 1.37 计算。

天棚抹灰.mp4

某县城郊区别墅现浇混凝土结构工程天棚抹灰清单组价如图 4-21 所示。

9. 其他装饰工程

某县城郊区别墅现浇混凝土结构工程其他装饰工程只有扶手、栏杆、栏板一项，该项在第三章已进行过讲解，此处不再赘述。

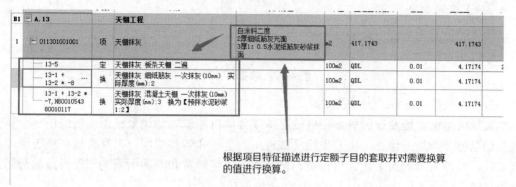

根据项目特征描述进行定额子目的套取并对需要换算的值进行换算。

图 4-21　天棚抹灰清单组价

10. 措施项目

1) 综合脚手架

综合脚手架按设计图示尺寸以建筑面积计算。综合脚手架，适用于能够按建筑工程建筑面积计算规范计算建筑面积的建筑工程的脚手架。不适用于房屋加层、构筑物及附属工程脚手架。

单层建筑综合脚手架适用于檐高 20m 以内的单层建筑工程。凡单层建筑工程执行单层建筑综合脚手架项目；二层及二层以上的建筑工程执行多层建筑综合脚手架项目；地下室部分执行地下室综合脚手架项目。

综合脚手架中包括外墙砌筑及外墙粉饰、3.6m 以内的内墙砌筑及混凝土浇捣用脚手架以及内墙面和天棚粉饰脚手架。

执行综合脚手架，有下列情况者，可另执行单项脚手架相应项目：①满堂基础高度(垫层上皮至基础顶面)>1.2m 时，按满堂脚手架基本层定额乘以系数 0.3。高度超过 3.6m，每增加 1m 按满堂脚手架增加层定额乘以系数 0.3；②砌筑高度在 3.6m 以外的砖内墙，按单排脚手架定额乘以系数 0.3；砌筑高度在 3.6m 以外的砌块内墙，按相应双排外脚手架定额乘以系数 0.3；③室内墙面粉饰高度在 3.6m 以外的执行内墙面粉饰脚手架项目；④室内墙面粉饰高度在 3.6m 以外的，可增列天棚满堂脚手架，室内墙面装饰不再计算墙面粉饰脚手架，只按每 10m² 墙面垂直投影面积增加改架一般技工 1.28 工日；⑤室内浇筑高度在 3.6m 以外的混凝土墙，按单排脚手架定额乘以系数 0.3；室内浇筑高度在 3.6m 以外的混凝土独立柱、单(连续)梁执行双排外脚手架定额项目乘以系数 0.3；室内浇筑高度在 3.6m 以外的楼板，执行满堂脚手架定额项目乘以系数 0.3；⑥女儿墙砌筑或浇筑高度>1.2m 时，可按相应项目计算脚手架。

某县城郊区别墅现浇混凝土结构工程综合脚手架如图 4-22 所示。

1	⊟ 011701001001	项	综合脚手架		m2	146
	└─ 17-7 ···	定	多层建筑综合脚手架 混合结构 檐高20m 以内		100m2	QDL

图 4-22　综合脚手架

2)　大型机械设备进出场及安拆

大型机械进出场及安拆费是指机械整体或分体自停放场地运至施工现场或由一个施工地点运至另一个施工地点，所发生的机械进出场运输和转移费用，以及机械在施工现场进行安装、拆卸所需的人工费、材料费、机械费、试运转费和安装所需的辅助设施的费用。大型机械安拆费按台次计算；大型机械进出场费按台次计算。

塔式起重机及施工电梯基础。

(1)　塔式起重机轨道铺拆以直线形为准，如铺设弧线形时，按定额乘以系数 1.15。

(2)　固定式基础适用于混凝土体积在 $10m^3$ 以内的塔式起重机基础，如超出者，按实际混凝土工程、模板工程、钢筋工程分别计算工程量，按"混凝土及钢筋混凝土工程"相应项目执行。

(3)　固定式基础如需打桩时，打桩费用另行计算。

大型机械安拆费。

(1)　机械安拆费是安装、拆卸的一次性费用。

(2)　机械安拆费中包括机械安装完毕后的试运转费用。

(3)　柴油打桩机的安拆费中，已包括轨道的安拆费用。

(4)　自升式塔式起重机安拆费是按塔高 45m 确定的，45m<檐高≤200m，塔高每增高10m，按相应定额增加费用 10%，尾数不足 10m 按 10m 计算。

大型机械进出场费。

(1)　进出场费中已包括往返两次的费用，其中回程费按单程运费的 25%考虑。

(2)　进出场费中已包括了臂杆、铲斗及附件、道木、道轨的运费。

(3)　机械运输路途中的台班费，不另计取。

大型机械现场的行驶路线需修整铺垫时，其人工修整可按实际计算。同施工现场各建筑物之间的运输定额按 100m 以内综合考虑。如转移距离超过 10m，在 300m 以内的，按相应场外运输费用乘以系数 0.3；在 500m 以内的，按相应场外运输费用乘以系数 0.6；使用道木铺垫按 15 次摊销，使用碎石零里铺垫按 1 次摊销。

某县城郊区别墅现浇混凝土结构工程大型机械设备进出场及安拆如图 4-23 所示。

2	⊟ 011705001001	项	大型机械设备进出场及安拆		台·次	1	
	└─ 17-113	定	塔式起重机 固定式基础(带配重)		座	1	1

图 4-23　大型机械设备进出场及安拆

4.1.2 措施项目工程计价

措施项目费是指为了完成建设工程施工，发生于该工程前和施工过程中的技术、生活、安全、环境保护等方面的费用。包括安全文明施工费(环境保护费、文明施工费、安全施工费、临时设施费、扬尘污染防治增加费)、单价类措施费(脚手架费、垂直运输费、超高增加费、大型机械设备进出场及安拆费、施工排水及井点降水、其他)、其他措施费(费率类：夜间施工增加费、二次搬运费、冬雨季施工增加费、其他)。

1．总价措施费

总价措施费是指安全文明施工费和其他措施费(费率类)。

(1) 安全文明施工费。

安全文明施工费计价如图 4-24 所示。

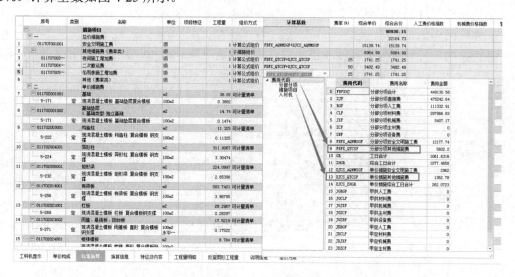

		措施项目						90930.15	
	□ 一	总价措施费						22104.73	
1	011707001001	安全文明施工费	项		1	计算公式组价	FBFX_AQWMSGF+DJCS_AQWMSGF	15139.74	15139.74

图 4-24　安全文明施工费

(2) 其他措施费。

其他措施费包含夜间施工增加费、二次搬运费、冬雨季施工增加费、其他，是按照费率进行计价。夜间施工费费率为 25%，二次搬运费费率为 50%，冬雨季施工增加费费率为25%。计算基数如图 4-25 所示。

图 4-25　其他措施费

2. 单价措施费

单价措施费主要对模板进行讲解，模板清单按照构件类型直接选用，定额子目是按照 3.6m 综合考虑，当超过 3.6m 的构件模板均需加套一个模板超高的定额子目。某县城郊区别墅现浇混凝土结构工程模板如图 4-26 所示。

				单价措施费				68825.42	
7	011702001001		基础	m2	38.82	可计量清单		45.57	1769.03
	5-171	定	现浇混凝土模板 基础垫层复合模板	100m2	0.3882		4556.59	1768.87	1.041
8	011702001002		基础垫层 1 基础类型 独立基础	m2	14.74	可计量清单		45.57	671.7
	5-171	定	现浇混凝土模板 基础垫层复合模板	100m2	0.1474		4556.59	671.64	1.041
9	011702003001		构造柱	m2	11.325	可计量清单		46.03	521.29
	5-222	定	现浇混凝土模板 构造柱 复合模板 钢支撑	100m2	0.11325		4603.57	521.35	1.041
10	011702004001		异形柱	m2	311.8067	可计量清单		77.74	24239.85
	5-224	定	现浇混凝土模板 异形柱 复合模板 钢支撑	100m2	3.30474		7336.13	24244	1.041
11	011702006001		矩形梁	m2	224.0997	可计量清单		60.08	13463.06
	5-232	定	现浇混凝土模板 矩形梁 复合模板 钢支撑	100m2	2.65398		5072.78	13463.06	1.041
12	011702014001		有梁板	m2	563.7401	可计量清单		38.75	22619.93
	5-256	定	现浇混凝土模板 有梁板 复合模板 钢支撑	100m2	3.98795		5671.7	22618.46	1.041
13	011702021001		栏板	m2	28.2967	可计量清单		67.45	1908.9
	5-269	定	现浇混凝土模板 栏板 复合模板钢支撑	100m2	0.28297		6746.42	1909.03	1.041
14	011702023002		雨蓬、悬挑板、阳台板	m2	17.5219	可计量清单		90.98	1594.14
	5-271	定	现浇混凝土模板 雨蓬 直形 复合模板钢支撑	100m2 水平…	0.17522		9097.64	1594.09	1.041
15	011702024001		楼梯模板	m2	8.784	可计量清单		140.65	1235.47
	5-279	定	现浇混凝土模板 楼梯 直形 复合模板钢支撑	100m2 水平…	0.08784		14064.65	1235.44	1.041

图 4-26　单价措施费

4.1.3 其他项目工程计价

其他措施项目费包含暂列金额、计日工、总承包服务费。

具体解释详见 3.3 节，这里不再赘述。

其他措施项目费可根据具体项目的实际情况进行计取，本案例项目不计取，如图 4-27 所示。

		序号	名称	计算基数	费率(%)	金额	费用类别	不可竞争费	不计入合价	备注
1	—		其他项目			0				
2		1	暂列金额	暂列金额		0	暂列金额			
3		2	暂估价	专业工程暂估价		0	暂估价			
4		2.1	材料（工程设备）暂估价	ZGJCLHJ		0	材料暂估价		✓	
5		2.2	专业工程暂估价	专业工程暂估价		0	专业工程暂估价		✓	
6		3	计日工	计日工		0	计日工			
7		4	总承包服务费	总承包服务费		0	总承包服务费			

图 4-27　其他项目

4.2 取 费 设 置

1. 其他措施费(费率类)取费

建筑工程预算中取费是指按照各省预算定额子目小计各分项工艺程序定额基价后，参照取费标准依次乘以相关系数得到措施费、安全文明施工增加费、企业管理费、规费、利润、税金等项目的过程。例如，如果某工程土建定额直接费为 100 元，乘以安全文明施工增加费(1%)、企业管理费(1.5%)、规费(0.5%)、利润(2%)等，即得到安全文明施工增加费、企业管理费、规费、利润分别为 1 元、1.5 元、0.5 元、2 元。此过程即为取费。当然各项费用系数必须按照各省不同的规定，工程过程中以实际计取即可，因为各省的取费系数不太一致。

取费设置.mp4

例如，在河南省定额中，其他措施费(费率类)是指计价定额中规定的，在施工过程中不可计量的措施项目。内容包括。

(1) 夜间施工增加费：是指因夜间施工所发生的夜班补助费，夜间施工降效、夜间施工照明设备控销及照明用电费用。

(2) 二次搬运费：是指因施工场地条件限制而发生的材料、构配件、半成品等一次运输不能到达堆放地点，必须进行二次或多次搬运所发生的费用。

(3) 冬雨季施工增加费：是指在冬季施工需增加的临时设施、防滑、除雪，人工及施工机械效率降低等费用。

以上费用占定额其他措施费比例如表 4-2 所示。

表 4-2　其他措施费(费率类)占定额其他措施费比例表

序 号	天然密实	所占比例(占定额其他措施费比例)
1	夜间施工增加费	25%
2	二次搬运费	50%
3	冬雨季施工增加费	25%

在本项目中，其他措施费(费率类)如图 4-28 所示。

2. 取费调整

(1) 业务背景。

① "营改增"后建筑安装工程费用项目的组成内容除本办法另有规定外，均与预算定额的内容一致。

图4-28 其他措施费(费率类)

② 企业管理费包括预算定额的原组成内容城市维护建设税、教育费附加以及地方教育费附加，"营改增"增加的管理费用等。

③ 建筑安装工程费用的税金是指国家税法规定应计入建筑安装工程造价内的增值税销项税额。

(2) 文件分析。

① "营改增"后建筑安装工程费用项目组成不变，费用有所调整，企业管理费和安全文明施工费的费率调整了，规费、利润的费率没有调整，税金调整为增值税下9%的税金，如图4-29所示。

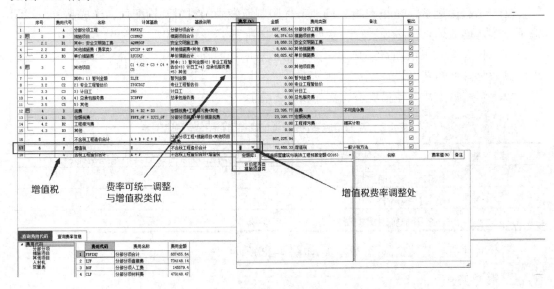

图4-29 增值税

② 安全文明施工费及安装费用的分摊比例有所调整，古建筑专业计算相关费用的计算基数调整了。

4.3　费用汇总与造价分析

1. 费用汇总

费用汇总中分为不含税工程造价合计和含税工程造价合计。不含税工程造价合计包含分部分项工程费、措施项目费、其他项目费、规费。含税工程造价合计包含不含税工程造价合计、税金。

某县城郊区别墅现浇混凝土结构工程费用汇总如图 4-30 所示。

造价汇总和造价分析.mp4

序号	费用代号	名称	计算基数	基数说明	费率(%)	金额	费用类别	备注	输出
1	1	A	分部分项工程	FBFXHJ	分部分项合计		449,130.58	分部分项工程费		☑
2	2	B	措施项目	CSXMHJ	措施项目合计		90,930.15	措施项目费		☑
3	2.1	B1	其中: 安全文明施工费	AQWMSGF	安全文明施工费		15,139.74	安全文明施工费		☑
4	2.2	B2	其他措施费(费率类)	QTCSF + QTF	其他措施费+其他(费率类)		6,964.99	其他措施费		☑
5	2.3	B3	单价措施费	DJCSHJ	单价措施合计		68,825.42	单价措施费		☑
6	3	C	其他项目	C1 + C2 + C3 + C4 + C5	其中: 1) 暂列金额+2) 专业工程暂估价+3) 计日工+4) 总承包服务费+5) 其他		0.00	其他项目费		☑
7	3.1	C1	其中: 1) 暂列金额	ZLJE	暂列金额		0.00	暂列金额		☑
8	3.2	C2	2) 专业工程暂估价	ZYGCZGJ	专业工程暂估价		0.00	专业工程暂估价		☑
9	3.3	C3	3) 计日工	JRG	计日工		0.00	计日工		☑
10	3.4	C4	4) 总承包服务费	ZCBFWF	总承包服务费		0.00	总承包服务费		☑
11	3.5	C5	5) 其他		其他		0.00			☑
12	4	D	规费	D1 + D2 + D3	定额规费+工程排污费+其他		18,772.95	规费	不可竞争费	☑
13	4.1	D1	定额规费	FBFX_GF + DJCS_GF	分部分项规费+单价措施规费		18,772.95	定额规费		☑
14	4.2	D2	工程排污费				0.00	工程排污费	据实计取	☑
15	4.3	D3	其他				0.00			☑
16	5	E	不含税工程造价合计	A + B + C + D	分部分项工程+措施项目+其他项目+规费		558,833.68			☑
17	6	F	增值税	E	不含税工程造价合计	9 ▼	50,295.03	增值税	一般计税方法	☑
18	7	G	含税工程造价合计	E + F	不含税工程造价合计+增值税		609,128.71	工程造价		☑

图 4-30　费用汇总

2. 造价分析

造价分析是对工程总造价进行分析，通过建筑面积计算出工程单方造价，总造价中分部分项工程费中人材机的费用、措施项目费、其他项目费、规费、税金。某县城郊区别墅现浇混凝土结构工程造价分析如图 4-31 所示。

图 4-31　造价分析

4.4　工程量清单

4.4.1 工程量清单编制

　　一个完整的工程量清单编制需要按照以下顺序进行编制，工程量清单表格顺序目录如图 4-32 所示。

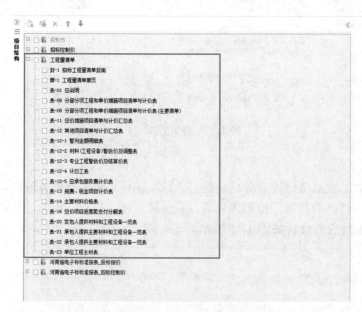

图 4-32　工程量清单表格顺序目录

4.4.2 ‖工程量清单详细编制流程

1. 招标工程量清单封面

招标工程量清单封面如图 4-33 所示。

＿＿＿＿＿＿＿＿＿单位工程＿＿＿＿＿＿＿＿＿工程

招 标 工 程 量 清 单

招 标 人：＿＿＿＿＿＿＿＿＿＿＿
(单位盖章)

造价咨询人：＿＿＿＿＿＿＿＿＿＿＿
(单位盖章)

年　月　日

封-1

河南省建设工程造价计价软件测评合格编号：2017-RJ004

图 4-33　招标工程量清单封面

2. 工程量清单扉页

工程量清单扉页如图 4-34 所示。

_____单位工程_____工程

招 标 工 程 量 清 单

招 标 人：_____   造价咨询人：_____
　　　　　　（单位盖章）   （单位资质专用章）

法定代表人   法定代表人
或其授权人：_____   或其授权人：_____
　　　　　　（签字或盖章）   （签字或盖章）

编 制 人：_____   复 核 人：_____
　　　　（造价人员签字盖专用章）   （造价工程师签字盖专用章）

编 制 时 间： 年 月 日   复 核 时 间： 年 月 日

扉-1

图 4-34 工程量清单扉页

3. 总说明

总说明如图 4-35 所示。

图 4-35　总说明

4. 分部分项工程和单价措施项目清单与计价表

分部分项工程和单价措施项目清单与计价表如图 4-36 所示。

分部分项工程和单价措施项目清单与计价表

工程名称：单位工程　　　　　　　　标段：别墅　　　　　　　　第 2 页 共 5 页

序号	项目编码	项目名称	项目特征描述	计量单位	工程量	金额(元)		
						综合单价	合价	其中
								暂估价
4	010503002001	矩形梁	1.混凝土种类：预拌 2.混凝土强度等级：C30 3.混凝土运距自行考虑 4.其他详见施工图纸或关规范	m³	18.8896			
5	010505001001	有梁板	1.混凝土种类：预拌 2.混凝土强度等级：C30 3.混凝土运距自行考虑 4.其他详见施工图纸或关规范	m³	68.1003			
6	010505006001	栏板	1.混凝土种类：预拌 2.混凝土强度等级：C30 3.混凝土运距自行考虑 4.其他详见施工图纸或关规范	m³	1.3469			
7	010505008001	雨篷、悬挑板、阳台板	1.混凝土种类：预拌 2.混凝土强度等级：C30 3.混凝土运距自行考虑 4.其他详见施工图纸或关规范	m³	1.708			
8	010506001001	直形楼梯		m²	1.6162			
9	010506001002	直形楼梯面层		m²	8.784			
10	010507001001	散水	30厚C20细石混凝土 50厚碎石垫层 素土夯实	m²	52.544			
11	010515001001	现浇构件钢筋		t	1			
		分部小计						
	A.8	门窗工程						
1	010802001001	金属(塑钢)门		m²	42.08			
2	010803001001	金属卷帘(闸)门		m²	34.56			
		本页小计						

注：为计取规费等的使用，可在表中增设其中："定额人费"。

表—08

图 4-36　分部分项工程和单价措施项目清单与计价表

5. 分部分项工程和单价措施项目清单与计价表(主要清单)

分部分项工程和单价措施项目清单与计价表(主要清单)如图 4-37 所示。

分部分项工程和单价措施项目清单与计价表
(主要清单)

工程名称：单位工程　　　　　　　　　　　标段：别墅　　　　　　　　第 1 页 共 1 页

序号	项目编码	项目名称	项目特征描述	计量单位	工程里	综合单价	合 价	其中 暂估价
			本页小计					
			合　计					

注：为计取规费等的使用，可在表中增设其中：“定额人工费”。

表—08

图 4-37　分部分项工程和单价措施项目清单与计价表(主要清单)

6. 总价措施项目清单与计价汇总表

总价措施项目清单与计价汇总表如图 4-38 所示。

总价措施项目清单与计价汇总表

工程名称：单位工程　　　　　　　　　　标段：别墅　　　　　　　　　第 1 页 共 1 页

序号	项目编码	项目名称	计 算 基 础	费率(%)	金 额(元)	调整费率(%)	调整后金额(元)	备 注
1	011707001001	安全文明施工费	分部分项安全文明施工费+单价措施安全文明施工费					
2		其他措施费（费率类）						
2.1	011707002001	夜间施工增加费	分部分项其他措施费+单价措施其他措施费					
2.2	011707004001	二次搬运费	分部分项其他措施费+单价措施其他措施费					
2.3	011707005001	冬雨季施工增加费	分部分项其他措施费+单价措施其他措施费					
3		其他（费率类）						
	合　计							

编制人（造价人员）：　　　　　　　　　　　复核人（造价工程师）：

注：1. "计算基础"中安全文明施工费可为"定额基价""定额人工费"或"定额人工费+定额机械费"，其他项目可为"定额人工费"或"定额人工费+定额机械费"。

2. 按施工方案计算的措施费，若无"计算基础"和"费率"的数值，也可只填"金额"数值，但应在备注栏说明施工方案出处或计算方法。

表-11

图 4-38　总价措施项目清单与计价汇总表

7. 其他项目清单与计价汇总表

其他项目清单与计价汇总表如图 4-39 所示。

其他项目清单与计价汇总表

工程名称: 单位工程　　　　　　　　标段: 别墅　　　　　　第 1 页 共 1 页

序号	项 目 名 称	金 额(元)	结算金额(元)	备 注
1	暂列金额			明细详见表-12-1
2	暂估价			
2.1	材料（工程设备）暂估价	—		明细详见表-12-2
2.2	专业工程暂估价			明细详见表-12-3
3	计日工			明细详见表-12-4
4	总承包服务费			明细详见表-12-5
	合 计		—	

注: 材料（工程设备）暂估单价计入清单项目综合单价，此处不汇总。

表-12

图 4-39　其他项目清单与计价汇总表

8. 暂列金额明细表

暂列金额明细表如图 4-40 所示。

暂列金额明细表

工程名称: 单位工程　　　　　　　　　标段: 别墅　　　　　　　　第 1 页 共 1 页

序号	项 目 名 称	计量单位	暂定金额(元)	备 注
1				
	合 计			—

注: 此表由招标人填写, 如不能详列, 也可只列暂定金额总额, 投标人应将上述暂列金额计入投标总价中。

表—12—1

图 4-40　暂列金额明细表

9. 材料(工程设备)暂估价及调整表

材料(工程设备)暂估价及调整表如图4-41所示。

材料（工程设备）暂估价及调整表

工程名称：单位工程　　　　　　　　　标段：别墅　　　　　　　　　第1页 共1页

序号	材料(工程设备)名称、规格、型号	计量单位	数量		暂估(元)		确认(元)		差额±(元)		备注
			暂估	确认	单价	合价	单价	合价	单价	合价	
	合　计										

注：此表由招标人填写"暂估单价"，并在备注栏说明暂估价的材料、工程设备拟用在哪些清单项目上，投标人应将上述材料、工程设备暂估单价计入工程量清单综合单价报价中。

表—12—2

图 4-41　材料(工程设备)暂估价及调整表

10. 专业工程暂估价及结算价表

专业工程暂估价及结算价表如图 4-42 所示。

专业工程暂估价及结算价表

工程名称：单位工程　　　　　　　　　　标段：别墅　　　　　　　　第 1 页 共 1 页

序号	工 程 名 称	工 程 内 容	暂估金额（元）	结算金额（元）	差额±（元）	备 注
1						
	合　计		0.00		—	

注：此表"暂估金额"由招标人填写，投标人应将"暂估金额"计入投标总价中。结算时按合同约定结算金额填写。

表－12－3

图 4-42　专业工程暂估价及结算价表

11. 计日工表

计日工表如图4-43所示。

计 日 工 表

工程名称：单位工程　　　　　　　　　　标段：别墅　　　　　　　　　　第1页 共1页

编号	项 目 名 称	单位	暂定数量	实际数量	综合单价（元）	合 价（元）	
						暂 定	实 际
一	人工						
1							
		人工小计					
二	材料						
1							
		材料小计					
三	施工机械						
1							
		施工机械小计					
四、企业管理费和利润							
		总 计					

注：此表项目名称、暂定数量由招标人填写，编制招标控制价时，单价由招标人按有关计价规定确定；投标时，单价由投标人自主报价，按暂定数量计算合价计入投标总价中。结算时，按发承包双方确认的实际数量计算合价。

表-12-4

图4-43　计日工表

12. 总承包服务费计价表

总承包服务费计价表如图 4-44 所示。

总承包服务费计价表

工程名称: 单位工程　　　　　　　　标段: 别墅　　　　　　　　第 1 页 共 1 页

序号	项 目 名 称	项目价值（元）	服务内容	计算基础	费率(%)	金 额(元)
1						
	合　计	-	-		-	

注: 此表项目名称、服务内容由招标人填写，编制招标控制价时，费率及金额由招标人按有关计价规定确定；投标时，费率及金额由投标人自主报价，计入投标总价中。

表—12—5

图 4-44　总承包服务费计价表

13. 规费、税金项目计价表

规费、税金项目计价表如图 4-45 所示。

规费、税金项目计价表

工程名称：单位工程　　　　　　标段：别墅　　　　　　第 1 页 共 1 页

序号	项目名称	计算基础	计算基数	计算费率(%)	金额(元)
1	规费	定额规费+工程排污费+其他			
1.1	定额规费	分部分项规费+单价措施规费			
1.2	工程排污费				
1.3	其他				
2	增值税	不含税工程造价合计			
		合　计			

编制人（造价人员）：　　　　　　复核人（造价工程师）：

表—13

图 4-45　规费、税金项目计价表

14. 主要材料价格表

主要材料价格表如图 4-46 所示。

主要材料价格表

工程名称：单位工程　　　　　　　　　　　　　　　　　　　　　　　　第 1 页 共 1 页

序号	材料编码	材料名称	规格.型号等特殊要求	单位	数量	单价	合价
1	01010101	钢筋	HPB300 φ10以内	kg	6938.04		
2	01010102	钢筋	HPB300 φ12~φ18	kg	11476.925		
3	01010104	钢筋	HPB300 φ20~φ25	kg	1455.5		
4	01291326	压型彩钢板	δ0.5	m2	228.215791		
5	04130141	烧结煤矸石普通砖	240*115*53	千块	34.411801		
6	04170133	水泥平瓦	420mm*330mm	块	1732.5739		
7	05030105	板方材		m3	5.933662		
8	08010106	天然石材饰面板		m2	36.8784		
9	11110106	塑钢平开门		m2	40.413632		
10	11110221	塑钢推拉窗	(含5mm玻璃)	m2	49.456205		
11	11250106	彩钢卷帘		m2	34.56		
12	12210103	木栏杆宽	40	m	145.4112		
13	13030103	108内墙涂料		kg	387.677405		
14	13050205	防水涂料	JS	kg	289.8		
15	13330107	复合铜胎基	SBS改性沥青卷材	m2	42.55368		
16	14410181	硅酮耐候密封胶		kg	87.847763		
17	26310101	屋面板		m2	186.8244		
18	35010101	复合模板		m2	301.252254		
19	80210561	预拌混凝土	C30	m3	142.705537		
20	80210701	预拌细石混凝土	C20	m3	11.888478		

图 4-46　主要材料价格表

15. 总价项目进度款支付分解表

总价项目进度款支付分解表如图 4-47 所示。

总价项目进度款支付分解表

工程名称：单位工程　　　　　　　　　标段：别墅　　　　　　　　　单位：元

序号	项目名称	总价金额	首次支付	二次支付	三次支付	四次支付	五次支付	
1	安全文明施工费							
2	其他措施费（费率类）							
2.1	夜间施工增加费							
2.2	二次搬运费							
2.3	冬雨季施工增加费							
3	其他（费率类）							
	合　计							

编制人（造价人员）：　　　　　　　　　复核人（造价工程师）：

注：1. 本表应由承包人在投标报价时根据发包人在招标文件明确的进度款支付周期与报价填写，签订合同时，发承包双方可就支付分解协商调整后作为合同附件。

　　2. 单价合同使用本表，"支付"栏时间应与单价项目进度款支付周期相同。

　　3. 总价合同使用本表，"支付"栏时间应与约定的工程计量周期相同。

表—16

图 4-47　总价项目进度款支付分解表

16. 发包人提供材料和工程设备一览表

发包人提供材料和工程设备一览表如图 4-48 所示。

发包人提供材料和工程设备一览表

工程名称：单位工程　　　　　　　　标段：别墅　　　　　　　第 1 页 共 1 页

序号	材料(工程设备) 名称、规格、型号	单位	数量	单价(元)	交货方式	送达地点	备注

注：此表由招标人填写，供投标人在投标报价、确定总承包服务费时参考。

表-20

图 4-48　发包人提供材料和工程设备一览表

17. 承包人提供主要材料和工程设备一览表(适用于造价信息差额调整法)

承包人提供主要材料和工程设备一览表(适用于造价信息差额调整法)如图 4-49 所示。

承包人提供主要材料和工程设备一览表
(适用于造价信息差额调整法)

工程名称：单位工程　　　　　标段：别墅　　　　　第 1 页 共 1 页

序号	名称、规格、型号	单位	数量	风险系数(%)	基准单价(元)	投标单价(元)	发承包人确认单价(元)	备注

注：1 此表由招标人填写除"投标单价"栏的内容，投标人在投标时自主确定投标单价。
　　2 招标人应优先采用工程造价管理机构发布的单价作为基准单价，未发布的，通过市场调查确定其基准单价。

表-21

图 4-49　承包人提供主要材料和工程设备一览表(适用于造价信息差额调整法)

18. 承包人提供主要材料和工程设备一览表(适用于价格指数差额调整法)

承包人提供主要材料和工程设备一览表(适用于价格指数差额调整法)如图 4-50 所示。

承包人提供主要材料和工程设备一览表
(适用于价格指数差额调整法)

工程名称: 单位工程　　　　　　　标段: 别墅　　　　　　　第 1 页 共 1 页

序号	名称、规格、型号	变值权重B	基本价格指数F0	现行价格指数Ft	备注
	定值权重A	1	—	—	
合　计		1	—	—	

注: 1. "名称、规格、型号"、"基本价格指数"栏由招标人填写, 基本价格指数应首先采用工程造价管理机构发布的价格指数, 没有时, 可采用发布的价格代替。如人工、机械费也采用本法调整, 由招标人在"名称"栏填写。
2. "变值权重"栏由投标人根据该项人工、机械费和材料、工程设备价值在投标总报价中所占的比例填写, 1减去其比例为定值权重。
3. "现行价格指数"按约定的付款证书相关周期最后一天的前42天的各项价格指数填写, 该指数应首先采用工程造价管理机构发布的价格指数, 没有时, 可采用发布的价格代替。

表-22

图 4-50　承包人提供主要材料和工程设备一览表(适用于价格指数差额调整法)

19. 单位工程主材表

单位工程主材表如图 4-51 所示。

单位工程主材表

工程名称： 单位工程   第 1 页 共 1 页

序号	名称及规格	单位	数量	市场价(元)	市场价合计(元)	厂家	产地
	合计						

图 4-51 单位工程主材表

第 5 章　某学校钢筋混凝土框架结构工程

5.1　工　程　计　价

　　工程计价是指在工程项目实施建设的各个阶段，根据不同的目的，综合运用技术、经济、管理等手段，对特定工程项目的工程造价进行全过程、全方位的预测、优化、计算、分析等一系列活动的总和。能够熟练算量之后，造价的精髓主要就是在组价了，组价的核心依据是清单项目特征描述、合同约定。结合工作内容、工艺流程，找出关联定额项，初步组价，再按照要求调整工日单价、材料价格，管理费、利润的费率，以及规费、税金的费率。

工程计价.mp3

　　一个新的工程在做完算量之后，接下来就要进行组价，从而算出这个工程的总造价，不论是甲方还是乙方，均可以根据相应的工程量进行报价。要做计价就要知道先做哪一步，再做哪一步，每一个步骤是怎么走的。

　　某学校钢筋混凝土框架结构在之前的计量中绘制好了 GTJ2018 的图形，进行计价之前需要先把绘制好的计量文件导入计价软件 GCCP5.0 中。接下来以某学校钢筋混凝土框架结构来进行详细的讲解，结合这个框架结构工程的案例分析，展现完整计价流程和计算方式是如何进行的，同时在计价的过程中有哪些注意事项和调整方法。

　　基本流程：导入算量文件—清单分部整理—逐项组价—调价—生成总造价。

5.1.1 ▏组价前基础工作

　　1. 导入算量文件

　　1)　新建工程

　　打开"广联达云计价平台 GCCP5.0"，单击"新建"按钮，根据需要选择下拉菜单的"新建招投标项目"，如图 5-1 所示。

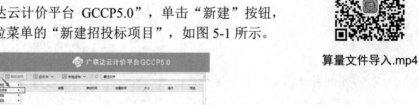

算量文件导入.mp4

图 5-1　新建招投标项目

从图 5-1 中可以看出有不同的项目类型可以选择，这里以新建招投标项目为例，在"新建工程"对话框下的"清单计价"界面有新建招标项目、新建投标项目、新建单位工程三种选项，以选择"新建单位工程"选项为例，如图 5-2 所示。

图 5-2　新建单位工程

单击"新建单位工程"选项，在弹出的"新建单位工程"对话框中进行信息编辑，填写"工程名称""清单库""定额库"等信息，如图 5-3 所示。

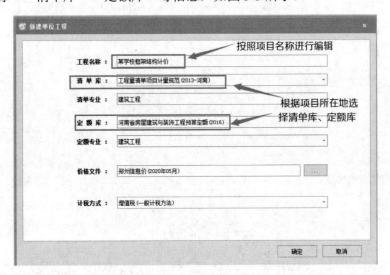

图 5-3　新建工程编辑

2) 导入算量文件

新建工程完成后，在如图 5-4 所示界面单击"量价一体化"按钮，在弹出的下拉菜单中选择"导入算量文件"选项。

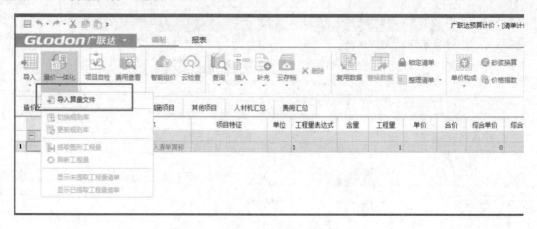

图 5-4　量价一体化导入算量文件

然后在"打开文件"对话框中找到文件所在位置，如图 5-5 所示，单击"打开"按钮。

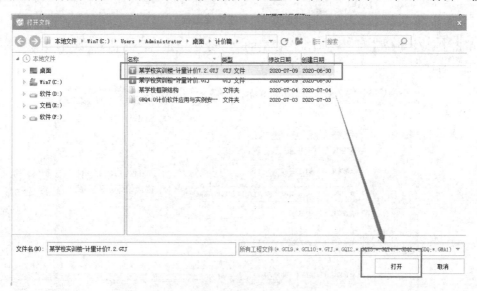

图 5-5　打开 GTJ 文件

文件导入后，在如图 5-6 所示的"选择导入算量区域"对话框中，选择目标区域，单击"确定"按钮。

图 5-6　选择导入算量区域

在弹出的"算量工程文件导入"对话框中的"清单项目"中选择"全部选择",如图 5-7 所示,然后单击"导入"按钮,自动进行导入文件,成功后会出现导入成功界面,如图 5-8 所示。

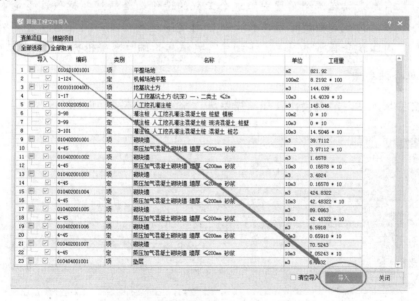

图 5-7　算量工程文件导入

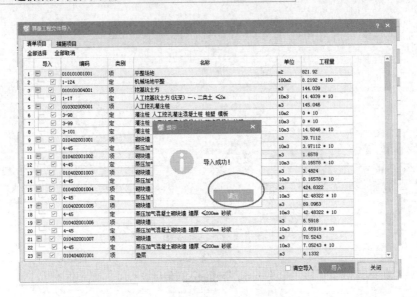

图 5-8　算量工程导入成功界面

> **小结：** 将做好的 GTJ 文件导入这一步是比较简单的，需要特别注意的就是，新建工程时是站在哪个角度去做这个工程的造价，是新建招标项目还是新建投标项目，抑或是新建单位工程，每个新建项目的角度不同，意味着你所要考虑的内容就会有所不同，一些细部需要注意的细节需要根据你的立场去考虑。

2. 清单分部整理

算量文件导入后，清单会比较乱，需要进行整理，具体操作如图 5-9 所示。

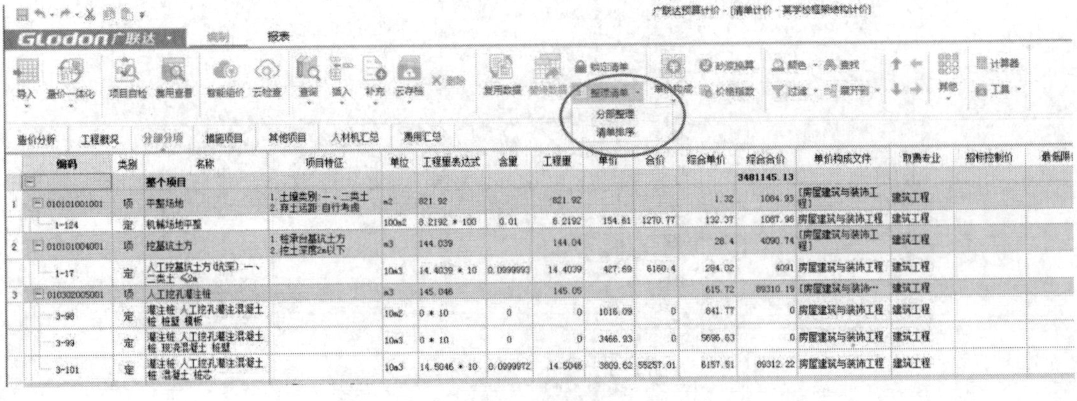

图 5-9　整理清单

整理清单有两种方法，一种是"分部整理"，就是按照分部分项工程的划分方式进行整理；另一种是按清单顺序进行整理的"清单排序"。以分部整理为例，单击"整理清单"按钮，然后选择下拉菜单中的"分部整理"选项，在弹出的"分部整理"对话框中可以选择"需要专业分部标题""需要章分部标题""需要节分部标题"等方式，如图 5-10 所示。

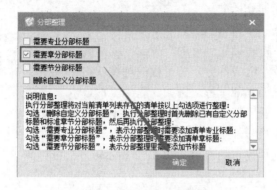

图 5-10　分部整理对话框

选择"需要章分部标题"选项后，单击"确定"按钮，清单就会自动整理，如图 5-11 所示。

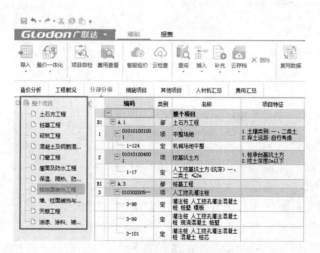

图 5-11　按需要章分部清单自动整理

小结：　整理清单主要是为后面的组价做好铺垫，要清楚这里整理的目的是什么，你的思路从前到后是怎样的思路，避免在组价的过程中思路混乱，导致组价的过程中出现问题后处理起来非常麻烦。

5.1.2 分部分项工程计价

1. 分部分项工程包含的内容

1) 分部分项工程划分标准

建筑工程的划分是按照单位工程→分部工程→子分部工程→分项工程→检验批来划分的。分部工程是建筑工程和安装工程的各个组成部分，按工程的种类或主要部位将单位工程划分为分部工程。例如，基础工程、主体工程、电气工程、通风工程等分项工程：按不同的施工方法、构造及规格将分部工程划分为分项工程。一般在计价软件中分部工程包含的内容如图 5-12 所示。

分部分项工程划分标准.mp3

扩展资源 1.分部分项工程计价.doc

图 5-12　分部工程包含内容

2) 分部工程计价依据

① 《建设工程工程量清单计价规范》(GB50500)。

② 《房屋建筑与装饰工程工程量计算规范》(GB50854)。

③ 《房屋建筑与装饰工程消耗量定额》(TY 01-31-2015)。

④ 地方省份预算定额或是企业定额。

⑤ 国家相关图集与法律法规规定的其他文件。

⑥ 工程本身的一些条件要求等。

2. 逐项组价

本部分案例以某学校钢筋混凝土框架结构工程为背景材料，组价流程按照计价程序分部进行，以下是按照清单的分部进行组价整理的。由于一个完整的工程内容特别多，很多方法都是相同的，所以下面的每个分部都只是列出了一部分，可以举一反三达到事半功倍的效果。

1）土石方工程

土石方工程中包含三大模块，土方工程、石方工程、回填。土方工程中包含的清单项有平整场地、挖一般土方、挖沟槽土方、挖基坑土方、冻土开挖等；石方工程包含的清单项有挖一般石方、挖沟槽石方、挖基坑石方等；回填包含的清单项有回填方和余方弃置。

某学校框架结构工程项目基础类型为桩基，土壤类型为二类土，所以本项目涉及的土石方工程分部中清单项目有平整场地、挖基坑土方、余方弃置三项。基坑土方为桩基土方。

（1）平整场地。

平整场地是指建筑物所在现场厚度≤30cm 的就地挖、填及平整。挖填土方厚度＞30cm 时，全部厚度按一般土方相应规定计算，但仍应计算平整场地。

平整场地的清单组价如图 5-13 所示，清单选用平整场地的清单，项目特征为土壤类别一、二类土，弃土运距按实际情况自行考虑；工程量以首层占地面积计算。定额选用机械平整场地。

土石方工程计价.mp4

编码	类别	名称	项目特征	单位	工程量表达式	含量	工程量	单价	合价	综合单价	综合合价	单价构成文件	取费专业
B1	□ A.1		土石方工程									T0S0.T3 [房屋建筑与装饰—…	建筑工程
1	□ 010101001001	项	平整场地	1. 土壤类别：一、二类土 2. 弃土运距：自行考虑	m2	821.92		821.92			1.47	1208.22	[房屋建筑与装饰工程]	建筑工程
	1-124	定	机械场地平整		100m2	QDL	0.01	8.2192	154.61	1270.77	147.23	1210.11	房屋建筑与装饰工程	建筑工程

图 5-13　平整场地清单组价

注意：　定额子目的选择是根据清单项目的项目特征描述去选择的，也就是说，一个清单项目，它的项目特征决定了它的组价组成内容。另外，需要注意这里的清单和定额的单位要保持一致。后面的清单分部组价关于定额的选择方法都是一样的，都是依据每一项的项目特征描述来选取的，一个清单项目可能对应多个定额子目，所以项目特征描述一定要全面，不能漏项，而且描述的时候要注意养成良好的习惯，建议采用序号的顺序进行排序罗列，这样清晰明了，一目了然。

平整场地的综合单价分析表如表 5-1 所示，综合单价为 1.47 元/m²。

表 5-1　平整场地综合单价分析表

项目编码	010101001001	项目名称	平整场地		计量单位	m²	工程量	821.92

清单综合单价组成明细

定额编号	定额项目名称	定额单位	数量	单价(元)				合价(元)			
				人工费	材料费	机械费	管理费和利润	人工费	材料费	机械费	管理费和利润
1-124	机械场地平整	100m²	0.01	6.4		133.94	6.89	0.06		1.34	0.07
人工单价		小计						0.06		1.34	0.07
普工 87.1 元/工日		未计价材料费									
清单项目综合单价								1.47			

材料费明细	主要材料名称、规格、型号		单位	数量	单价(元)	合价(元)	暂估单价(元)	暂估合价(元)

(2) 挖基坑土方。

沟槽、基坑、一般土方的划分：底宽(设计图示垫层或基础的底宽，下同)≤7m，且底长>3 倍底宽为沟槽；底长≤3 倍底宽，且底面积≤150m² 为基坑；超出上述范围又非平整场地的为一般土方。

干土、湿土、淤泥的划分：以地质勘测资料的地下常水位为准。地下常水位以上为干土，以下为湿土。地表水排出后，土壤含水率≥25%时为湿土。含水率超过液限，土和水的混合物呈现流动状态时为淤泥。

基坑土方计价时需要确认挖土深度，土壤类型，根据工程量或挖土类型选择人工挖土或是机械挖土。本工程是桩基承台的土方，机械挖土难度大，土方量少，所以选择人工挖土，因此套取定额时选择人工挖基坑土方，其清单组价如图 5-14 所示。

确定完定额后，再看是否存在挖湿土、降水、桩间挖土等需要进行换算的情况，如存在，需要根据情况在标准换算中进行勾选，如图 5-15 所示。

挖基坑土方的综合单价分析表如表 5-2 所示。

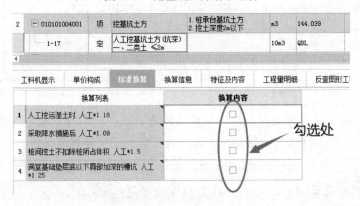

编码	类别	名称	项目特征	单位	工程量表达式	含量	工程量	单价	合价	综合单价	综合合价	单价构成文件	取费专业
B1	⊟ A.1		土石方工程								7080.73	[房屋建筑与装饰…	建筑工程
1	⊟ 010101001001	项	平整场地	1.土壤类别:一、二类土 2.弃土运距:自行考虑	m2	821.92		821.92			1.47	1208.22	[房屋建筑与装饰工程]	建筑工程
	1-124	定	机械场地平整		100m2	QDL	0.01	8.2192	154.61	1270.77	147.23	1210.11	[房屋建筑与装饰工程]	建筑工程
2	⊟ 010101004001	项	挖基坑土方	1.桩承台基坑土方 2.挖土深度2m以下	m3	144.039		144.04			29.48	4246.3	[房屋建筑与装饰工程]	建筑工程
	1-17	定	人工挖基坑土方(坑深) 一、二类土 ≤2m		10m3	QDL	0.1	14.404	427.69	6160.45	294.82	4246.59	[房屋建筑与装饰工程]	建筑工程

图 5-14 挖基坑土方清单组价

图 5-15 挖基坑土方标准换算

表 5-2 挖基坑土方综合分析表

项目编码	010101004001	项目名称	挖基坑土方	计量单位	m³	工程量	144.04

清单综合单价组成明细

定额编号	定额项目名称	定额单位	数量	单价(元)				合价(元)			
				人工费	材料费	机械费	管理费和利润	人工费	材料费	机械费	管理费和利润
1-17	人工挖基坑土方(坑深)一、二类土 ≤2m	10m³	0.1	238.83			55.99	23.88			5.6
人工单价		小计						23.88			5.6
普工87.1元/工日		未计价材料费									
清单项目综合单价								29.48			

续表

材料费明细	主要材料名称、规格、型号	单位	数量	单价(元)	合价(元)	暂估单价(元)	暂估合价(元)

(3) 余方弃置。

余方弃置一般正常情况应是沟槽、基坑的挖方量减去回填方量的工程量，如遇开挖土方为不良土质不能作为回填土时则均按余方弃置计算。余方弃置清单组价如图 5-16 所示。

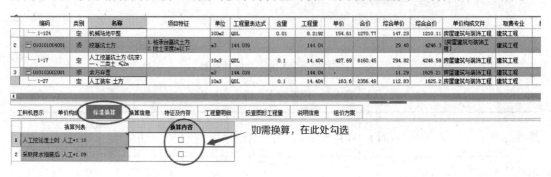

图 5-16　余方弃置清单组价

余方弃置的综合单价分析表如表 5-3 所示。

表 5-3　余方弃置综合分析表

项目编码	010103002001	项目名称	余方弃置	计量单位	m³	工程量	144.04

清单综合单价组成明细

定额编号	定额项目名称	定额单位	数量	单价(元)				合价(元)			
				人工费	材料费	机械费	管理费和利润	人工费	材料费	机械费	管理费和利润
1-27	人工装车土方	10m³	0.1	91.46			21.37	9.15			2.14

续表

人工单价	小计		9.15			2.14
普工 87.1 元/工日	未计价材料费					
清单项目综合单价			11.29			
材料费明细	主要材料名称、规格、型号	单位	数量	单价(元)	合价(元)	暂估单价(元)	暂估合价(元)

关联提示：实际工作中编制土方清单关于工程量的三种处理方式。

方法一：清单的工程量按照清单的计算规则不考虑工作面和放坡，直接用垫层底面积乘以挖土深度，由于工作面和放坡增加的工程量在套定额的时候考虑，也就是定额的工程量会比清单的工程量大。

方法二：在进行清单列项编制招标工程量清单时，按照清单中给出的放坡系数考虑土方放坡增量。

方法三：在进行清单列项编制招标工程量清单时，将工作面和放坡增加的工程量并入土方的工程量中，清单的工程量就和各个地区定额的工程量保持一致(注意各个地区定额的计算规则不一定是按照放坡系数考虑的)。

注意：三种不同的算法，土方的工程量有一定的差别，在进行招投标时，清单的工程量是由招标人计算的，但是对于投标人来说，需要注意的是需要复核工程量，明确给出的土方的清单量的计算是按照哪种方法考虑的，如果清单量没有考虑工作面和放坡，在进行套定额时需要考虑土方放坡以及工作面的工程量，并且在定额工程量处输入，而不是直接用清单工程量。

2) 砌筑工程

砌筑工程包含砖砌体、砌块砌体、石砌体、垫层四个模块，砖砌体包含的项有砖基础、砖砌挖孔桩护壁、实心砖墙、多孔砖墙、实心砖柱、多孔砖柱、零星砌筑等；砌块砌体包含的项有砌块墙、砌块柱；石砌体包含的项为石基础、石勒脚、石墙、石栏杆、石台阶等。

砌体墙计价时需要把 3.6m 以上和 3.6m 以下的工程量区分开，3.6m 以上的需要进行超高换算，3.6m 以下的不需要。

特别提醒：3.6m 的界限划分点在墙体计价时尤其要注意划分。

砌体因为涉及的材料和厚度不同，在进行组价的时候也要格外注意，某学校框架结构墙体材料如表 5-4 所示。

表 5-4　墙体材料

构件部位	砖块强度等级	砂浆强度等级	备　注
埋地砌体	MU10 页岩实心砖	M5.0 水泥砂浆	
上部结构填充墙	MU5.0 页岩空心砖	M5.0 混合砂浆	a.外围护墙、卫生间隔墙 MU5.0 空心砖
女儿墙高度<1.4m	MU5.0 页岩空心砖	M5.0 混合砂浆	
女儿墙高度≥1.4m	MU5.0 页岩空心砖	M10 混合砂浆	b. 页岩空心砖容重≤8kN/m³
电梯井筒、零星砌体	MU10 页岩实心砖	M7.5 混合砂浆	
室内分隔墙及二装隔墙	轻质隔墙	此隔墙每平方米墙面面积的容重≤0.5kN/m²	

(1)　高度 3.6m 以下 100 厚的墙。

①　清单与定额套取和标准换算。

通过表 5-4 可知墙体材料为页岩空心砖，所以清单选用空心砖墙清单，根据项目添加清单描述，墙厚 100mm(对应砖墙 1/2 砖)，砂浆为 M5.0 混合砂浆(对应预拌砂浆为预拌混合砂浆 M5.0)；清单描述完整后，添加定位子目，墙厚 100mm 为 1/2 砖墙体，因此选取混水砖墙 1/2 砖定额，然后定额工程量同清单工程量。

清单定额套取完成后，需要进行砂浆换算，选中"定额行"，单击下面的"标准换算"，把砂浆换算成对应的预拌混合砂浆 M5.0，如图 5-17 所示。

②　主材换算。

墙体材料为页岩空心砖，我们套取的定额材料显示为烧结普通砖，需要在工料机显示里面的材料进行主材的换算，如图 5-18 所示，选中材料后面的三点符号，在弹出的界面选择需要的材料页岩砖(由于材料库中找不到完全一样的页岩空心砖，我们选用相似的页岩砖)，单击替换，进行主材换算。

砌体墙主材砂浆换算.mp4

③　综合单价分析表。

空心砖墙综合单价分析表如表 5-5 所示。

(2)　高度 3.6m 以上 200 厚的墙。

①　清单与定额套取和标准换算。

通过表 5-4 可知墙体材料为页岩空心砖，所以清单选用空心砖墙清单，根据项目添加清单描述，墙厚 200mm(对应砖墙 1 砖)，砂浆为 M5.0 混合砂浆(对应预拌砂浆为预拌混合砂浆 M5.0)；清单描述完整后，添加定位子目，墙厚 200mm 为 1 砖墙体，因此选取混水砖墙 1 砖定额，然后定额工程量同清单工程量。

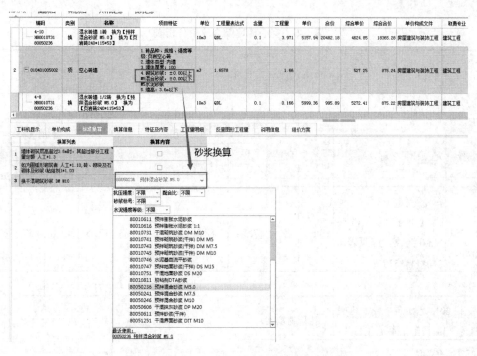

图 5-17　3.6m 以下空心砖墙清单组价

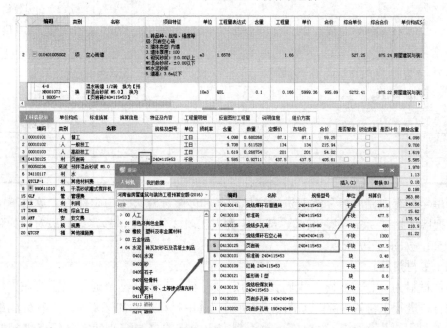

图 5-18　3.6m 以下空心砖墙主材换算

表 5-5　空心砖墙综合单价分析表

项目编码		010401005002	项目名称		空心砖墙	计量单位	m³	工程量	1.66

清单综合单价组成明细

定额编号	定额项目名称	定额单位	数量	单价(元)				合价(元)			
				人工费	材料费	机械费	管理费和利润	人工费	材料费	机械费	管理费和利润
4-8 H80010731 80050236	混水砖墙 1/2 砖 换为【预拌混合砂浆 M5.0】 换为【页岩砖 240*115*53】	10m³	0.1	1715.42	2888.01	42.65	626.33	171.54	288.8	4.27	62.63
人工单价		小计						171.54	288.8	4.27	62.63
高级技工 201 元/工日；普工 87.1 元/工日；一般技工 134 元/工日		未计价材料费									
清单项目综合单价								527.25			

材料费明细	主要材料名称、规格、型号	单位	数量	单价(元)	合价(元)	暂估单价(元)	暂估合价(元)
	页岩砖 240*115*53	千块	0.5585	437.5	244.34		
	其他材料费				44.46		
	材料费小计				245.28		

　　清单定额套取完成后，需要进行墙体超高和砂浆换算，选中定额行，单击下面的标准换算，把墙体超过 3.6m 时，其超过部分定额人工×1.3 勾选上，砂浆换算成对应的预拌混合砂浆 M5.0，如图 5-19 所示。

　　② 主材换算。

　　墙体材料为页岩空心砖，我们套取的定额材料显示为烧结普通砖，需要在工料机显示里面的材料进行主材的换算，如图 5-20 所示，选中材料后面的三点符号，在弹出的界面选择需要的材料页岩砖(由于材料库中找不到完全一样的页岩空心砖，我们选用相似的页岩砖),单击替换,进行主材换算。

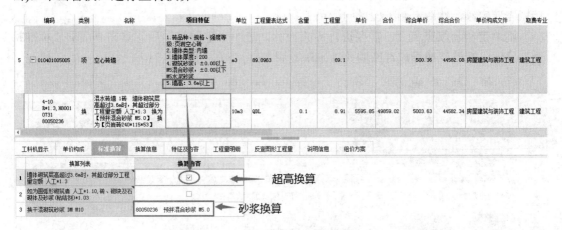

图 5-19　3.6m 以上墙体超高和砂浆换算

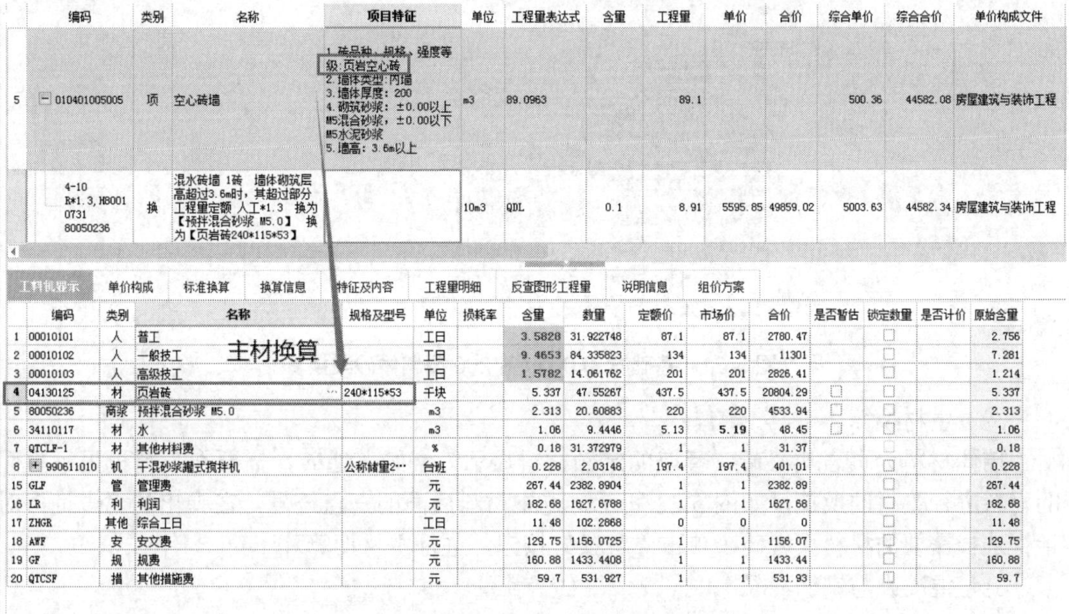

图 5-20　3.6m 以上墙体主材换算

(3) 基础层±0.00 以下 200 厚墙体。

① 清单定额套取和标准换算。

通过表 5-4 可知墙体材料为页岩实心砖,所以清单选用实心砖墙清单,根据项目添加清单描述,墙厚 200mm(对应砖墙 1 砖),砂浆为 M5.0 水泥砂浆(对应预拌砂浆为预拌砌筑砂浆 DM M5.0）；清单描述完整后，添加定额子目，墙厚 200mm 为 1 砖墙体，因此选取混水砖墙 1 砖定额，然后定额工程量同清单工程量。

清单定额套取完成后，需要进行砂浆换算，选中"定额行"后，单击下面的"标准换算"按钮，把砂浆换算成对应的预拌砌筑砂浆 DM M5.0，如图 5-21 所示。

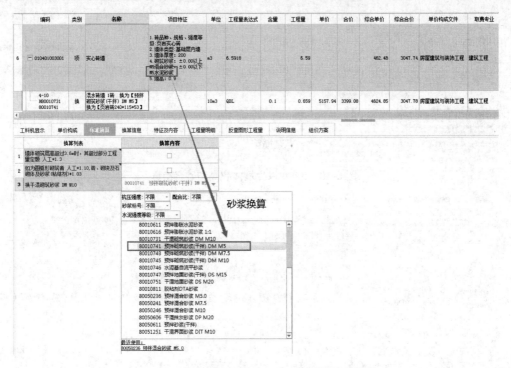

图 5-21　基础层±0.00 以下 200 厚墙体砂浆换算

②　主材换算。

墙体材料为页岩实心砖，套取的定额材料显示为烧结普通砖，需要在工料机显示里面的材料进行主材的换算，如图 5-22 所示，选中材料后面的三点符号，在弹出的"查询"对话框选择需要的材料页岩砖，单击"替换"按钮，进行主材换算。

3）　混凝土与钢筋混凝土

①　桩承台基础。

独立桩承台执行独立基础项目；带形桩承台执行带形基础项目；与满堂基础相连的桩承台执行满堂基础项目。某学校框架结构中的桩承台为独立桩承台，因此清单选用桩承台基础清单，定额选取独立基础定额。混凝土强度等级为 C30，需要在标准换算中进行混凝土换算，如图 5-23 所示。

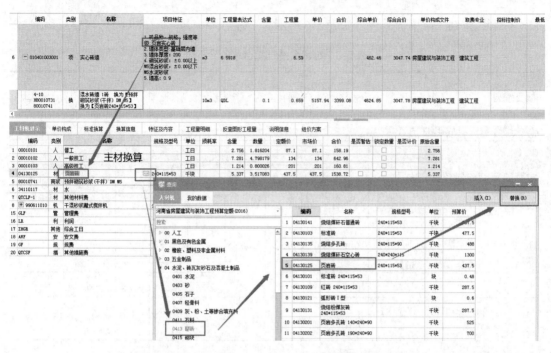

图 5-22　基础层±0.00 以下 200 厚墙体主材换算

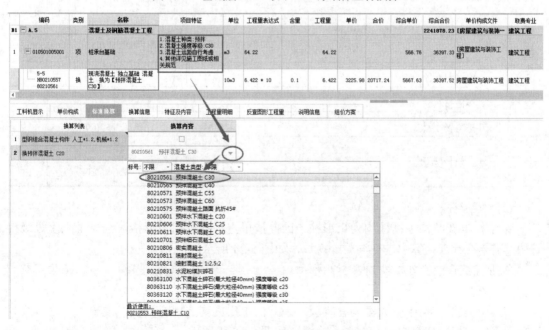

图 5-23　桩承台基础清单组价

桩承台基础综合单价分析表如表 5-6 所示。

表 5-6　桩承台基础综合单价分析表

项目编码		010501005001	项目名称		桩承台基础	计量单位	m³	工程量	64.22

清单综合单价组成明细

定额编号	定额项目名称	定额单位	数量	单价(元)				合价(元)			
				人工费	材料费	机械费	管理费和利润	人工费	材料费	机械费	管理费和利润
5-5 H80210557 80210561	现浇混凝土 独立基础 混凝土 换为【预拌混凝土 C30】	10m³	0.1	306.8	5208.95		151.88	30.68	520.9		15.19
人工单价		小计						30.68	520.9		15.19
高级技工 201 元/工日；普工 87.1 元/工日；一般技工 134 元/工日		未计价材料费									
清单项目综合单价								566.76			

材料费明细	主要材料名称、规格、型号	单位	数量	单价(元)	合价(元)	暂估单价(元)	暂估合价(元)
	预拌混凝土 C30	m³	1.01	514.56	519.71		
	其他材料费				1.19		
	材料费小计				520.9		

(2) 矩形柱。

某学校框架结构中框柱均为矩形柱，因此清单定额均选用矩形柱，混凝土强度等级为 C30，需要在标准换算中进行混凝土换算，如图 5-24 所示。

矩形柱综合单价分析表如表 5-7 所示。

(3) 板。

某学校框架结构中板大多为有梁板，因此清单定额均选用有梁板，混凝土强度等级为 C30，需要在标准换算中进行混凝土换算，如图 5-25 所示。

图 5-24 矩形柱清单组价

表 5-7 矩形柱综合单价分析表

项目编码	010502001001	项目名称	矩形柱	计量单位	m³	工程量	51.15

清单综合单价组成明细

定额编号	定额项目名称	定额单位	数量	单价(元)				合价(元)			
				人工费	材料费	机械费	管理费和利润	人工费	材料费	机械费	管理费和利润
5-11 H80210557 80210561	现浇混凝土 矩形柱 换为【预拌混凝土 C30】	10m³	0.1	789.79	5126.05		391.08	78.98	512.58		39.11
人工单价		小计						78.98	512.58		39.11
高级技工 201 元/工日；普工 87.1 元/工日；一般技工 134 元/工日	未计价材料费										
清单项目综合单价								630.67			

续表

材料费明细	主要材料名称、规格、型号	单位	数量	单价(元)	合价(元)	暂估单价(元)	暂估合价(元)
	预拌混凝土 C30	m³	0.9797	514.56	504.11		
	其他材料费				8.49		
	材料费小计				505.94		

图 5-25 有梁板清单组价

有梁板综合单价分析表如表 5-8 所示。

表 5-8 有梁板综合单价分析表

项目编码		010505001001	项目名称	有梁板	计量单位	m³	工程量	703.74

清单综合单价组成明细

定额编号	定额项目名称	定额单位	数量	单价(元)				合价(元)			
				人工费	材料费	机械费	管理费和利润	人工费	材料费	机械费	管理费和利润
5-30 H80210557 80210561	现浇混凝土 有梁板 换为【预拌混凝土 C30】	10m³	0.1	332.07	5285.04	2.51	164.35	33.21	528.5	0.25	16.44

续表

人工单价	小计			33.21	528.5	0.25	16.44
高级技工 201 元/工日；普工 87.1 元/工日；一般技工 134 元/工日	未计价材料费						
清单项目综合单价				578.39			

材料费明细	主要材料名称、规格、型号	单位	数量	单价（元）	合价（元）	暂估单价（元）	暂估合价（元）
	预拌混凝土 C30	m³	1.01	514.56	519.71		
	其他材料费				8.8		
	材料费小计				528.51		

（4）楼梯。

　　某学校框架结构中楼梯是双跑楼梯，设定楼梯踏步防滑条采用铜条，栏杆为不锈钢栏杆木扶手。因此清单选用直行楼梯，定额选用现浇混凝土楼梯直行，然后换算混凝土强度等级为 C30。防滑条和栏杆根据设定套取，如图 5-26 所示。

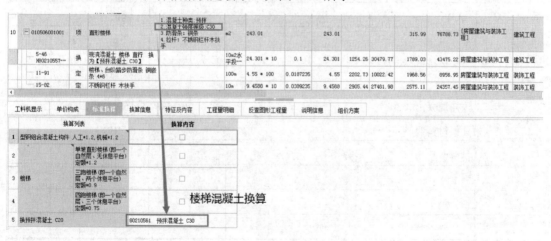

图 5-26　直行楼梯清单组价

直行楼梯综合单价分析表如表 5-9 所示。

表 5-9　直行楼梯综合单价分析表

项目编码		010506001001	项目名称	直行楼梯	计量单位	m²	工程量	243.01

清单综合单价组成明细

定额编号	定额项目名称	定额单位	数量	单价(元)				合价(元)			
				人工费	材料费	机械费	管理费和利润	人工费	材料费	机械费	管理费和利润
5-46 H80210557 80210561	现浇混凝土 楼梯直行 换为【预拌混凝土 C30】	10m²水平投影面积	0.1	292.76	1351.45		144.82	29.28	135.15		14.48
11-91	楼梯、台阶踏步防滑条 铜嵌条 4*6	100m	0.0187	621.16	1186.64		160.76	11.63	22.22		3.01
15-82	不锈钢栏杆 木扶手	10m	0.0389	977.18	1204.78	140.24	252.91	38.04	46.89	5.46	9.84
人工单价		小计						78.95	204.26	5.46	27.33
高级技工 201 元/工日；普工 87.1 元/工日；一般技工 134 元/工日		未计价材料费									
清单项目综合单价								315.99			

材料费明细	主要材料名称、规格、型号	单位	数量	单价(元)	合价(元)	暂估单价(元)	暂估合价(元)
	预拌混凝土 C30	m³	0.2586	514.56	133.07		
	其他材料费				71.2		
	材料费小计				204.26		

(5) 散水。

为了保护墙基不受雨水侵蚀，人们常在外墙四周将地面做成向外倾斜的坡面，以便将屋面的雨水排至远处。这部分的构造，就称为"散水"，是用于保护房屋基础的有效措施之一。

散水做法：250 厚滤水行墙种植土；60 厚 C15 混凝土提浆抹面；150 厚粒径 5-32 卵石灌 M2.5 混合砂浆垫层；素土夯实。

散水.mp4

① 清单定额套取。

散水清单可以直接选取散水、坡道清单，按照散水做法从底层到面层进行定额套取。

素土夯实可以套原土夯实二遍(机械)定额。

150 厚粒径 5-32 卵石灌 M2.5 混合砂浆垫层可以套垫层碎石(灌浆)子目，然后进行主材卵石的换算和砂浆的换算。

60 厚 C15 混凝土提浆抹面可以直接套混凝土散水定额子目，然后换算混凝土强度，如图 5-27 所示。

250 厚滤水行墙种植土可以套松填土定额，松填土定额单位是 m^3，散水清单单位是 m^2，松填土的工程量需要进行换算(清单单位×填土厚度 0.25m)。

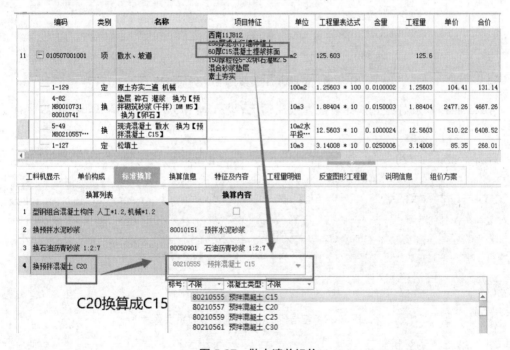

图 5-27　散水清单组价

② 垫层卵石和砂浆换算。

套取的垫层碎石(灌浆)子目中主材和砂浆都不符合要求，需要进行换算，卵石的换算如图 5-28 所示。

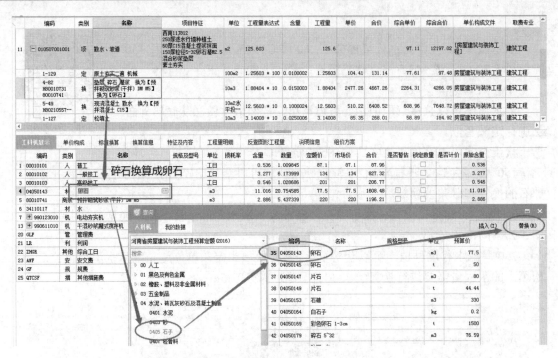

图 5-28　垫层碎石(灌浆)子目中卵石换算

M2.5 混合砂浆对应的预拌砂浆为预拌砌筑砂浆 DM M5.0，砂浆换算如图 5-29 所示。

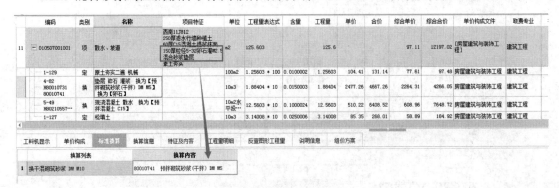

图 5-29　垫层碎石(灌浆)子目中砂浆换算

③　综合单价分析表。

散水、坡道综合单价分析表如表 5-10 所示。

表 5-10　散水、坡道综合单价分析表

项目编码		010507001001	项目名称	散水、坡道	计量单位	m²	工程量	125.6

清单综合单价组成明细

定额编号	定额项目名称	定额单位	数量	单价(元)				合价(元)			
				人工费	材料费	机械费	管理费和利润	人工费	材料费	机械费	管理费和利润
1-129	原土夯实二遍 机械	100m²	0.01	48.07		18.23	11.31	0.48		0.18	0.11
4-82 H80010731 80010741	垫层 碎石 灌浆 换为【预拌砌筑砂浆(干拌) DM M5】换为【卵石】	10m³	0.015	515.13	1493.85	68.87	186.46	7.73	22.41	1.03	2.8
5-49 H80210557 80210555	现浇混凝土 散水 换为【预拌混凝土 C15】	10m² 水平投影面积	0.1	143.87	391.76	2.28	71.05	14.39	39.18	0.23	7.11
1-127	松填土	10m³	0.025	47.76			11.13	1.19			0.28
人工单价		小计						23.79	61.59	1.44	10.3
高级技工 201 元/工日；普工 87.1 元/工日；一般技工 134 元/工日		未计价材料费									
清单项目综合单价								97.11			

材料费明细	主要材料名称、规格、型号	单位	数量	单价(元)	合价(元)	暂估单价(元)	暂估合价(元)
	其他材料费				61.58		
	材料费小计				23.02		

(6) 台阶。

供人上下行走的建筑物，因其一阶一阶的，故称为台阶。

台阶做法从上到下依次为：

20 厚花岗岩背面刷建筑胶；

20 厚 1：1.5 水泥砂浆加 5%建筑胶；

80 厚 C15 混凝土；

20 厚 1：3 水泥砂浆找平；

100 厚碎砖(石、卵石)垫层；素土夯实。

台阶计价.mp4

① 清单定额套取。

清单可以直接选择台阶，然后按照做法从底层素土夯实开始，依次套定额。

素土夯实套取原土夯实二遍定额，由于台阶面积不大，因此选用人工方式。

100 厚的碎石垫砖(石)垫层可以直接套碎石垫层，注意垫层的单位是 m³，清单工程量是 m³，垫层的工程量就不能直接使用清单工程量，需要进行计算(清单工程量×垫层厚度)。

80 厚 C15 混凝土，20 厚 1：3 水泥砂浆找平需要套两层做法。80 厚 C15 混凝土可以直接套现浇混凝土台阶定额，换算一下混凝土强度。然后 20 厚的水泥砂浆可以套平面砂浆找平层(混凝土或应基层上)，再换算砂浆。

20 厚 1：1.5 水泥砂浆加 5%建筑胶和 20 厚花岗岩背面刷建筑胶可以合并套一个台阶装饰(石材)，然后主材换算成花岗岩，如图 5-30 所示。

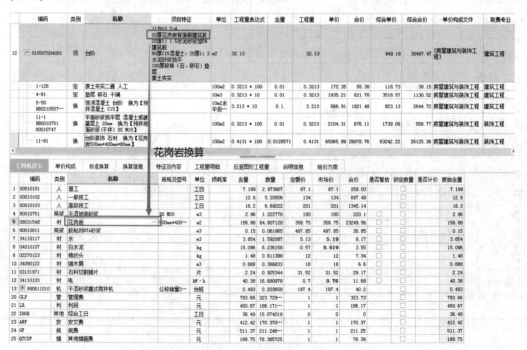

图 5-30　台阶清单组价

② 混凝土换算。

混凝土强度换算如图 5-31 所示。

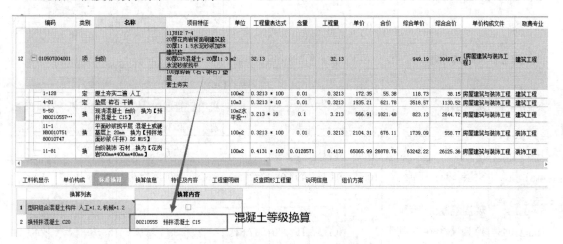

图 5-31　台阶组价混凝土强度换算

③ 找平层砂浆换算。

1∶3 水泥砂浆对应预拌砂浆为 DS M15，找平层砂浆换算如图 5-32 所示。

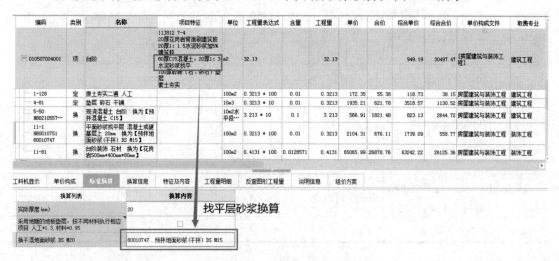

图 5-32　台阶组价找平层砂浆换算

④ 综合单价分析表。

台阶综合单价分析表如表 5-11 所示。

表 5-11　台阶综合单价分析表

项目编码	010507004001		项目名称	台阶	计量单位	m²	工程量	32.13

清单综合单价组成明细

定额编号	定额项目名称	定额单位	数量	单价(元)				合价(元)			
				人工费	材料费	机械费	管理费和利润	人工费	材料费	机械费	管理费和利润
1-128	原土夯实二遍 人工	100m²	0.01	96.13			22.6	0.96			0.23
4-81	垫层 碎石 干铺	10m³	0.01	493.08	2838.42	6.63	180.44	4.93	28.38	0.07	1.8
5-50 H80210557 80210555	现浇混凝土 台阶 换为【预拌混凝土 C15】	10m² 水平投影面积	0.1	157.41	587.61		78.11	15.74	58.76		7.81
11-1 H80010751 80010747	平面砂浆找平层 混凝土或硬基层上 20mm 换为【预拌地面砂浆(干拌) DS M15】	100m²	0.01	955.84	450.87	73.23	259.15	9.56	4.51	0.73	2.59
11-81 换	台阶装饰 石材 换为【花岗岩 500mm*400mm*80 mm】	100m²	0.0129	4819.26	57052.56	106.17	1264.23	61.96	733.53	1.37	16.25
人工单价		小计						93.15	825.18	2.17	28.68
高级技工 201 元/工日；普工 87.1 元/工日；一般技工 134 元/工日		未计价材料费									
清单项目综合单价								949.19			

续表

	主要材料名称、规格、型号	单位	数量	单价（元）	合价（元）	暂估单价（元）	暂估合价（元）
材料费明细	干混地面砂浆　DS M20	m³	0.0381	180	6.86		
	其他材料费				818.31		
	材料费小计				762.74		

（7）钢筋。

钢筋工程按钢筋的不同品种和规格以现浇构件、预制构件、预应力构件以及箍筋分别列项，钢筋的品种、规格比例按常规工程设计综合考虑。

某学校钢筋和钢筋接头应分别进行计价，钢筋接头汇总表如表 5-12 所示。钢筋直径汇总表如表 5-13 所示。

表 5-12　钢筋接头汇总表

搭接形式	楼层名称	构件类型	16	18	20	22	25
电渣压力焊	整楼		652	1488	144	212	
直螺纹连接	整楼		49	53	254	55	
套管挤压	整楼						66

表 5-13　钢筋直径汇总表

级别	合计(t)	6	8	10	12	14	16	18	20	22	25
HPB300	44.557	4.42	32.306	5.834	1.968	0.014		0.015			
HRB335	13.656				1.55	3.035					9.071
HRB400	116.985		24.426	1.459	9.683	1.082	9.811	18.324	23.258	13.777	15.165
合计(t)	175.198	4.42	56.732	7.293	13.201	4.131	9.811	18.339	23.258	13.777	24.236

① 钢筋组价。

项目中含钢筋的构件均为现浇构件，因此钢筋计价时清单选用现浇构件钢筋，定额是按照钢筋工程量汇总表中的直径分别套取，如子目 5-89，现浇构件圆钢筋，钢筋直径≤

10mm，包含 HPB300 中所有直径≤10mm 的钢筋，即 4.42+32.306+5.834(t)，如图 5-33 所示。

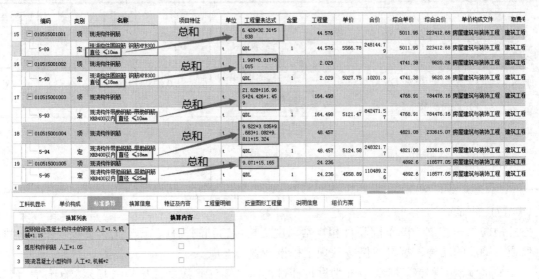

图 5-33　钢筋组价

② 钢筋接头计价。

某学校项目中钢筋接头形式有电渣压力焊、套筒挤压、直螺纹连接等方式。应按照连接方式和直径的不同分别组价。

清单项用现浇构件钢筋，定额按照连接方式和钢筋直径套取，如图 5-34 所示。

图 5-34　钢筋接头计价

③ 综合单价分析表。

现浇构件钢筋综合单价分析表如表 5-14 所示。

表 5-14　现浇构件钢筋综合单价分析表

项目编码		010515001001	项目名称	现浇构件钢筋		计量单位	t		工程量	44.576

清单综合单价组成明细

定额编号	定额项目名称	定额单位	数量	单价(元)				合价(元)			
				人工费	材料费	机械费	管理费和利润	人工费	材料费	机械费	管理费和利润
5-89	现浇构件圆钢筋 钢筋 HPB300 直径 ≤ 10mm	t	1	880.25	3623.01	21.48	487.21	880.25	3623.01	21.48	487.21
人工单价		小计						880.25	3623.01	21.48	487.21
高级技工 201 元/工日；普工 87.1 元/工日；一般技工 134 元/工日		未计价材料费									
清单项目综合单价								5011.95			

材料费明细	主要材料名称、规格、型号	单位	数量	单价(元)	合价(元)	暂估单价(元)	暂估合价(元)
	钢筋 HPB300 ϕ10 以内	kg	1020	3.5	3570		
	其他材料费				53.01		
	材料费小计				3623.01		

现浇构件钢筋接头综合单价分析表如表 5-15 所示。

(8) 泵送混凝土。

泵送混凝土计价时需要补充清单，如图 5-35 所示。

表 5-15 现浇构件钢筋接头综合单价分析表

项目编码		010515001006	项目名称	现浇构件钢筋	计量单位	个	工程量	652

清单综合单价组成明细

定额编号	定额项目名称	定额单位	数量	单价(元)				合价(元)			
				人工费	材料费	机械费	管理费和利润	人工费	材料费	机械费	管理费和利润
5-148	钢筋焊接、机械连接、植筋 电渣压力焊接 ≤φ18	10个	0.1963	29.19	1.14	9.49	14.64	5.73	0.22	1.86	2.87
人工单价		小计						5.73	0.22	1.86	2.87
高级技工 201 元/工日；普工 87.1 元/工日；一般技工 134 元/工日		未计价材料费									
清单项目综合单价								10.68			

材料费明细	主要材料名称、规格、型号	单位	数量	单价(元)	合价(元)	暂估单价(元)	暂估合价(元)
	其他材料费				0.22		
	材料费小计				0.22		

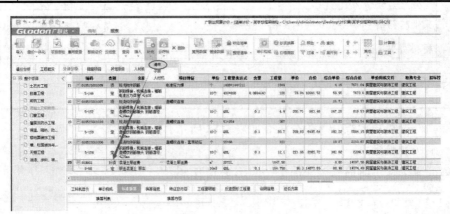

图 5-35 泵送混凝土补充清单

在"补充清单"对话框中，填写项目名称和计量单位等信息，然后单击"确定"按钮，如图 5-36 所示。

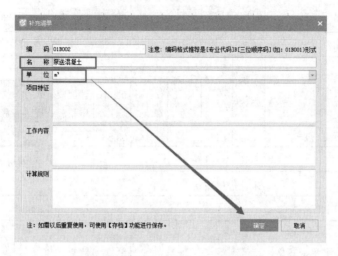

图 5-36　补充清单信息编辑界面

在清单工程量表达式中直接输入大写的 SPTSL，工程量就能自动计取。然后套取定额子目，一般选用泵送混凝土(泵车)，如图 5-37 所示。

图 5-37　泵送混凝土工程量自动计取

混凝土泵送费综合单价分析表如表 5-16 所示。

4)　门窗工程

门窗是建筑外围护结构的开口部位，是抵御风雨，实现建筑热、声、光环境等物理性能的极其重要的功能性部件，并且具有建筑外立面和室内环境两重装饰效果，直接关系到建筑的使用安全、舒适节能和人民生活水平的提高。

(1)　木质门。

木质门计价时清单可直接选用木质门清单，根据项目的实际情况套取定额。以 M1021 为例，选择完清单后，添加清单描述，如门代号、门尺寸、门五金情况等，根据清单描述套取定额。M1021 为成品夹板门，首先要套取成品木门安装定额，根据门尺寸宽 1m，因此为单扇门。再看五金，描述中写不包含门锁等五金，那就还需要套取一个门锁定额，如图 5-38 所示。

表 5-16 混凝土泵送费综合单价分析表

项目编码		01B001	项目名称	混凝土泵送费	计量单位	m³	工程量	1647.58

清单综合单价组成明细

定额编号	定额项目名称	定额单位	数量	单价(元)				合价(元)			
				人工费	材料费	机械费	管理费和利润	人工费	材料费	机械费	管理费和利润
5-88	泵送混凝土 泵车	10m³	0.1		16.16	68.58	3.72		1.62	6.86	0.37
人工单价		小计							1.62	6.86	0.37
		未计价材料费									
清单项目综合单价								8.86			

材料费明细	主要材料名称、规格、型号					单位	数量	单价(元)	合价(元)	暂估单价(元)	暂估合价(元)
	其他材料费								1.62		
	材料费小计								1.63		

图 5-38 木质门清单组价

木质门综合单价分析表如表 5-17 所示。

(2) 防火门。

防火门计价时清单可直接选用木质防火门清单，根据项目的实际情况套取定额。以 FM 甲 M1021 为例，选择完清单后，添加清单描述，如门代号、门尺寸、门五金情况等，根据清单描述套取定额。M1021 为甲级防火木门，首先要套取木质防火门安装定额。再看五金，描述中写不包含门锁等五金，还需要套取一个门锁定额，防火门常关门，因此要套取一个

闭门器,根据门尺寸宽 1m,因此为单扇门,则每扇门包含一个门锁及一个闭门器,如图 5-39
所示。

表 5-17　木质门综合单价分析表

项目编码	010801001001		项目名称	木质门	计量单位	樘	工程量	64

清单综合单价组成明细

定额编号	定额项目名称	定额单位	数量	单价(元)				合价(元)			
				人工费	材料费	机械费	管理费和利润	人工费	材料费	机械费	管理费和利润
8-3	成品套装木门安装 单扇门	10 樘	0.1	403.38	12926.33		118.76	40.34	1292.63		11.88
8-108	门特殊五金 执手锁	10 个	0.1	197.54	782.45		58.1	19.75	78.25		5.81
人工单价		小计						60.09	1370.88		17.69
高级技工 201 元/工日;普工 87.1 元/工日;一般技工 134 元/工日		未计价材料费									
清单项目综合单价								1448.66			

材料费明细	主要材料名称、规格、型号			单位	数量	单价(元)	合价(元)	暂估单价(元)	暂估合价(元)
	单扇套装平开实木门			樘	1	1250	1250		
	其他材料费						120.88		
	材料费小计						1370.88		

(3) 金属门。

金属门计价时清单可直接选用金属门清单,根据项目的实际情况套取定额。以 M1821
为例,选择完清单后,添加清单描述,如门代号、门尺寸、门五金情况等,根据清单描述
套取定额。M1821 为金属门,首先要套取隔热断桥铝合金门安装定额,根据门尺寸 1.8m,
因此为双扇门。再看五金,描述中写不包含门锁等五金,还需要套取门锁定额,门锁工程
量为门数量的 2 倍,如图 5-40 所示。

编码	类别	名称	项目特征	单位	工程量表达式	含量	工程量	单价	合价	综合单价	综合合价	单价构成文件	取费专业	招
⊟ 010801004001	项	木质防火门	1.门代号及洞口尺寸:甲M1021 2.种类 木质甲级防火门,成品夹板木门 3.五金配件:不含门锁、门框等五金 4.门框填缝要求:综合考虑 5.其他:其他未尽事宜详见施工图纸及国家规范	m2	2.1		2.1			421.21	884.54	[房屋建筑与装饰工程]	装饰工程	
8-6	定	木质防火门安装		100m2	0.021 * 100	0.0105	0.021	42784.65	898.48	29805.28	625.91	房屋建筑与装饰工程	建筑工程	
8-108	定	门特殊五金 执手锁		10个	0.1 * 10	0.05	0.1	642.93	64.29	1038.09	103.81	房屋建筑与装饰工程	建筑工程	
8-124	定	门特殊五金 闭门器 明装		10个	0.1 * 10	0.05	0.1	1616.4	161.64	1548.11	154.81	房屋建筑与装饰工程	建筑工程	

工料机显示	单价构成	保准换算	换算信息	特征及内容	工程量明细	反查图形工程量	说明信息	组价方案
	换算列表		换算内容					

图 5-39　防火门清单组价

编码	类别	名称	项目特征	单位	工程量表达式	含量	工程量	单价	合价	综合单价	综合合价	单价构成文件	取费专业
5 ⊟ 010802001003	项	金属(塑钢)门	1.门代号及洞口尺寸:M1821 2.种类 铝合金玻璃门,玻璃采用中空玻璃,5+9A+55 3.五金配件:不含门锁、门框等五金 4.门框填缝要求:综合考虑 5.其他:其他未尽事宜详见施工图纸及国家规范	m2	3.78		3.78			665.03	2513.81	[房屋建筑与装饰工程]	装饰工程
8-8	定	隔热断桥铝合金门安装 平开		100m2	0.0378 * 100	0.01	0.0378	62559.89	2364.76	61010.42	2306.19	房屋建筑与装饰工程	建筑工程
8-108	定	门特殊五金 执手锁		10个	0.2 * 10	0.0529101	0.2	642.93	128.59	1038.09	207.62	房屋建筑与装饰工程	建筑工程

图 5-40　金属门清单组价

(4) 铝合金窗。

铝合金窗计价时清单直接选用金属窗,添加清单描述,如 C5923 清单描述为窗代号 C5923,窗材质铝合金推拉窗,玻璃种类中空玻璃(5+9A+5)等。然后选择定额,隔热铝合金普通窗安装(推拉)是符合窗材质要求的,可选用这个子目。推拉窗一般需要安装窗纱,所以还需要套取一个窗纱定额,窗纱面积可以按照窗面积的一半取值,如图 5-41 所示。

5) 屋面及防水

屋面防水的本质层是间歇性防水,受自然环境条件的直接影响。因此屋面防水层的特点一定是动态的,条件多变的,要考虑一定的耐用期。

(1) 屋面 1。

① 屋面 1 做法。

40 厚 C20 细石混凝土(掺 4%防水剂,提浆压光),设纵横间距均不大于 6m 的分仓缝,内配 4@200×200 冷拔低碳钢丝网片(钢筋在缝内断开)缝宽 20mm,油膏嵌缝;

干铺无纺聚酯纤维布一层;

70 厚玻化中空微珠防火保温砂浆(A 级);

3+3mm 厚 SBS 改性沥青防水卷材(共 6mm);

基层处理剂;

20 厚 1∶3 水泥砂浆找平层;

墙面计价.mp4

30 厚(最薄处)1∶8 水泥陶粒找坡层；

现浇钢筋混凝土屋面板。

编码	类别	名称	项目特征	单位	工程量表达式	含量	工程量	单价	合价	综合单价	综合合价	单价构成文件	取费专业
6 010807001001	项	金属(塑钢、断桥)窗	1、窗代号及洞口尺寸 C5923 2、框、扇材质：铝合金推拉窗 3、玻璃品种、厚度：中空玻璃；5+9A+55 4、缝隙：综合考虑 5、其他：其他详见施工图纸或国家相关规范	m2	442.04		442.04			361.53	159810.72	[房屋建筑与装饰工程]	装饰工程
8-62	定	隔热断桥铝合金 普通窗安装 推拉		100m2	2.2102 * 100	0.005	2.2102	55908.32	123568.57	55064.59	121703.76	房屋建筑与装饰工程	建筑工程
8-70	定	铝合金纱扇安装 推拉		100m2	4.4204 * 100	0.01	4.4204	9089.96	40181.26	8621.03	38108.4	房屋建筑与装饰工程	建筑工程

工料显示 | 单价构成 | 标准换算 | 换算信息 | 特征及内容 | 工程量明细 | 反查图形工程量 | 说明信息 | 组价方案

	编码	类别	名称	规格及型号	单位	损耗率	含量	数量	定额价	市场价	合价	是否暂估	锁定数量	是否计价	原始含量
1	00010101	人	普工		工日		5.41	11.957182	87.1	87.1	1041.47				5.41
2	00010102	人	一般技工		工日		10.822	23.918784	134	134	3205.12				10.822
3	00010103	人	高级技工		工日		1.804	3.987201	201	201	801.43				1.804
4	11090226	材	铝合金隔热断桥推拉窗(含中空玻璃)…		m2		95.43	210.919…	464.5	464.5	97972.05				95.43
5	03032347	材	铝合金门窗配件固定连接铁件(地脚)	3mm*30mm*…	个		552.642	1221.44…	0.63	0.63	769.51				552.642
6	14410219	材	聚氨酯发泡密封胶(750ml/支)		支		142.719	315.437…	23.3	23.3	7349.69				142.719
7	14410181	材	硅酮耐候密封胶		kg		98.717	218.184…	41.53	41.53	9061.19				98.717
8	03010619	材	镀锌自攻螺钉	ST5*16	个		574.529	1269.82…	0.03	0.03	38.09				574.529
9	03012857	材	塑料膨胀螺栓		套		558.113	1233.54…	0.5	0.5	616.77				558.113
10	34110103	材	电		kW·h		7	15.4714	0.7	0.76	10.83				
11	QTCLF-1		其他材料费		%		0.2	231.636…	1	1	231.64				0.2
12	GLF	管	管理费		元		387.43	856.297…	1	1	387.43				387.43
13	LR	利	利润		元		179.96	397.747…	1	1	397.75				179.96
14	ZHGR	其他	综合工日		工日		18.04	39.872008	0	0					18.04
15	AWF	安	安文费		元		203.89	450.637…	1	1	450.64				203.89
16	GF	规	规费		元		252.81	558.760…	1	1	558.76				252.81
17	QTCSF	措	其他措施费		元		93.81	207.338…	1	1	207.34				93.81

图 5-41　铝合金窗清单组价

② 屋面 1 清单定额套取。

屋面做法中包含防水卷材屋面和隔热保温屋面两部分，因此清单需要选用两个，一个是卷材防水屋面(属于屋面及防水部分)，另一个是保温隔热屋面(属于保温、隔热、防腐部分)。

40 厚 C20 细石混凝土(掺 4%防水剂，提浆压光)：可以套细石混凝土地面找平层定额子目，换算厚度为 40mm。

设纵横间距均不大于 6m 的分仓缝，可以套取地面铺设钢丝网定额，然后把钢丝网主材换算成冷拔钢丝，如图 5-42 所示。油膏嵌缝可以套嵌填缝建筑油膏(平面)。

干铺无纺聚酯纤维布一层：在做法里面属于隔离层，可以在隔离层里面找一个比较相近的套取，然后进行换算。

70 厚玻化中空微珠防火保温砂浆(A 级)：可以套保温砂浆屋面，换算厚度为 70mm，如图 5-43 所示。

3+3mm 厚 SBS 改性沥青防水卷材(共 6mm)；基层处理剂：套取卷材防水改性沥青卷材冷粘(或热熔)子目，做法为 3+3mm，也就是需要套两层卷材，因此需要增加一个卷材防水改性沥青卷材冷粘法每增加一层(平面)子目。

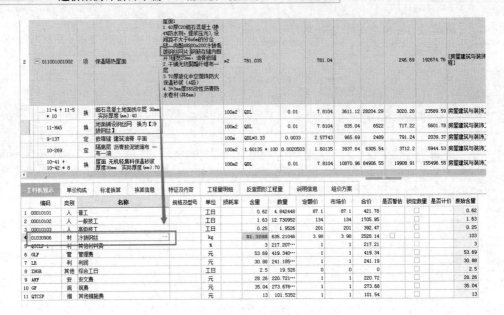

图 5-42　保温隔热屋面组价

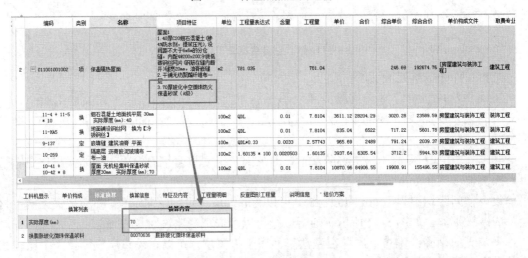

图 5-43　中空玻璃厚度调整

20 厚 1：3 水泥砂浆找平层：可直接套平面砂浆找平层混凝土或硬基层上子目。

30 厚(最薄处)1：8 水泥陶粒找坡层：可以套保温屋面中的屋面水泥蛭石，然后换算厚度，最薄处 30mm，根据屋面坡度计算一下平均厚度。还需要换算主材，做法要求是水泥陶粒 1：8，套取的子目是水泥蛭石 1：8，可以在工料机显示中把水泥蛭石的价格换成水泥陶粒价格，如图 5-44 所示，或者在人材机汇总中把蛭石的价格换算成陶粒的价格。

图 5-44　水泥陶粒找坡层主材换算

小结： 本案例一共涉及了两种屋面的做法，这里以屋面 1 为例进行分析，屋面的清单组价按照屋面的做法可以从下到上，也可以从上到下，但是一定要有顺序，按照一定的次序去套取相应的定额和相应的换算调整，切勿想到哪里就去套哪里，容易漏项。

(2) 屋面排水管。

屋面排水可以在图中直接找出设计的排水口数量。清单可以直接选用屋面排水管，定额子目需要套排水管、落水斗、弯头落水口子目，如图 5-45 所示。

图 5-45　屋面排水管组价

6) 楼地面装饰工程

(1) 地砖地面做法。

地砖面层水泥砂浆擦缝；

20 厚 1：2 干硬性水泥砂浆黏合层，上洒 1～2 厚干水泥并洒清水适量；

20 厚 1：3 水泥砂浆找平层；

水泥浆水灰比 0.4～0.5 接合层一道；

80(100)厚 C10 混凝土垫层；

素土夯实。

楼地面计价.mp4

(2) 清单定额套取。

地面面层材料是地砖地面，清单可直接选用块料楼地面清单，然后从下至上依次套取定额。

素土夯实：是对首层回填土地面进行夯实处理，可直接套用原土夯实二遍(机械)定额子目。

80(100)厚 C10 混凝土垫层：垫层是混凝土浇筑而成的，因此定额选用混凝土与钢筋混凝土章节中的现浇混凝土垫层，然后换算混凝土强度，如图 5-46 所示。

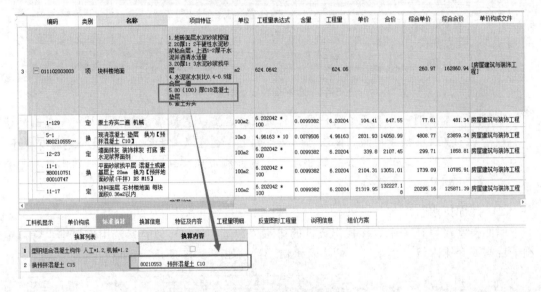

图 5-46　垫层混凝土强度换算

水泥浆水灰比 0.4～0.5 接合层一道：水泥浆接合层一道可直接套用素水泥浆界面剂子目。

20 厚 1：3 水泥砂浆找平层：找平层可直接套用平面砂浆找平层，上一道工序是混凝土垫层，因此属于硬基层上，然后换算砂浆，1：3 水泥砂浆对应的预拌砂浆为预拌地面砂浆 DS M15，如图 5-47 所示。

20 厚 1：2 干硬性水泥砂浆黏合层，上洒 1～2 厚干水泥并洒清水适量；地砖面层水泥砂浆擦缝：水泥砂浆黏合层与地砖地面可组合套用块料面层子目，块料面层中包含接合层。

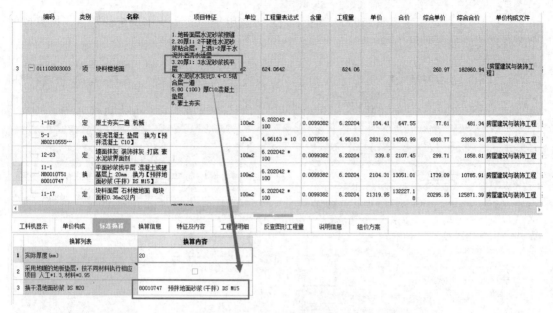

编码	类别	名称	项目特征	单位	工程量表达式	含量	工程量	单价	合价	综合单价	综合合价	单价构成文件
3	− 011102003003	项	块料楼地面	1.地砖面层水泥砂浆擦缝 2.20厚1：2干硬性水泥砂浆粘合层，上洒1-2厚干水泥并洒清水适量 3.20厚1：3水泥砂浆找平层 4.水泥浆水灰比0.4-0.5结合层一道 5.80（100）厚C10混凝土垫层 6.素土夯实		624.0642		624.06			260.97	162860.94	[房屋建筑与装饰工程]
	1-129	定	原土夯实二遍 机械		100m2	6.202042 * 100	0.0099382	6.20204	104.41	647.55	77.61	481.34	房屋建筑与装饰工程
	5-1 H80210555···	换	现浇混凝土 垫层 换为【预拌混凝土 C10】		10m3	4.95163 * 10	0.0079506	4.95163	2831.93	14050.99	4808.77	23859.34	房屋建筑与装饰工程
	12-23	定	墙面抹灰 装饰抹灰 打底 素水泥浆界面剂		100m2	6.202042 * 100	0.0099382	6.20204	339.8	2107.45	299.71	1858.81	房屋建筑与装饰工程
	11-1 H80010751 80010747	换	平面砂浆找平层 混凝土或硬基层上 20mm 换为【预拌地面砂浆(干拌) DS M15】		100m2	6.202042 * 100	0.0099382	6.20204	2104.31	13051.01	1739.09	10785.91	房屋建筑与装饰工程
	11-17	定	块料面层 石材楼地面 每块面积0.36m2以内		100m2	6.202042 * 100	0.0099382	6.20204	21319.95	132227.18	20295.16	125871.39	房屋建筑与装饰工程

工料机显示	单价构成	标准换算	换算信息	特征及内容	工程量明细	反查图形工程量	说明信息	组价方案

	换算列表	换算内容
1	实际厚度(mm)	20
2	采用地暖的地板垫层，按不同材料执行相应项目 人工*1.3，材料*0.95	☐
3	换干混地面砂浆 DS M20	80010747 预拌地面砂浆(干拌) DS M15

图 5-47　水泥砂浆找平层砂浆换算

 小结： 定额套取按照做法逐项对应套取即可，注意清单项目特征描述里面的内容和定额的内容是否相符，不相符的，一定要进行相应的换算调整。

7)　墙柱面装饰工程

(1)　内墙面。

①　内墙面做法。

内墙面做法：混合砂浆乳胶漆墙面，详见西南 11J515-N09。

做法从下到上：

墙体基层；

9 厚 1：1：6 水泥石灰砂浆打底扫毛；

7 厚 1：1：6 水泥石灰砂浆垫层；

5 厚 1：0.3：2.5 水泥石灰砂浆罩面压光；

刷乳胶漆。

②　内墙面清单定额套取。

内墙面为混合砂浆乳胶漆墙面，既包含墙面抹灰，又包含乳胶漆，因此清单需要选用两项，一个墙面一般抹灰，另一个抹灰面油漆。

9 厚 1：1：6 水泥石灰砂浆打底扫毛和 7 厚 1：1：6 水泥石灰砂浆垫层：这两层做法选用的砂浆相同，可直接套一个子目，墙面抹灰装饰抹灰打底找平 15mm 厚子目。

5 厚 1：0.3：2.5 水泥石灰砂浆罩面压光：可选用平面砂浆找平层定额子目，换算厚度和砂浆种类，如图 5-48 所示。

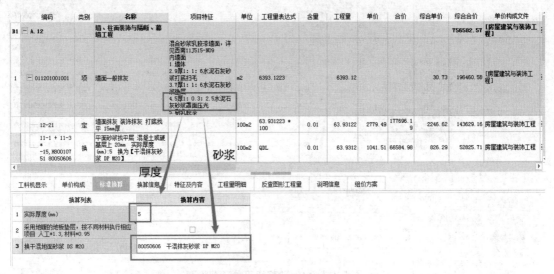

图 5-48　墙面抹灰换算厚度和砂浆种类

刷乳胶漆：在抹灰面油漆清单下套取乳胶漆室内墙面(两遍)子目，如图 5-49 所示。

	编码	类别	名称	项目特征	单位	工程量表达式	含量	工程量	单价	合价	综合单价	综合合价	单价构成文件
B1	─ A.14		油漆、涂料、裱糊工程								251210.91	[房屋建筑与装饰…]
1	─ 011406001001	项	抹灰面油漆	内墙面 5.刷乳胶漆	m2	6393.1223		6393.12			19.92	127350.95	[房屋建筑与装饰工程]
	14-199	定	乳胶漆 室内 墙面 二遍		100m2	63.931223 * 100	0.01	63.93122	2364.95	151194.14	1991.79	127337.56	房屋建筑与装饰工程

图 5-49　抹灰面油漆清单组价

(2) 外墙面。

① 面砖外墙面做法。

面砖黏合剂；

1 厚抗裂防渗砂浆；

热镀锌钢丝网；

1 厚抗裂防渗砂浆；

40 厚玻化中空微珠防火保温砂浆(A 级)；

20 厚 1：2.5 水泥砂浆找平层，配涂界面砂浆；

基层墙体。

② 面砖外墙面清单定额套取。

面砖外墙中包含外墙外保温，因此清单用两项，一个是块料墙面，如图 5-50 所示，另一个是保温隔热墙面，如图 5-51 所示。

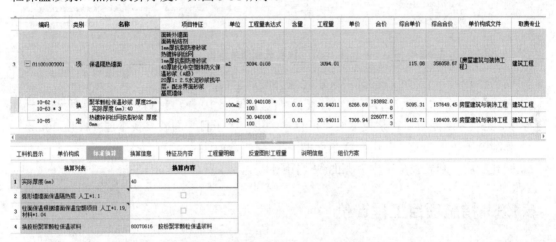

图 5-50　块料墙面组价

20 厚 1∶2.5 水泥砂浆找平层，配涂界面砂浆：包含两层做法，第一层可套用平面砂浆找平层，第二层套用素水泥浆界面剂。

40 厚玻化中空微珠防火保温砂浆(A 级)：在保温隔热墙面中套一个相近的子目，聚苯颗粒保温砂浆，然后换算厚度，如图 5-51 所示。

图 5-51　保温隔热墙面砂浆厚度换算

1 厚抗裂防渗砂浆和热镀锌钢丝网：这两层做法可直接套用一个子目，热镀锌钢丝抗裂砂浆子目。

面砖黏结剂：套墙面块料面层面砖(粉状型建筑胶黏剂)子目，既包含了块料墙面，又包含了黏结剂。

8)　天棚工程

①　抹灰天棚做法：混合砂浆乳胶漆天棚，11J515-P08。

基层清理；

刷水泥砂浆一道；

10-15 厚 1∶1∶4 水泥石灰砂浆打底找平(现浇基层 10 厚，预制基层 15 厚)两次成活；4 厚 1∶0.3∶3 水泥石灰砂浆找平层；

满刮腻子找平磨光；

刷乳胶漆。

② 抹灰天棚清单定额套取。

混合砂浆乳胶漆天棚中有天棚抹灰和乳胶漆，分属于不同的分部，因此需要套两个清单，一个天棚抹灰(见图 5-52)，另一个抹灰面油漆。

	编码	类别	名称	项目特征	单位	工程量表达式	含量	工程量	单价	合价	综合单价	综合合价	单价构成文件	取费专业
B1	□ A.13		天棚工程									109817.62	[房屋建筑与装饰…	装饰工程
1	□ 011301001001	项	天棚抹灰	混合砂浆乳胶漆天棚；11J515-P08 1.基层清理 2.刷水泥砂浆一道 3.10-15厚1∶1∶4水泥石灰砂浆打底找平（现浇基层10厚，预制基层15厚）两次成活 4.4厚1∶0.3∶3水泥石灰砂浆找平层 5.满刮腻子找平磨光 6.刷乳胶漆	m2	4201.8675		4201.87			19.56	82168.58	[房屋建筑与装饰工程]	装饰工程
	11-1	定	平面砂浆找平层 混凝土或硬基层上 20mm	100m2	42.018675 * 100	0.01	42.01868	2022.71	84991.6	1657.49	69645.54	房屋建筑与装饰工程	装饰工程
	12-23	定	墙面抹灰 装饰抹灰 打底 素水泥浆界面剂	100m2	42.018675 * 100	0.01	42.01868	339.8	14277.95	299.71	12593.42	[房屋建筑与装饰工程	装饰工程

图 5-52 抹灰天棚清单组价

刷水泥砂浆一道：可直接选用素水泥浆界面剂子目。

10-15 厚 1∶1∶4 水泥石灰砂浆打底找平(现浇基层 10 厚，预制基层 15 厚)两次成活和 4 厚 1∶0.3∶3 水泥石灰砂浆找平层：可直接套用一个子目平面砂浆找平层，厚度 20mm。

满刮腻子找平磨光：套用刮腻子天棚面(满刮两遍)子目。

刷乳胶漆：套乳胶漆室内天棚面(两遍)子目。

5.1.3 措施项目工程计价

1. 措施项目包含的内容

措施项目费是指为了完成建设工程施工，发生于该工程施工前和施工过程中的技术、生活、安全、环境保护等方面的费用。包括安全文明施工费(环境保护费、文明施工费、安全施工费、临时设施费、扬尘污染防治增加费)、单价类措施费(脚手架费、垂直运输费、超高增加费、大型机械设备进出场及安拆费、施工排水及井点降水费、其他)、其他措施费(费率类：夜间施工增加费、二次搬运费、冬雨季施工增加费、其他)，如图 5-53 所示。

图 5-53 措施项目包含内容

1) 总价措施费

总价措施费是指安全文明施工费和其他措施费(费率类)。

(1) 安全文明施工费。

安全文明施工费计价如图 5-54 所示。

图 5-54 安全文明施工费计价

(2) 其他措施费。

其他措施费包含夜间施工增加费、二次搬运费、冬雨季施工增加费、其他，按照费率进行计价。夜间施工费费率为 25%，二次搬运费费率为 50%，冬雨季施工增加费费率为 25%。计算基数如图 5-55 所示。

2) 单价措施费

脚手架相关规定(本项目涉及的规定)如下。

综合脚手架适用于能够按建筑工程建筑面积计算规范计算建筑面积的建筑脚手架。综合脚手架中包含外墙砌筑及外墙粉饰、3.6m 以内的内墙砌筑及混凝土浇捣用脚手架，以及内墙面和天棚粉饰脚手架。执行综合脚手架的如有下列情况，可另执行单项脚手架相应项目。

(1) 砌筑高度在 3.6m 以外的砖内墙，按单排脚手架定额乘以系数 0.3，砌筑高度在 3.6m 以外的砌块内墙，按相应双排外脚手架定额乘以系数 0.3。

(2) 室内墙面粉饰高度在 3.6m 以外的，可增列天棚满堂脚手架，室内墙面装饰不再计算墙面粉饰脚手架，只按每 $100m^2$ 墙面垂直投影面积增加改架一般技工 1.28 工日。

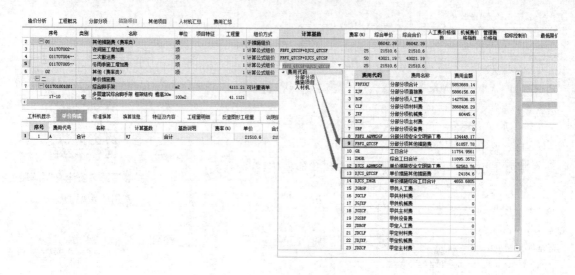

图 5-55　其他措施费计算基数

2. 逐项组价

1)　某学校钢筋混凝土框架结构脚手架项目计价

某学校钢筋混凝土框架结构建筑面积为 4111.21，第一至第五层层高为 3.9m(超过了 3.6m)，因此脚手架需要列一个综合脚手架清单，还需要单列外脚手架单排和天棚满堂脚手架，如图 5-56 所示。

序号	类别	名称	单位	项目特征	工程量	组价方式	计算基数	费率(%)	综合单价	综合合价	人工费价格指数	机械费价格指数	管理费价格指
一		单价措施费								1214639.81			
7	011701001001	综合脚手架	m2		4111.21	可计量清单			66.55	273601.03			
	17-10 定	多层建筑综合脚手架 框架结构 檐高30m以内	100m2		41.1121				6655.8	273633.92	1.185	1.134	1.636
8	011701006001	满堂脚手架	m2	天棚脚手架	4455.78	可计量清单			16.39	73030.23			
	17-59 定	单项脚手架 满堂脚手架 基本层 (3.6m~5.2m)	100m2		44.5578				1637.89	72980.78	1.185	1.134	1.636
9	011701002001	外脚手架	m2		3580.65	可计量清单			4.54	16256.15			
	17-48 *0.3 ··· 换	单项脚手架 外脚手架 15m以内 单排 砌筑高度在3.6m以外的砖内墙 定额*0.3	100m2		35.8065				454.91	16288.73	1.185	1.134	1.636

图 5-56　脚手架清单组价

2)　垂直运输及大型机械进出场

垂直运输清单直接选用垂直运输，定额子目根据项目檐高和层数可选用 20m(六层)子目，如图 5-57 所示。大型机械进出场可根据项目自行考虑定额子目。

造价分析	工程概况	分部分项	措施项目	其他项目	人材机汇总	费用汇总

序号	类别	名称	单位	项目特征	工程量	组价方式	计算基数	费率(%)	综合单价	综合合价	人工费价格指数	机械费价格指数	管理费价格指
9	- 011703001001	垂直运输	m2		4111.21	可计量清单			23.82	97929.02			
	定 17-76	垂直运输 20m(6层)以内卷扬机施工 现浇框架	100m2		41.1121				2382.5	97949.58	1.185	1.134	1.636
10	- 011705001001	大型机械设备进出场及安拆	台·次		1	可计量清单			4724.53	4724.53			
	定 17-130	进出场费 履带式 挖掘机 1m3以外	台次		1				4724.53	4724.53	1.185	1.134	1.636

图 5-57　垂直运输清单组价

3)　模板

模板清单按照构件类型直接选用，定额子目是按照 3.6m 综合考虑，本项目层高是 3.9m，因此超过 3.6m 的构件模板均需加套一个模板超高的定额子目，如图 5-58 所示。

序号	类别	名称	单位	项目特征	工程量	组价方式	计算基数	费率(%)	综合单价	综合合价	人工费价格指数	机械费价格指数	管理费价格指
	- 011702001001	基础	m2	桩承台模板	197.6	可计量清单			45.65	9020.44			
	定 5-195	现浇混凝土模板 满堂基础 无梁式 复合模板 木支撑	100m2		1.976				4564.72	9019.89	1.185	1.134	1.636
	- 011702001002	基础	m2	垫层模板	22.8	可计量清单			47.3	1078.44			
	定 5-171	现浇混凝土模板 基础垫层复合模板	100m2		0.228				4729.03	1078.22	1.185	1.134	1.636
	- 011702002001	矩形柱	m2	矩形柱模板	1433.82	可计量清单			69.36	99449.76			
	定 5-220	现浇混凝土模板 矩形柱 复合模板 钢支撑	100m2		15.7272				6276.63	98713.82	1.185	1.134	1.636
	定 5-228	现浇混凝土模板 柱支撑 高度超过3.6m 每增加1m 钢支撑	100m2		1.4424				508.25	733.1	1.185	1.134	1.636
	- 011702002002	矩形柱	m2	矩形柱模板	60.38	可计量清单			75.6	4564.73			
	定 5-220	现浇混凝土模板 矩形柱 复合模板 钢支撑	100m2		0.6038				6276.63	3789.8	1.185	1.134	1.636
	- 011702003001	构造柱	m2	构造柱模板	763.19	可计量清单			60.57	46226.42			
	定 5-222	现浇混凝土模板 构造柱 复合模板 钢支撑	100m2		9.45016				4890.94	46220.1T	1.185	1.134	1.636
	- 011702006001	矩形梁	m2	梁模板面积	193.45	可计量清单			63.63	12309.22			
	定 5-232	现浇混凝土模板 矩形梁 复合模板 钢支撑	100m2		2.27644				5406.94	12308.57	1.185	1.134	1.636
	定 5-242	现浇混凝土模板 梁支撑 高度超过3.6m每超过1m 钢支撑	100m2		0				524.99	0	1.185	1.134	1.636
	- 011702006002	矩形梁	m2	矩形梁模板	465.51	可计量清单			58.26	27120.61			
	定 5-232	现浇混凝土模板 矩形梁 复合模板 钢支撑	100m2		5.0163				5406.94	27122.83	1.185	1.134	1.636
	- 011702009001	过梁	m2		60.45	可计量清单			77.71	4697.57			
	定 5-238	现浇混凝土模板 过梁 复合模板 钢支撑	100m2		0.60446				7772.42	4698.12	1.185	1.134	1.636
	- 011702009002	过梁	m2	过梁模板	2.15	可计量清单			77.71	167.08			
	定 5-238	现浇混凝土模板 过梁 复合模板 钢支撑	100m2		0.0215				7772.42	167.11	1.185	1.134	1.636
	- 011702014001	有梁板	m2	板模板	6552.77	可计量清单			69.08	452665.35			
	定 5-256	现浇混凝土模板 有梁板 复合模板 钢支撑	100m2		68.8344				6048.82	416366.9	1.185	1.134	1.636
	定 5-278	现浇混凝土模板 板支撑高度超过3.6m 每增加1m 钢支撑	100m2		68.8344				527.62	36318.41	1.185	1.134	1.636
	- 011702024001	楼梯	m2	楼梯模板	243.01	可计量清单			150.34	36534.12			
	定 5-279	现浇混凝土模板 楼梯 直形 复合模板钢水平	100m2		2.4301				15033.7	36533.39	1.185	1.134	1.636
	- 011702028001	扶手	m2	压顶模板	175.76	可计量清单			55.66	9782.8			
	定 5-289	现浇混凝土模板 扶手压顶 复合模板木支撑	100m2		1.75755				5566.55	9783.49	1.185	1.134	1.636

图 5-58　模板清单组价

5.1.4　其他项目工程计价

1.　其他项目包含的内容

其他措施项目费包含暂列金额、暂估价、计日工、总承包服务费。

暂列金额是指建设单位在工程量清单中暂定并包含在工程合同价款中的一笔款项。用于施工合同签订时尚未确定或者不可预见的所需材料、工程设备、服务的采购，施工中可能发生的变更、合同约定调整因素出现时的工程价款调整，以及发生的索赔、现场签证确认等的费用。

计日工是指施工过程中，施工企业完成建设单位提出的施工图纸以外的零星项目或工作所需的费用。

总承包服务费是指总承包人为配合、协调建设单位进行的专业工程发包，对建设单位自行采购的材料、工程设备等进行保管以及施工现场管理、竣工资料汇总整理等服务所需的费用。

2. 逐项组价

其他措施项目费可根据具体项目的实际情况进行计取，本案例项目不计取，如图 5-59 所示。

序号	名称	计算基数	费率 (%)	金额	费用类别	不可竞争费	不计入合价	备注
	其他项目			0				
1	暂列金额	暂列金额		0	暂列金额	☐	☐	
2	暂估价	专业工程暂估价		0	暂估价	☐	☐	
2.1	材料（工程设备）暂估价	ZGJCLMJ		0	材料暂估价	☐	☑	
2.2	专业工程暂估价	专业工程暂估价		0	专业工程暂估价	☐	☑	
3	计日工	计日工		0	计日工	☐	☐	
4	总承包服务费	总承包服务费		0	总承包服务费	☐	☐	

图 5-59　其他措施项目费按实计取

5.2　人材机汇总

当一个项目的分部分项工程、措施项目工程、其他项目工程都逐项依据一定的计算方法和计取原则做好之后，就可以查看这个项目对应的人材机的汇总量了，所有的人材机的内容包括主要材料表、暂估材料表、发包人供应材料和设备、承包人主要材料和设备、评标主要材料表、主要材料指标表。

人材机汇总.mp3

1. 所有人材机

所有人材机指的是整个项目所有的人工、材料、机械的汇总。这里面包括人工表、材料表、机械表、设备表、主材表。

(1) 人工表。

人工表如图 5-60 所示。

	编码	类别	名称	规格型号	单位	数量	预算价	市场价	价格来源	市场价合计	价差	价差合计	供货方式
1	00010101	人	普工		工日	4202.279299	87.1	87.1		366018.53	0	0	自行采购
2	00010102	人	一般技工		工日	8065.711001	134	134		1080805.27	0	0	自行采购
3	00010103	人	高级技工		工日	3700.045862	201	201		743709.22	0	0	自行采购

图 5-60　人工表

(2) 材料表。

部分材料表如图 5-61 所示。

	编码	类别	名称	规格型号	单位	数量	预算价	市场价	价格来源	市场价合计	价差	价差合计	供货方式	甲
措施项目	其他项目	人材机汇总	费用汇总							市场价合计:4274502.35	价差合计:551330.35			
.39	C01239	材	蛭石		m3	58.729632	93	93		5461.86	0	0	自行采购	
.40	QTCLF-1	材	其他材料费		元	1538.188664	1	1		1538.19	0	0	自行采购	
.41	80210553	商砼	预拌混凝土	C10	m3	56.306995	200	412.62	河南专业测定价(2020年06月)	23233.39	212.62	11971.99	自行采购	
.42	80210555	商砼	预拌混凝土	C15	m3	11.58821	200	461.17	郑州信息价(2020年05月)	5341.64	261.17	3025.08	自行采购	
.43	80210561	商砼	预拌混凝土	C30	m3	1548.135634	260	514.56	郑州信息价(2020年05月)	796608.67	254.56	394093.41	自行采购	
.44	80210701	商砼	预拌细石混凝土	C20	m3	31.554016	260	260		8204.04	0	0	自行采购	
.45	80210537	商浆	预拌水泥砂浆		m3	9.185937	220	220		2020.91	0	0	自行采购	
.46	80010543	商浆	干混抹灰砂浆	DP M10	m3	192.602256	180	180		34668.41	0	0	自行采购	
.47	80010741	商浆	预拌砌筑砂浆(干拌) DM M5		m3	23.272882	220	220		5120.03	0	0	自行采购	
.48	80010747	商浆	干混地面砂浆(干拌)	DS M15	m3	13.307614	220	220		2927.68	0	0	自行采购	
.49	80010751	商浆	干混地面砂浆	DS M20	m3	337.917581	180	180		60825.16	0	0	自行采购	
.50	80010811	商浆	胶粘剂DTA砂浆		m3	4.407065	497.85	497.85		2194.06	0	0	自行采购	
.51	80050236	商浆	预拌混合砂浆 M5.0		m3	129.073624	220	220		28396.2	0	0	自行采购	
.52	80050606	商浆	干混抹灰砂浆 DP M20		m3	32.604912	180	180		5868.88	0	0	自行采购	
.53	80010101	浆	水泥砂浆 1:2		m3	0.603914	232.7	430.3	自动汇总	259.61	197.6		自行采购	
.54	80010125	浆	水泥砂浆 1:3		m3	0.028371	193.91	404.8	自动汇总	11.48	210.89		自行采购	
.55	80010193	浆	水泥砂浆 1:1		m3	48.94196	157.73	172.53	自动汇总	8443.65	5.18		自行采购	
.56	80150181	混凝	素混凝土		m3	1.29188	4344.17	4344.17		5665.23	0	0	自行采购	
.57	80310106	混凝	黏土 1:0		m3	0.522444	49.87	156.56	自动汇总	81.81	106.71		自行采购	

图 5-61　部分材料表

小结：图 5-61 下面的灰色部分表示这个属于材料的二次分析，会根据调整的材料里面的水泥沙子的价格变化而变化的。因此，不用单独调整这部分价格。

(3) 机械表：

部分机械表如图 5-62 所示。

	编码	类别	名称	规格型号	单位	数量	预算价	市场价	价格来源	市场价合计	价差	价差合计	供货方式	甲
措施项目	其他项目	人材机汇总	费用汇总							市场价合计:153503.42	价差合计:0.85			
1	00010100	机	机械人工		工日	667.149566	134	134		89398.04	0	0	自行采购	
2	14030106-1	机	柴油		kg	2065.311757	6.94	6.94		14333.26	0	0	自行采购	
3	34110103-1	机	电	kw·h	25470.085957	0.7	0.7		17829.06	0	0	自行采购	
4	50000	机	折旧费		元	15161.292291	0.85	0.85		12887.1	0	0	自行采购	
5	50010	机	检修费		元	2939.015258	0.85	0.85		2498.16	0	0	自行采购	
6	50020	机	维护费		元	8019.598041	0.85	0.85		6816.66	0	0	自行采购	
7	50030	机	安拆费及场外运费		元	9149.436711	0.9	0.9		8234.49	0	0	自行采购	
8	50060	机	其他费		元	744.666189	1	1		744.67	0	0	自行采购	
9	990788210	机	金属面抛光机		台班	8.51292	11.23	11.33	河南专业测定价(2020年06月)	96.45	0.1	0.85	自行采购	
10	991218010	机	沥青熔化炉	ILL-0.5t	台班	0.330732	323.45	323.45		106.98	0	0	自行采购	
11	99460114	机	回程费(占机械费)		元	558.5475	1	1		558.55	0	0	自行采购	
12	990101015	机	摊铺水稳土机	功率(kw)	台班	1.22086	657	657		1099.5	0	0	自行采购	
13	990188070	供	履带式单斗液压挖掘机	1立方(m3)	台班	0.5	1492.04	1492.04		746.02	0	0	自行采购	
14	990193010	机	汽车式起重机		台班	0.504159	99	99		49.91	0	0	自行采购	

图 5-62　部分机械表

小结：图 5-62 中下面的灰色部分是不需要单独调整的，这部分价格也是随着机械的二次分析自动变化的。

2. 主要材料表

主要材料是指构成建筑产品实体的一切材料,是建筑产品生产的物质基础。主要材料通常占工程造价的比重较高。例如,钢材、木材、水泥、玻璃、沥青、地材、混凝土和工厂制品,包括各专业定额的专用材料。在施工企业中,根据管理需要,对于主要材料的购入和使用,可以采用不同的计价方法。次要材料是指品种相对多、单耗并不大,且占工程造价比重小的一些建筑材料,如元钉、铁丝、螺栓、焊锡、焊条,等等。

本项目主要材料表如图 5-63 所示。

顺序号	编码	类别	名称	规格型号	单位	数量	供货方式	甲供数量	预算价	市场价	市场价合计	市场价锁定	价差	价差合计	输出标记
1	01010101	材	钢筋	HPB300 φ10以内	kg	45467.52	自行采购		3.5	3.5	159136.32				✓
2	01010210	材	钢筋	HRB400以内 φ**	kg	167787.96	自行采购		3.4	3.4	570479.06				✓
3	01010211	材	钢筋	HRB400以内 φ**	kg	49668.425	自行采购		3.5	3.5	173839.49				✓
4	01010212	材	钢筋	HRB400以内 φ**	kg	24841.9	自行采购		3.4	3.929	97603.83		0.529	13141.37	✓
5	03210347	材	钢丝网	综合	m2	3558.11265	自行采购		10	10	35581.13				✓
6	04130125	材	页岩砖	240*115*53	千块	339.501965	自行采购		437.5	437.5	148532.11				✓
7	05030105	材	板方材		m3	47.615551	自行采购		2100	2100	99992.66				✓
8	07010141	材	面砖	240mm*60mm	m2	2965.929125	自行采购		30	30	88977.87				✓
9	08010146	材	天然石材饰面板	600mm*600mm	m2	3479.94318	自行采购		160	160	556790.91				✓
10	11010141	材	单扇套装平开实木门		樘	64	自行采购		1250	1250	80000				✓
11	11090226	材	铝合金隔热断桥推拉窗(含中空玻璃)		m2	294.544695	自行采购		464.5	464.5	136816.01				✓
12	13330105	材	SBS改性沥青防水卷材		m2	2176.661204	自行采购		28.84	28.84	62774.91				✓
13	14410163	材	粉状型建筑胶粘剂		kg	13378.407	自行采购		4.8	4.8	64216.35				✓
14	35010101	材	复合模板		m2	2735.439492	自行采购		37.12	37.12	101539.51				✓
15	35030163	材	木支撑		m3	19.742349	自行采购		1800	2010.35	39689.03		210.35	4152.8	✓
16	80070256	材	聚合物抗裂砂浆		kg	34083.625176	自行采购		1.75	1.75	59646.34				✓
17	80070616	材	胶粉聚苯颗粒保温浆料		m3	143.005168	自行采购		310	310	44331.61				✓
18	80070636	材	膨胀玻化微珠保温浆料		m3	73.919885	自行采购		650	1978.45	146248.8		1328.45	98198.87	✓
19	80210561	商砼	预拌混凝土	C30	m3	1548.135634	自行采购		260	514.56	796808.67		254.56	394093.41	✓
20	80010751	商浆	干混地面砂浆	DS M20	m3	337.917581	自行采购		180	180	60825.16				✓

图 5-63　主要材料表

> 🌀 **小结:** GBQ 清单计价中,人材机的调整中预算书设置:可直接修改市场价,"输出标记"打对钩与不打对钩的区别是打对钩可以直接修改市场价,不打对钩不能直接修改,调整材料价格后,软件自动调整。

3. 主要材料指标表

主要材料指标表的作用:一是可以看出这个单位工程项目所消耗的主要材料与主要材料指标表对比有无大的出入,二是可以按照这个主要材料指标表大致计算出这个工程项目的总的造价。如何把材料放进指标表中进行分析?当你做完一栋单位工程预算后,分析出主要材料消耗量,就可以与主要材料指标表中的指标对比分析,找出差异,分析预算是否正确。

主要材料指标表如图 5-64 所示。

	编码	类别	名称	规格型号	单位	数量	市场价	市场价合计	主要材料系数
1			钢筋		t	289.87			
2	01010101	材料费	钢筋	HPB300 φ10以内	kg	45467.52	3.5	159136.32	0.001
3	01010102	材料费	钢筋	HPB12*φ18	kg	2079.725	3.5	7279.04	0.001
4	01010165	材料费	钢筋	综合	kg	19.726104	3.469	68.43	0.001
5	01010210	材料费	钢筋	HRB400以内 φ10***	kg	167787.96	3.4	570479.06	0.001
6	01010211	材料费	钢筋	HRB400以内 φ12***	kg	49668.425	3.5	173839.49	0.001
7	01010212	材料费	钢筋	HRB400以内 φ20***	kg	24841.9	3.929	97603.83	0.001
8			木材		m3	48			
9	05000020	材料费	木材(成材)		m3	2500	48		1
10	05010156	材料费	原木		m3	0.361123	1849.32	667.83	1
11	05030105	材料费	板方材		m3	47.615551	2100	99992.66	1
12			砂		m3	0.92			
13	04030141	材料费	砂子中粗砂		m3	0.922774	262.14	241.9	1
14			石		m3	52.48			
15	04050173	材料费	碎石	综合	m3	3.539441	189.32	670.09	1
16	80130300	材料费	水泥蛭石 1:8		m3	48.94136	172.53	8443.85	1
17			水泥		t	0.04			
18	04010143	材料费	水泥	P.O 42.5	t	35.67807	0.425	15.16	0.001
19			砖		千块	339.5			
20	04130125	材料费	页岩砖	240*115*53	千块	339.501965	437.5	148532.11	1
21			商品混凝土		m3	1591.27			
22	80210555	材料费	预拌混凝土	C15	m3	11.58281	461.17	5341.64	1
23	80210561	材料费	预拌混凝土	C30	m3	1548.135634	514.56	796608.67	1
24	80210T01	材料费	预拌细石混凝土	C20	m3	31.554016	260	8204.04	1

随时市场价随变化而变化

图 5-64　主要材料指标表

5.3　费用汇总与造价分析

1. 费用汇总

在一个项目的分部分项工程、措施项目工程、其他项目工程都进行了清单定额的套取、人材机也进行了调整之后，就可以查看费用汇总以及相应的造价分析了。

费用汇总中分为不含税工程造价合计和含税工程造价合计。不含税工程造价合计包含分部分项工程费、措施项目费、其他项目费、规费。含税工程造价合计为不含税工程造价合计与增值税两者之和。

某学校框架结构工程项目费用汇总如图 5-65 所示。

	序号	费用代号	名称	计算基数	基数说明	费率(%)	金额	费用类别	备注	输出
1	1	A	分部分项工程	FBFXHJ	分部分项工程合计		5,853,669.14	分部分项工程费		☑
2	2	B	措施项目	CSXMHJ	措施项目合计		1,488,697.43	措施项目费		☑
3	2.1	B1	其中: 安全文明施工费	AQWMSGF	安全文明施工费		187,699.06	安全文明施工费		☑
4	2.2	B2	其他措施费(费率类)	QTCSF + QTF	其他措施费+其他(费率类)		86,358.56	其他措施费		☑
5	2.3	B3	单价措施费	DJCSKJ	单价措施合计		1,214,639.81	单价措施费		☑
6	3	C	其他项目	C1 + C2 + C3 + C4 + C5	其中: 暂列金额*2) 专业工程暂估价*3) 计日工*4) 总承包服务费*5) 其他		0.00	其他项目费		☑
7	3.1	C1	其中: 1) 暂列金额	ZLJE	暂列金额		0.00	暂列金额		☑
8	3.2	C2	2) 专业工程暂估价	ZYGCZGJ	专业工程暂估价		0.00	专业工程暂估价		☑
9	3.3	C3	3) 计日工	JRG	计日工		0.00	计日工		☑
10	3.4	C4	4) 总承包服务费	ZCBFWF	总承包服务费		0.00	总承包服务费		☑
11	3.5	C5	5) 其他		其他		0.00			☑
12	4	D	规费	D1 + D2 + D3	定额规费+工程排污费+其他		232,729.50	规费	不可竞争费	☑
13	4.1	D1	定额规费	FBFX_GF + DJCS_GF	分部分项规费+单价措施规费		232,729.50	定额规费		☑
14	4.2	D2	工程排污费		工程排污费		0.00	工程排污费	据实计取	☑
15	4.3	D3	其他		其他					☑
16	5	E	不含税工程造价合计	A + B + C + D	分部分项工程+措施项目+其他项目+规费		7,575,096.07			☑
17	6	F	增值税	E	不含税工程造价合计	9	681,758.65	增值税	一般计税方法	☑
18	7	G	含税工程造价合计	E + F	不含税工程造价合计+增值税		8,256,854.72	工程造价		☑

图 5-65　某学校框架结构工程项目费用汇总

由费用汇总分析可以看出：

分部分项工程费=各个分部的子项工程费之和

措施项目费=总价措施费(安全文明施工费+其他措施费)+单价措施费

其他项目费=暂列金额+专业工程暂估价+计日工+总承包服务费+其他

一个项目的费用汇总(含税)=分部分项工程费+措施项目费+其他项目费+规费+增值税

2. 造价分析

造价分析是对工程总造价进行分析，通过建筑面积计算出工程单方造价，总造价中分部分项工程费中的人材机的费用、措施项目费、其他项目费、规费、税金。某学校框架结构工程项目造价分析如图 5-66 所示。

	名称	内容
1	工程总造价(小写)	8,256,854.72
2	工程总造价(大写)	捌佰贰拾伍万陆仟捌佰伍拾肆元柒角…
3	单方造价	2008.38
4	分部分项工程费	5853669.14
5	其中:人工费	1427536.25
6	材料费	3868406.29
7	机械费	60445.4
8	主材费	0
9	设备费	0
10	管理费	309205.98
11	利润	188073.33
12	措施项目费	1488697.43
13	其他项目费	0
14	规费	232729.5
15	增值税	681758.65

图 5-66 某学校框架结构工程项目造价分析

由图 5-66 可以看出来单方造价是 2008.38 元/m^2。

单方造价指按建筑面积每平方米的造价，是用总造价除以建筑面积。单方造价对造价投资控制是非常重要的指标。对于从事预决算的专业造价人员来说，通过分析单方造价，就可以快速初步判断一份预算的准确性；对于从事投资控制和成本审核的相关部门来说，单方造价的高低是衡量工程项目投资是否合理的一种最简单、最直接的指标。

如果现在给了一个拟建项目，建筑面积为 5000m^2，需要根据以往类似工程进行一下估算总造价，那么单方造价指标就是重要的估算依据，这里就可以直接采用以往类似工程的单方造价直接乘以拟建项目的建筑面积就可以粗略估算出来了。

即：拟建项目造价=5000×2008.38=10041900(元)。

5.4　招标控制价

招标控制价是指根据国家或省级建设行政主管部门颁发的有关计价依据和办法，依据拟定的招标文件和招标工程量清单，结合工程具体情况发布的招标工程的最高投标限价。根据住房和城乡建设部颁布的《建筑工程施工发包与承包计价管理办法》(住建部令第 16 号)的规定，国有资金投资的建筑工程招标的，应当设有最高投标限价；非国有资金投资的建筑工程招标的，可以设有最高投标限价或者招标标底。

1. 招标控制价一般规定

(1) 国有资金投资的建设工程招标，招标人必须编制招标控制价。

(2) 招标控制价应由具有编制能力的招标人或受其委托具有相应资质的工程造价咨询人编制和复核。

扩展资源 3.招标控制价的
作用.doc

(3) 工程造价咨询人接受招标人委托编制招标控制价，不得再就同一工程接受投标人委托。

(4) 招标控制价应按照《建设工程工程量清单计价规范》第 5.2.1 条的规定编制，不应上调或下浮。

(5) 当招标控制价超过批准的概算时，招标人应将其报原概算审批部门审核。

(6) 招标人应在发布招标文件时公布招标控制价，同时应将招标控制价及有关资料报送工程所在地或有该工程管辖权的行业管理部门工程造价管理机构备查。

2. 招标控制价编制与复核依据

(1) 《建设工程工程量清单计价规范》(GB 50500)。

(2) 国家或省级、行业建设主管部门颁发的计价定额和计价办法。

(3) 建设工程设计文件及相关资料。

(4) 拟定的招标文件及招标工程量清单。

(5) 与建设项目相关的标准、规范、技术资料。

(6) 施工现场情况、工程特点及常规施工方案。

(7) 工程造价管理机构发布的工程造价信息，当工程造价信息没有发布时，参照市场价。

(8) 其他的相关资料。

5.4.1 某学校框架结构工程项目招标控制价

这里以某学校框架结构案例为主，结合案例的实际情况，将一个项目的招标控制价的编制完整流程梳理出来，参照这个流程，可以编制不同项目的招标控制价。

一个项目的完整招标控制价的编制需要有 23 个表格的填写，招标控制价表格目录如图 5-67 所示。

- 招标控制价
  - 封-2 招标控制价封面
  - 扉-2 招标控制价扉页
  - 表-01 总说明
  - 表-04 单位工程招标控制价汇总表
  - 表-08 分部分项工程和单价措施项目清单与计价表
  - 表-08 分部分项工程和单价措施项目清单与计价表(主要清单)
  - 表-09 综合单价分析表
  - 表-09 综合单价分析表(16定额)
  - 表-11 总价措施项目清单与计价汇总表
  - 表-12 其他项目清单与计价汇总表
  - 表-12-1 暂列金额明细表
  - 表-12-2 材料(工程设备)暂估价及调整表
  - 表-12-3 专业工程暂估价及结算价表
  - 表-12-4 计日工表
  - 表-12-5 总承包服务费计价表
  - 表-13 规费、税金项目计价表
  - 表-14 主要材料价格表
  - 表-16 总价项目进度款支付分解表
  - 表-20 发包人提供材料和工程设备一览表
  - 表-21 承包人提供主要材料和工程设备一览表
  - 表-22 承包人提供主要材料和工程设备一览表
  - 表-23 单位工程主材表
  - 表-09.工程量清单综合单价分析表（全费用）

图 5-67 招标控制价表格目录

5.4.2 招标控制价详细编制流程

1. 招标控制价封面

招标控制价封面如图 5-68 所示。

招 标 控 制 价

招 标 人： _____
 （单位盖章）

造价咨询人： _____
 （单位盖章）

年 月 日

封-2

河南省建设工程造价计价软件测评合格编号：2019-RJ004；2017-RJ004

图 5-68　招标控制价封面

2. 招标控制价扉页

招标控制价扉页如图 5-69 所示。

<u>　　　某学校框架结构　　　</u> 工程

招 标 控 制 价

招标控制价　　(小写)：<u>8,256,854.72　　　　　　　　　　　　　　</u>

　　　　　　　(大写)：<u>捌佰贰拾伍万陆仟捌佰伍拾肆元柒角贰分　　</u>

招　标　人：<u>　　　　　　　　　</u>　　　　造价咨询人：<u>　　　　　　　　　　</u>
　　　　　　　　(单位盖章)　　　　　　　　　　　　　　(单位资质专用章)

法定代表人　　　　　　　　　　　　　　法定代表人

或其授权人：<u>　　　　　　　　　</u>　　　　或其授权人：<u>　　　　　　　　　　</u>
　　　　　　　　(签字或盖章)　　　　　　　　　　　　　(签字或盖章)

编　制　人：<u>　　　　　　　　　</u>　　　　复　核　人：<u>　　　　　　　　　　</u>
　　　　　　(造价人员签字盖专用章)　　　　　　　　(造价工程师签字盖专用章)

编 制 时 间： 年 月 日　　　　复 核 时 间： 年 月 日

扉-2

图 5-69　招标控制价扉页

3. 总说明

总说明如表 5-18 所示。

表 5-18　某学校框架结构总说明

总　说　明

工程名称：某学校框架结构　　　　　　　　　　　　　　第 1 页 共 1 页

4. 单位工程招标控制价汇总表

单位工程招标控制价汇总表如表 5-19 所示。

表 5-19　单位工程招标控制价汇总表

工程名称：某学校框架结构

序　号	汇总内容	金额(元)	其中：暂估价(元)
1	分部分项工程	5853669.14	
1.1	A.1 土石方工程	7080.73	
1.2	A.3 桩基工程	174949.16	
1.3	A.4 砌筑工程	297974.59	
1.4	A.5 混凝土及钢筋混凝土工程	2239837.93	
1.5	A.8 门窗工程	392832.73	
1.6	A.9 屋面及防水工程	154665.19	
1.7	A.10 保温、隔热、防腐工程	589212.02	
1.8	A.11 楼地面装饰工程	879505.69	
1.9	A.12 墙、柱面装饰与隔断、幕墙工程	756582.57	
1.10	A.13 天棚工程	109817.62	
1.11	A.14 油漆、涂料、裱糊工程	251210.91	

续表

序　号	汇总内容	金额(元)	其中：暂估价(元)
2	措施项目	1488697.43	
2.1	其中：安全文明施工费	187699.06	
2.2	其他措施费(费率类)	86358.56	
2.3	单价措施费	1214639.81	
3	其他项目		
3.1	其中：1)暂列金额		
3.2	2)专业工程暂估价		
3.3	3)计日工		
3.4	4)总承包服务费		
3.5	5)其他		
4	规费	232729.5	
4.1	定额规费	232729.5	
4.2	工程排污费		
4.3	其他		
5	不含税工程造价合计	7575096.07	
6	增值税	681758.65	
7	含税工程造价合计	8256854.72	
招标控制价合计=1+2+3+4+6		8256854.72	

注：本表适用于单位工程招标控制价或投标报价的汇总，如无单位工程划分，单项工程也使用本表汇总。

5. 分部分项工程和单价措施项目清单与计价表(部分)

分部分项工程和单价措施项目清单与计价表(部分)如表 5-20 所示。

表 5-20　分部分项工程和单价措施项目清单与计价表(部分)

工程名称：某学校框架结构　　　　　　标段：　　　　　　　第 1 页 共 17 页

序号	项目编码	项目名称	项目特征描述	计量单位	工程量	金额(元)		
						综合单价	合　价	其中暂估价
	A.1	土石方工程					7080.73	
1	010101001001	平整场地	1.土壤类别：一、二类土 2.弃土运距：自行考虑	m²	821.92	1.47	1208.22	
2	010101004001	挖基坑土方	1.桩承台基坑土方 2.挖土深度 2m 以下	m³	144.04	29.48	4246.3	
3	010103002001	余方弃置		m³	144.04	11.29	1626.21	
		分部小计					7080.73	
	A.3	桩基工程					174949.16	
1	010302005001	人工挖孔灌注桩		m³	145.05	1206.13	174949.16	
		分部小计					174949.16	
	A.4	砌筑工程					297974.59	
1	010401005003	空心砖墙	1.砖品种、规格、强度等级：页岩空心砖 2.墙体类型：护栏 3.墙体厚度：200 4.砌筑砂浆：±0.00 以上 M5 混合砂浆，±0.00 以下 M5 水泥砂浆 5.墙高：1.2	m³	39.71	462.49	18365.48	

序号	项目编码	项目名称	项目特征描述	计量单位	工程量	金额(元)		其中
						综合单价	合价	暂估价
2	010401005002	空心砖墙	1.砖品种、规格、强度等级：页岩空心砖 2.墙体类型：内墙 3.墙体厚度：100 4.砌筑砂浆：±0.00 以上 M5 混合砂浆，±0.00 以下 M5 水泥砂浆 5.墙高：3.6m 以下	m³	1.66	527.25	875.24	
3	010401005004	空心砖墙	1.砖品种、规格、强度等级：页岩空心砖 2.墙体类型：内墙 3.墙体厚度：100 4.砌筑砂浆：±0.00 以上 M5 混合砂浆，±0.00 以下 M5 水泥砂浆 5.墙高：3.6m 以上	m³	3.48	578.7	2013.88	
本页小计							203284.49	

注：为计取规费等的使用，可在表中增设其中："定额人工费"。

6. 分部分项工程和单价措施项目清单与计价表(主要清单)

分部分项工程和单价措施项目清单与计价表(主要清单)如表 5-21 所示。

7. 综合单价分析表(部分)

综合单价分析表如表 5-22～表 5-24 所示。

表5-21　分部分项工程和单价措施项目清单与计价表(主要清单)

工程名称：某学校框架结构　　　　　　　　　标段：　　　　　　　第 1 页 共 1 页

序号	项目编码	项目名称	项目特征描述	计量单位	工程量	金额(元)			
						综合单价	合 价	其中	
								暂估价	

表5-22　过梁综合单价分析表

工程名称：某学校框架结构　　　　　　　　　标段：　　　　　第 18 页 共 95 页

项目编码	010503005001	项目名称	过梁	计量单位	m³	工程量	4.17

清单综合单价组成明细

定额编号	定额项目名称	定额单位	数量	单价(元)				合价(元)			
				人工费	材料费	机械费	管理费和利润	人工费	材料费	机械费	管理费和利润
5-20 H80210557 80210561	现浇混凝土 过梁 换为【预拌混凝土 C30】	10m³	0.1001	1113.5	5355.63		551.64	111.43	535.95		55.2
人工单价		小计						111.43	535.95		55.2
高级技工 201 元/工日；普工 87.1 元/工日；一般技工 134 元/工日		未计价材料费									
清单项目综合单价								702.58			

续表

材料费明细	主要材料名称、规格、型号	单位	数量	单 价(元)	合 价(元)	暂估单价(元)	暂估合价(元)
	预拌混凝土 C30	m³	1.0107	514.56	520.07		
	其他材料费				15.87		
	材料费小计				535.95		

表 5-23 现浇构件钢筋综合单价分析表

工程名称：某学校框架结构　　　　　　标段：　　　第 26 页　共 95 页

项目编码	010515001001	项目名称	现浇构件钢筋	计量单位	t	工程量	44.576

清单综合单价组成明细

定额编号	定额项目名称	定额单位	数量	单价(元)				合价(元)			
				人工费	材料费	机械费	管理费和利润	人工费	材料费	机械费	管理费和利润
5-89	现浇构件圆钢筋 钢筋 HPB300 直径 ≤ 10mm	t	1	880.25	3623.01	21.48	487.21	880.25	3623.01	21.48	487.21
人工单价		小计						880.25	3623.01	21.48	487.21
高级技工 201 元/工日；普工 87.1 元/工日；一般技工 134 元/工日		未计价材料费									
清单项目综合单价								5011.95			

材料费明细	主要材料名称、规格、型号	单位	数量	单 价(元)	合 价(元)	暂估单价(元)	暂估合价(元)
	钢筋 HPB300 φ10 以内	kg	1020	3.5	3570		
	其他材料费				53.01		
	材料费小计				3623.01		

表 5-24　矩形梁综合单价分析表

工程名称：某学校框架结构　　　　　　　　标段：　　　　　第 89 页　共 95 页

项目编码	011702006001	项目名称		矩形梁		计量单位	m²	工程量	193.45

清单综合单价组成明细

定额编号	定额项目名称	定额单位	数量	单价(元)				合价(元)			
				人工费	材料费	机械费	管理费和利润	人工费	材料费	机械费	管理费和利润
5-232 + 5-242	现浇混凝土模板 矩形梁 复合模板 钢支撑 实际高度(m)：3.9	100m²	0.0118	2313.09	2472.33	0.93	1145.59	27.22	29.09	0.01	13.48
5-242	现浇混凝土模板 梁支撑 高度超过 3.6m 每超过 1m 钢支撑	100m²		314.66	54.65		155.68				
人工单价		小计						27.22	29.09	0.01	13.48
高级技工 201 元/工日；普工 87.1 元/工日；一般技工 134 元/工日		未计价材料费									
清单项目综合单价								69.8			

	主要材料名称、规格、型号			单位	数量	单价(元)	合价(元)	暂估单价(元)	暂估合价(元)
材料费明细	板方材			m³	0.0053	2100	11.13		
	复合模板			m²	0.2904	37.12	10.78		
	木支撑			m³	0.0003	2010.35	0.6		
	其他材料费						6.57		
	材料费小计						29.06		

注：(1) 如不使用省级或行业建设主管部门发布的计价依据，可不填定额编号、名称等。

(2) 招标文件提供了暂估单价的材料，按暂估的单价填入表内"暂估单价"栏及"暂估合价"栏。

小结： 对综合单价分析表中的数据来源的分析，以表 5-23 为例。关于数据分析和计算原理如图 5-70 所示。

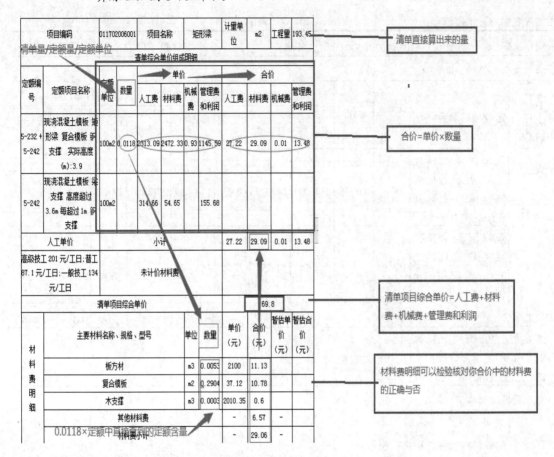

图 5-70　综合单价分析表数据分析与计算原理

8. 总价措施项目清单与计价汇总表

总价措施项目清单与计价汇总表如表 5-25 所示。

9. 其他项目清单与计价汇总表

其他项目清单与计价汇总表如表 5-26 所示。

表 5-25　总价措施项目清单与计价汇总表

工程名称：某学校框架结构　　　　　　　标段：　　　　　　　第 1 页 共 1 页

序号	项目编码	项目名称	计算基础	费率(%)	金额(元)	调整费率(%)	调整后金额(元)	备注
1	011707001001	安全文明施工费	分部分项安全文明施工费+单价措施安全文明施工费		187699.06			
2	01	其他措施费(费率类)			86358.56			
2.1	011707002001	夜间施工增加费	分部分项其他措施费+单价措施其他措施费	25	21589.64			
2.2	011707004001	二次搬运费	分部分项其他措施费+单价措施其他措施费	50	43179.28			
2.3	011707005001	冬雨季施工增加费	分部分项其他措施费+单价措施其他措施费	25	21589.64			
3	02	其他(费率类)						

表 5-26　其他项目清单与计价汇总表

工程名称：某学校框架结构　　　　　　　标段：　　　　　　　第 1 页 共 2 页

序号	项目编码	项目名称	计算基础	费率(%)	金额(元)	调整费率(%)	调整后金额(元)	备注
1	011707001001	安全文明施工费	分部分项安全文明施工费+单价措施安全文明施工费		187699.06			
2	01	其他措施费(费率类)			86358.56			

序号	项目编码	项目名称	计算基础	费率(%)	金 额(元)	调整费率(%)	调整后金额(元)	备 注
2.1	011707002001	夜间施工增加费	分部分项其他措施费+单价措施其他措施费	25	21589.64			
2.2	011707004001	二次搬运费	分部分项其他措施费+单价措施其他措施费	50	43179.28			
2.3	011707005001	冬雨季施工增加费	分部分项其他措施费+单价措施其他措施费	25	21589.64			
3	02	其他(费率类)						

10. 暂列金额明细表

暂列金额明细表如表 5-27 所示。

表 5-27 暂列金额明细表

工程名称：某学校框架结构 　　　　　标段：　　　　　　　第 1 页 共 1 页

序 号	项目名称	计量单位	暂定金额(元)	备 注

11. 材料(工程设备)暂估价及调整表

材料(工程设备)暂估价及调整表如表 5-28 所示。

12. 专业工程暂估价及结算价表

专业工程暂估价及结算价表如表 5-29 所示。

表 5-28　材料(工程设备)暂估单价及调整表

工程名称：某学校框架结构　　　　　　标段：　　　　　　第 1 页 共 1 页

序号	材料(工程设备)名称、规格、型号	计量单位	数量		暂估(元)		确认(元)		差额±(元)		备注
			暂估	确认	单价	合价	单价	合价	单价	合价	

表 5-29　专业工程暂估价及结算价表

工程名称：某学校框架结构　　　　　　标段：　　　　　　第 1 页 共 1 页

序　号	工程名称	工程内容	暂估金额(元)	结算金额(元)	差额±(元)	备　注

13. 计日工表

计日工表如表 5-30 所示。

表 5-30　计日工表

工程名称：某学校框架结构　　　　　　标段：　　　　　　第 1 页 共 2 页

编　号	项目名称	单位	暂定数量	实际数量	综合单价(元)	合价(元)	
						暂　定	实　际
一	人工						
1							
人工小计							
二	材料						
1							
材料小计							

续表

编　号	项目名称	单位	暂定数量	实际数量	综合单价(元)	合价(元)	
						暂　定	实　际
三	施工机械						
1							
施工机械小计							
四、企业管理费和利润							

14. 总承包服务费计价表

总承包服务费计价表如表 5-31 所示。

表 5-31　总承包服务费计价

工程名称：某学校框架结构　　　　　　标段：　　　　　　　第 1 页 共 2 页

编　号	项目名称	单位	暂定数量	实际数量	综合单价(元)	合价(元)	
						暂　定	实　际
一	人工						
1							
人工小计							
二	材料						
1							
材料小计							
三	施工机械						
1							
施工机械小计							

续表

编　号	项目名称	单位	暂定数量	实际数量	综合单价(元)	合价(元)	
						暂　定	实　际
四、企业管理费和利润							

15. 规费、税金项目计价表

规费、税金项目计价表如表 5-32 所示。

表 5-32　规费、税金项目计价表

工程名称：某学校框架结构　　　　　　　　标段：　　　　　　　第 1 页 共 1 页

序　号	项目名称	计算基础	计算基数	计算费率 (%)	金额(元)
1	规费	定额规费+工程排污费+其他	232729.5		232729.5
1.1	定额规费	分部分项规费+单价措施规费	232729.5		232729.5
1.2	工程排污费				
1.3	其他				
2	增值税	不含税工程造价合计	7575096.07	9	681758.65

16. 主要材料价格表

主要材料价格表如表 5-33 所示。

表 5-33　主要材料价格表

工程名称：　某学校框架结构　　　　　　　　　　　　　　第 1 页 共 1 页

序号	材料编码	材料名称	规格、型号等特殊要求	单位	数　量	单　价	合　价
1	01010101	钢筋	HPB300 φ10 以内	kg	45467.52	3.5	159136.32
2	01010210	钢筋	HRB400 以内 φ10 以内	kg	167787.96	3.4	570479.06
3	01010211	钢筋	HRB400 以内 φ12～φ18	kg	49668.425	3.5	173839.49
4	01010212	钢筋	HRB400 以内 φ20～φ25	kg	24841.9	3.929	97603.83
5	03210347	钢丝网	综合	m²	3558.11265	10	35581.13
6	04130125	页岩砖	240*115*53	千块	339.501965	437.5	148532.11
7	05030105	板方材		m³	47.615551	2100	99992.66
8	07010141	面砖	240mm*60mm	m²	2965.929125	30	88977.87
9	08010146	天然石材饰面板	600mm*600mm	m²	3479.94318	160	556790.91
10	11010141	单扇套装平开实木门		樘	64	1250	80000
11	11090226	铝合金隔热断桥推拉窗(含中空玻璃)		m²	294.544695	464.5	136816.01
12	13330105	SBS 改性沥青防水卷材		m²	2176.661204	28.84	62774.91
13	14410163	粉状型建筑胶黏剂		kg	13378.407	4.8	64216.35
14	35010101	复合模板		m²	2735.439492	37.12	101539.51
15	35030163	木支撑		m³	19.742349	2010.35	39689.03
16	80070256	聚合物抗裂砂浆		kg	34083.625176	1.75	59646.34
17	80070616	胶粉聚苯颗粒保温浆料		m³	143.005188	310	44331.61
18	80070636	膨胀玻化微珠保温浆料		m³	73.919885	1978.45	146246.8
19	80210561	预拌混凝土	C30	m³	1548.135634	514.56	796608.67
20	80010751	干混地面砂浆	DS M20	m³	337.917581	180	60825.16

17. 总价项目进度款支付分解表

总价项目进度款支付分解表如表 5-34 所示。

表 5-34　总价项目进度款支付分解表

工程名称：某学校框架结构　　　　　　　标段：　　　　　　　单位：元

序　号	项目名称	总价金额	首次支付	二次支付	三次支付	四次支付	五次支付
1	安全文明施工费	187699.06					
2	其他措施费(费率类)	86358.56					
2.1	夜间施工增加费	21589.64					
2.2	二次搬运费	43179.28					
2.3	冬雨季施工增加费	21589.64					
3	其他(费率类)						

18. 发包人提供材料和工程设备一览表

发包人提供材料和工程设备一览表如表 5-35 所示。

表 5-35　发包人提供材料和工程设备一览表

工程名称：某学校框架结构　　　　　　　标段：　　　　　　第 1 页 共 1 页

序　号	材料(工程设备)名称、规格、型号	单　位	数　量	单价(元)	交货方式	送达地点	备　注

19. 承包人提供主要材料和工程设备一览表

承包人提供主要材料和工程设备一览表如表 5-36、表 5-37 所示。

20. 单位工程主材表

单位工程主材表如表 5-38 所示。

表 5-36 承包人提供主要材料和工程设备一览表

(适用于造价信息差额调整法)

工程名称：某学校框架结构　　　　　　　标段：　　　　　　　　第 1 页 共 1 页

序号	名称、规格、型号	单位	数　量	风险系数(%)	基准单价(元)	投标单价(元)	发承包人确认单价(元)	备　注

表 5-37 承包人提供主要材料和工程设备一览表

(适用于价格指数差额调整法)

工程名称：某学校框架结构　　　　　　　标段：　　　　　　　　第 1 页 共 1 页

序号	名称、规格、型号	变值权重 B	基本价格指数 F_0	现行价格指数 F_t	备　注

表 5-38　单位工程主材表

工程名称：　某学校框架结构　　　　　　　　　　　　第 1 页 共 1 页

序号	名称及规格	单位	数　量	市场价	市场价合计	厂　家	产　地

21. 工程量清单综合单价分析表(全费用)部分表

工程量清单综合单价分析表(全费用)如表 5-39～表 5-41 所示

 小结：

(1) 建筑行业实行"营改增"后，在编制招标控制价、投标报价文件时，新项目需要按照增值税模式下的计价依据及规则计算建安工程造价。

(2) 老项目或结算项目依然要按照营业税计税方法处理。

(3) 在过渡期内两种计税方式并存。

(4) 以上是一个项目在做招标控制价的时候所需要的完整的流程和表格需求，按照以上方法即可进行不同项目的招标控制价的编制。本案例给出的是一个思路和方法，完整的版本可通过扫码获取或是加群进行咨询沟通。

表 5-39 平整场地工程量清单综合单价分析表(全费用)

工程名称:某学校框架结构　　标段:　　第 1 页 共 116 页

项目编码	010101001001	项目名称	平整场地	计量单位	m²

清单综合单价组成明细

定额编号	定额名称	定额单位	数量	单价(元)								合价(元)							
				人工费	材料费	机械费	管理费和利润	安全文明施工费	其他措施费	规费	增值税	人工费	材料费	机械费	管理费和利润	安全文明施工费	其他措施费	规费	增值税
1-124	机械场地平整	100m²	0.01	6.4		133.94	6.89					0.06		1.34	0.07				
小计												0.06		1.34	0.07				
人工单价			未计价材料费																
普工 87.1 元/工日			清单项目综合单价								1.47								

材料费明细	主要材料名称、规格、型号	单位	数量	单价(元)	合价(元)	暂估单价(元)	暂估合价(元)

表5-40　屋面排水管工程量清单综合单价分析表(全费用)

工程名称: 某学校框架结构　　　　标段:　　　　　　　　第 69 页　共 116 页

| 项目编码 | 010902004001 | 项目名称 | 屋面排水管 | | | | | | 计量单位 | m |

清单综合单价组成明细

定额编号	定额名称	定额单位	数量	单价(元)								合价(元)						
				人工费	材料费	机械费	管理费和利润	安全文明施工费	其他措施费	规费	增值税	人工费	材料费	机械费	管理费和利润	安全文明施工费	其他措施费	规费	增值税
9-114	屋面排水塑料管排水落 管 φ≤110mm	100m	0.01	428.26	2571.21		134.41					4.28	25.71		1.34			
9-117	屋面排水塑料管排水落水斗	10个	0.0074	55.07	182.65		17.18					0.41	1.35		0.13			
9-118	屋面排水塑料管排水弯头落水口	10个	0.0074	55.67	199.12		17.53					0.41	1.47		0.13			
人工单价			小计									5.1	28.53		1.6			

229

续表

高级技工 201 元/工						
日：普工 87.1 元/工						
日：一般技工 134						
元/工日		未计价材料费				
清单项目综合单价			35.25			
材料费 明细		主要材料名称、规格、型号	单位	数量	单价（元）	合价（元）	暂估单价（元）	暂估合价（元）
	板方材		m3	0.0003	2100	0.63	
	其他材料费					27.96	

表 5-41　扶手工程量清单综合单价分析表(全费用)

工程名称：某学校框架结构　　　　标段：　　　　第 116 页　共 116 页

项目编码	011702028001	项目名称	扶手						计量单位	m²

清单综合单价组成明细

定额编号	定额名称	定额单位	数量	单价(元)							合价(元)						
				人工费	材料费	机械费	管理费和利润	安全文明施工费	其他措施费	规费	增值税	人工费	材料费	机械费	管理费和利润	安全文明施工费	其他措施费	规费	增值税
5-289	现浇混凝土模板 扶手压顶 复合模板 木支撑	100m²	0.01	2689.87	1544.26	0.23	1332.19					26.9	15.44		13.32				
	人工单价		小计									26.9	15.44		13.32				
	126.63 元/工日		未计价材料费																
			清单项目综合单价									55.66							

材料费明细	主要材料名称、规格、型号	单位	数量	单价(元)	合价(元)	暂估单价(元)	暂估合价(元)
	板方材	m³	0.0011	2100	2.31		
	复合模板	m²	0.113	37.12	4.19		
	木支撑	m³	0.0042	2010.35	8.44		
	其他材料费				0.52		
	材料费小计				15.46		

续表

注：1. 如不使用升级或行业建设主管部门发布的计价依据，可不填定额项目、编号等。

2. 招标文件提供了暂估单价的材料，按暂估的单价填入表内"暂估单价"栏及"暂估合价"栏。

第 6 章 单位工程外部清单组价

6.1　工程量清单列项

1. 工程量清单

工程量清单是表现拟建工程的分部分项工程项目、措施项目、其他项目名称和相应数量的明细清单。清单格式应反映拟建工程的全部工程内容，以及为实现这些工程内容而进行的其他工作项目。

扩展资源 1.工程量清单
计量与计价.doc

2. 工程量清单内容

工程量清单包括项目编码、项目名称、项目特征、计量单位、工程量五大项内容。

1)　项目编码

项目编码用 12 位阿拉伯数字表示。项目编码 1～9 位为统一编码，10～12 位为清单项目名称顺序码，由清单人员按《建设工程工程量清单计价规范》要求编制。1、2 位数字表示工程类别，如：

项目编码.mp3

01 为建筑工程，02 为装饰装修工程，03 为安装工程，04 为市政工程，05 为园林绿化工程。3、4 位为专业工程顺序码，5、6 位为专业工程下的分部工程顺序码。7、8、9 位为分部工程下的分项工程项目名称顺序码。

2)　项目名称

项目的设置或划分应以形成工程实体为原则，这是计量的前提，因此项目名称均以工程实体命名。所谓实体是指形成生产或工艺作用的主要实体部分，对附属或次要部分均不设置项目。项目设置的另一个原则是不能重复，即一个项目只有一个编码，只有一个对应的综合单价。

3)　项目特征

项目特征是设置清单项目的主要依据，用于区分《建设工程工程量清单计价规范》中同一清单条目下各个具体的清单项目。

4)　计量单位

《建设工程工程量清单计价规范》附录按照国际惯例，要求工程量的计量单位均采用基本单位计量，这与定额的计算单位不同，编制清单或报价时一定要以附录规定的计量单位为准。

5)　计量单位

工程量主要通过工程量计算规则计算得到。工程量计算规则是指对清单项目工程量计算的规定。除另有说明外，所有清单项目的工程量应以实体工程量为准，并以完后的净值计算；投标人投标报价时，应在单价中考虑施工中的各种损耗和需要增加的工程量。

3. 外部清单(部分)

分部分项工程和单价措施项目清单与计价表(部分)如表 6-1 所示。

表 6-1　分部分项工程和单价措施项目清单与计价表

工程名称：单位工程　　　　　　　　　标段：　　　　　　　第 1 页 共 49 页

序号	项目编码	项目名称	项目特征描述	计量单位	工程量	金额(元)		
						综合单价	合价	其中暂估价
	A.1	土石方工程						
1	0101010 02001	挖一般土方	1.土壤类别：详见图纸 2.挖土深度：10m 以上 3.弃土运距：自行考虑 4.部位：基础土方 5.其他说明：详见相关图纸设计及规范要求	m³	1231.93			
2	0101010 02002	挖一般土方	1.土壤类别：详见图纸 2.挖土深度：1.5m 以内 3.弃土运距：自行考虑 4.部位：集水坑、电梯基坑土方 5.其他说明：详见相关图纸设计及规范要求	m³	278.95			
3	0101010 02003	挖一般土方	1.土壤类别：详见图纸 2.挖土深度：10m 以上 3.弃土运距：自行考虑 4.部位：桩间土方 5.其他说明：详见相关图纸设计及规范要求	m³	446.82			
	A.2	地基处理与边坡支护工程						
1	0102010 17001	褥垫层	1.厚度：200mm 2.材料品种及比例：级配砂石褥垫层，砂石比例 3∶7 3.其他说明：详见相关图纸设计及规范要求	m³	236.3			

续表

序号	项目编码	项目名称	项目特征描述	计量单位	工程量	金额(元)			
						综合单价	合价	其中	
								暂估价	
A.3		桩基工程							
1	0102010 08001	CFG成孔灌注桩	1.地层情况：详见图纸设计 2.有效桩长：17.50m，桩长按有效桩长计取，清单综合单价包含高出桩顶500mm部分及空桩费 3.桩径：400mm 4.混凝土种类、强度等级：商品混凝土C25 5.类别：工程桩 6.混凝土运输距离：自行考虑 7.其他说明：详见相关图纸设计及规范要求	m	10062.5				
2	0102010 14001	灰土(土)挤密桩	1.地层情况：详见图纸设计 2.有效桩长：6m，桩长按有效桩长计取，桩顶标高-7.274m 3.桩径：400mm 4.灰土填料配合比：消石灰：土=3：7 5.类别：工程桩 6.其他说明：详见相关图纸设计及规范要求	m	8700				
A.4		砌筑工程							
1	0104010 01001	砖基础	1.砖品种、强度等级：蒸压灰砂砖、MU20 2.砂浆种类：预拌砂浆 3.砂浆强度等级：M5.0干混砂浆 4.其他说明：详见相关图纸设计及规范要求	m³	1.32				
2	0104010 12001	零星砌砖	1.砖砌台阶 2.部位：地下室、楼梯出屋面 3.砂浆种类：预拌砂浆 4.其他说明：详见相关图纸设计及规范要求	m³	0.81				

续表

序号	项目编码	项目名称	项目特征描述	计量单位	工程量	金额(元)		
						综合单价	合价	其中 暂估价
3	0104020 01001	砌块墙	1.砌块品种、规格、强度等级：蒸压加气混凝土砌块、200mm、A3.5 2.砂浆种类：预拌砂浆 3.砂浆强度等级：M5.0 干混砂浆 4.墙高：3.6m 以下 5.其他说明：详见相关图纸设计及规范要求	m³	2260.84			
4	0104020 01002	砌块墙	1.砌块品种、规格、强度等级：蒸压加气混凝土砌块、200mm、A3.5 2.砂浆种类：预拌砂浆 3.砂浆强度等级：M5.0 干混砂浆 4.位置：排烟井壁 5.其他说明：详见相关图纸设计及规范要求	m³	2.06			
	A.5	混凝土及钢筋混凝土工程						
1	0105010 01001	垫层	1.混凝土种类：预拌 2.混凝土强度等级：C15 3.混凝土运输距离：自行考虑 4.其他说明：详见相关图纸设计及规范要求	m³	114.82			
2	0105010 04001	满堂基础	1.混凝土种类：预拌 2.混凝土强度等级：C30，抗渗等级 P8，掺高性能膨胀抗裂剂 3.混凝土运输距离：自行考虑 4.其他说明：详见相关图纸设计及规范要求	m³	1660.58			
3	0105010 06001	设备基础	1.混凝土种类：预拌 2.混凝土强度等级：C20 3.混凝土运输距离：自行考虑 4.其他说明：详见相关图纸设计及规范要求	m³	2.9			

6.2 工 程 计 价

外部清单计价是把工程量外部清单导入 GCCP5.0 计价软件中进行组价，导入流程为打开 GCCP5.0 软件→新建招投标项目→导入 EXCEL 文件→锁定清单→开始组价。外部清单计价一般用于投标项目中，所以清单是不允许改动的，在导入后，应首先锁定清单，之后再进行计价。

6.1.1 分部分项工程计价

1. 土石方工程

(1) 土石方工程组价。

清单名称为挖一般土方，清单描述中给出的土方部位为基础土方、基坑土方、桩间土方，土方量都比较大，因此定额直接套取挖掘机挖装一般土方，土壤类型如没有特别标注都套一、二类土，因此定额就选定为 1-46 挖掘机挖装一般土方一、二类土，如图 6-1 所示。

	编码	类别	名称	项目特征	单位	工程量表达式	含量	工程量	单价	合价	综合单价	综合合价	单价构成文件	取费专业
B1	A.1		土石方工程									14756.23	[房屋建筑与装饰一	
1	010101002001	项	挖一般土方	1.土壤类别:详见图纸 2.挖土深度:10m以上 3.弃土运距:自行考虑 4.部位:基础土方 5.其它说明:详见相关图纸设计及规范要求	m3	1231.93		1231.93			6.83	8414.08	房屋建筑与装饰工程	建筑工程
	1-46	定	挖掘机挖装一般土方 一、二类土		10m3	QDL	0.1	123.193	82.33	10142.48	68.3	8414.08	房屋建筑与装饰工程	建筑工程
2	010101002002	项	挖一般土方	1.土壤类别:详见图纸 2.挖土深度:1.5m 以内 3.弃土运距:自行考虑 4.部位:集水坑、电梯基坑土方 5.其它说明:详见相关图纸设计及规范要求	m3	278.95		278.95			6.83	1905.23	房屋建筑与装饰工程	建筑工程
	1-46	定	挖掘机挖装一般土方 一、二类土		10m3	QDL	0.1	27.895	82.33	2296.6	68.3	1905.23	房屋建筑与装饰工程	建筑工程
3	010101002003	项	挖一般土方	1.土壤类别:详见图纸 2.挖土深度:10m以上 3.弃土运距:自行考虑 4.部位:桩间土方 5.其它说明:详见相关图纸设计及规范要求	m3	446.82		446.82			9.93	4436.92	房屋建筑与装饰工程	建筑工程
	1-46 换 B*1.5,J*1.5	换	挖掘机挖装一般土方 一、二类土 桩间挖土不扣除桩所占体积 人工*1.5,机械*1.5		10m3	QDL	0.1	44.682	115.13	5144.24	99.39	4440.94	房屋建筑与装饰工程	建筑工程

图 6-1 土石方工程

(2) 桩间挖土换算。

桩间挖土虽然也套一般挖土定额子目，但桩间挖土难度较一般挖土难度大，因此需要换算。桩间挖土不扣除桩所占体积，相应项目人工、机械乘以系数 1.50。因此在桩间挖土清单选定 1-46 定额子目后，需要在定额标准换算中进行桩间挖土换算，如图 6-2 所示。

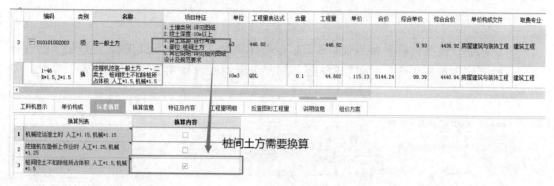

图 6-2　桩间挖土换算

(3) 挖一般土方综合单价分析表。

挖一般土方综合单价分析表如表 6-2 所示。

表 6-2　挖一般土方综合单价分析表

工程名称：单位工程　　　　　　　　　标段：　　　　　　　　　　第 1 页　共 207 页

项目编码	010101002001	项目名称	挖一般土方	计量单位	m³	工程量	1231.93

清单综合单价组成明细

定额编号	定额项目名称	定额单位	数量	单价(元)				合价(元)			
				人工费	材料费	机械费	管理费和利润	人工费	材料费	机械费	管理费和利润
1-46	挖掘机挖装一般土方 一、二类土	10m³	0.1	18.82		43.35	6.13	1.88		4.34	0.61
人工单价		小计						1.88		4.34	0.61
70.75 元/工日		未计价材料费									

清单项目综合单价　　　　6.83

材料费明细	主要材料名称、规格、型号			单位	数量	单价(元)	合价(元)	暂估单价(元)	暂估合价(元)

2. 地基处理与边坡支护

清单描述中说明材料品种是级配砂石,砂石比例为 3:7,因此定额选定垫层中的砂石垫层,砂石比例最接近 3:7 的人工级配,因此定额子目选择 4-75 垫层砂石人工级配,如图 6-3 所示。

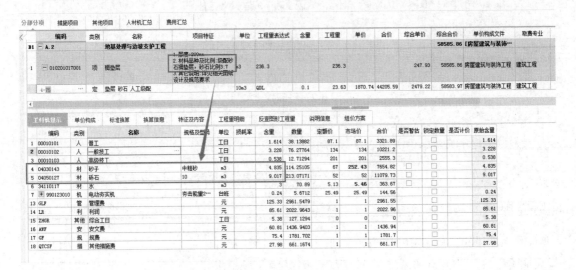

图 6-3　地基处理与边坡支护

3. 桩基工程

CFG 成孔灌注桩从工序上来讲需要两步,第一步成孔,第二步灌浆(混凝土),因此定额也需要分两步套取。

(1) 成孔。

清单描述中说明桩长 17.5m,成孔方式没有特别标注,可采用普通螺旋钻机成孔,因此成孔定额可选 3-82 灌注桩螺旋钻机钻桩孔(桩长)大于 12m,如图 6-4 所示。

(2) 灌注混凝土。

桩基计价.mp4

灌注混凝土可直接选择灌注混凝土定额,然后根据成孔方式选择具体子目,前面采用的是螺旋钻机成孔,因此定额选择 3-68 灌注桩灌注混凝土螺旋钻孔。清单描述中说明商品混凝土等级 C25,直接套取 3-68 混凝土等级为 C30,因此要进行混凝土等级换算,在定额标准换算中换算成 C25,如图 6-5 所示。

(3) CFG 成孔灌注桩综合单价分析表。

CFG 成孔灌注桩综合单价分析表如表 6-3 所示。

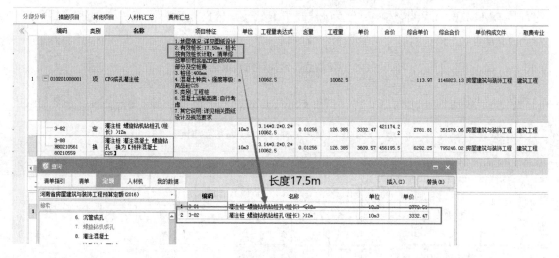

图 6-4 成孔

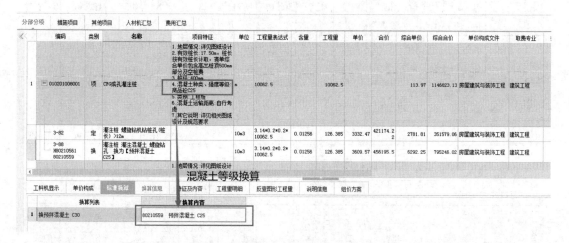

图 6-5 灌注混凝土

4. 砌筑工程

(1) 砌块墙定额套取。

清单描述中关键信息提取为砌块种类蒸压加气混凝土砌块，墙厚 200mm，砂浆为 M5.0 干混砂浆，墙高 3.6m 以上。因此定额直接选用 4-45 蒸压加气混凝土砌块墙，墙厚≤200mm，砂浆子目。然后看定额标准换算，前提是砌筑层高超过 3.6m，其超过部分工程量定额人工×1.3，清单描述中给出的高度为 3.6m 以上，因此需要换算。直接套 4-45 砂浆

砌筑工程.mp4

为预拌 DM M10，清单描述中砂浆为 M5.0 干混砂浆，因此定额标准换算中砂浆需要换算，如图 6-6 所示。

表 6-3　CFG 成孔灌注桩综合单价分析表

工程名称：单位工程　　　　　　　　　标段：　　　　　　　　第 5 页　共 207 页

项目编码	010201008001		项目名称	CFG 成孔灌注桩	计量单位	m	工程量	10062.5

清单综合单价组成明细

定额编号	定额项目名称	定额单位	数量	单价(元)				合价(元)			
				人工费	材料费	机械费	管理费和利润	人工费	材料费	机械费	管理费和利润
3-82	灌注桩 螺旋钻机钻桩孔（桩长）>12m	10m³	0.0126	942.9	30.51	1050.17	758.23	11.84	0.38	13.19	9.52
3-88 H80210561 80210559	灌注桩 灌注混凝土 螺旋钻孔 换为【预拌混凝土 C25】	10m³	0.0126	208.72	5959.71		123.82	2.62	74.85		1.56
人工单价		小计						14.46	75.23	13.19	11.08
102.88 元/工日		未计价材料费									
清单项目综合单价								113.97			

材料费明细	主要材料名称、规格、型号		单位	数量	单价(元)	合价(元)	暂估单价(元)	暂估合价(元)
	预拌混凝土 C25		m³	0.1522	490.29	74.62		
	其他材料费					0.6		
	材料费小计					75.22		

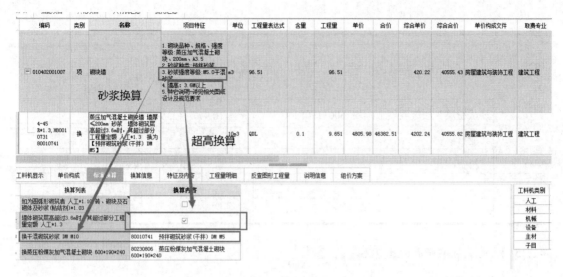

图 6-6　砌筑工程

(2) 砌块墙综合单价分析表：砌块墙综合单价分析表如表 6-4 所示。

表 6-4　砌块墙综合单价分析表

工程名称：单位工程　　　　　　　　　　标段：　　　　　　　　　第 18 页　共 207 页

项目编码	010402001007	项目名称	砌块墙	计量单位	m³	工程量	96.51

清单综合单价组成明细

定额编号	定额项目名称	定额单位	数量	单价(元)				合价(元)			
				人工费	材料费	机械费	管理费和利润	人工费	材料费	机械费	管理费和利润
4-45 H80010731 80010741	蒸压加气混凝土砌块墙 墙厚 ≤200mm 砂浆 换为【预拌砌筑砂浆(干拌) DM M5】	10m³	0.1	1022.77	2463.09	14.8	394.75	102.28	246.31	1.48	39.48
人工单价		小计						102.28	246.31	1.48	39.48
103.76 元/工日		未计价材料费									
清单项目综合单价								389.54			

243

续表

材料费明细	主要材料名称、规格、型号	单位	数量	单价(元)	合价(元)	暂估单价(元)	暂估合价(元)
	蒸压粉煤灰加气混凝土砌块 600*190*240	m³	0.977	235	229.6		
	其他材料费				1.09		
	材料费小计				230.7		

5. 混凝土与钢筋混凝土工程

1) 满堂基础

满堂基础即为筏形基础，又叫筏板形基础，是把柱下独立基础或者条形基础全部用连系梁连起来，下面再整体浇筑底板，由底板、梁等整体组成。

满堂基础清单描述中的混凝土强度等级为 C30，定额选定为现浇混凝土满堂基础有梁式，然后进行混凝土换算，如图 6-7 所示。

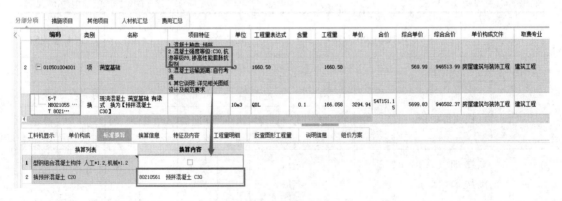

图 6-7 满堂基础

2) 构造柱

构造柱是指为了增强建筑物的整体性和稳定性，多层砖混结构建筑的墙体中还应设置钢筋混凝土构造柱，并与各层圈梁相连接，形成能够抗弯抗剪的空间框架，它是防止房屋倒塌的一种有效措施。构造柱的设置部位在外墙四角、错层部位横墙与外纵墙交接处、较大洞口两侧、大房间内外墙交接处等。

构造柱清单描述中混凝土等级为C25，选定现浇混凝土构造柱定额子目后进行混凝土等级的换算，如图6-8所示。

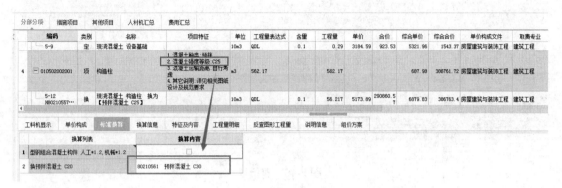

图6-8 构造柱

3）矩形梁

矩形梁清单描述中混凝土等级为C30，选定现浇混凝土矩形梁定额子目后进行混凝土等级的换算，如图6-9所示。

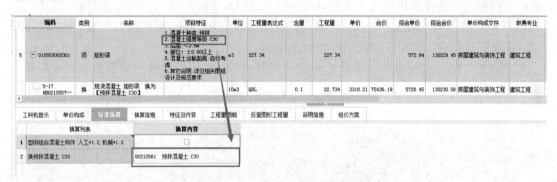

图6-9 矩形梁

4）直形墙

直形墙清单描述中混凝土等级为C30，选定现浇混凝土直形墙定额子目后进行混凝土等级的换算，如图6-10所示。

5）散水

（1）散水做法：20厚1∶2.5水泥砂浆压实赶光；素水泥浆一道；60厚C15预拌混凝土；150厚3∶7灰土；素土夯实。

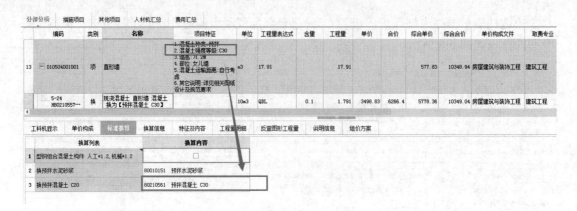

图 6-10 直行墙

(2) 定额套取，如图 6-11 所示。

散水清单可以直接选取散水、坡道清单，按照散水做法从底层到面层进行定额套取。

素土夯实，向外坡 4%：可以套原土夯实二遍(机械)定额。

150 厚 3∶7 灰土：可直接套用 4-47 垫层灰土子目，4-47 子目单位为 m³，清单单位是 m²，需要根据垫层厚度进行定额工程计算(清单工程量×0.15)。

60 厚 C15 预拌混凝土：可以直接套用混凝土散水定额子目，然后换算混凝土强度等级。

素水泥浆一道：套用素水泥浆界面剂定额。

20 厚 1∶2.5 水泥砂浆压实赶光：可选用相近的子目水泥砂浆楼地面混凝土或硬基层上 20mm 厚。

	编码	类别	名称	项目特征	单位	工程量表达式	含量	工程量	单价	合价	综合单价	综合合价	单价构成文件	取费专业
37	⊟ 010507001001	项	散水	1.20厚1:2.5水泥砂浆压实赶光 2.素水泥浆一道 3.60厚C15预拌混凝土，混凝土运距自行考虑 4.150厚3:7灰土 5.素夯实，向外坡4% 6.做法详见12TJ1-152-散3 7.砂浆种类:预拌砂浆 8.其它说明:详见相关图纸设计及规范要求	m2	175.86		175.86			58.96	10368.71	房屋建筑与装饰工程	建筑工程
	1-129	定	原土夯实二遍 机械		100m2	QDL	0.01	1.7586	104.41	183.62	73.17	128.68	房屋建筑与装饰工程	建筑工程
	4-72	定	垫层 灰土		10m3	QDL*0.15	0.015	2.6379	1556.51	4105.92	2360.92	6227.87	房屋建筑与装饰工程	建筑工程
	12-23	定	墙面抹灰 装饰抹灰 打底 素水泥浆界面剂		100m2	QDL	0.01	1.7586	339.8	597.57	290.52	510.91	房屋建筑与装饰工程	装饰工程
	11-6	定	水泥砂浆楼地面 混凝土或硬基层上 20mm		100m2	QDL	0.01	1.7586	2557.93	4498.38	1990.03	3499.67	房屋建筑与装饰工程	装饰工程

图 6-11 散水

(3) 散水综合单价分析表。

散水综合单价分析表如表 6-5 所示。

表6-5　散水综合单价分析表

工程名称：单位工程　　　　　　　　　标段：　　　　　　　　第 55 页 共 207 页

项目编码	010507001001	项目名称	散水	计量单位	m²	工程量	175.86

清单综合单价组成明细

定额编号	定额项目名称	定额单位	数量	单价(元)				合价(元)			
				人工费	材料费	机械费	管理费和利润	人工费	材料费	机械费	管理费和利润
1-129	原土夯实二遍 机械	100m²	0.01	45.15		18.23	11.22	0.45		0.18	0.11
4-72	垫层 灰土	10m³	0.006	543.07	1597.62	11.22	209.89	3.26	9.59	0.07	1.26
12-23	墙面抹灰 装饰抹灰 打底 素水泥浆界面剂	100m²	0.01	135.79	107.59		47.14	1.36	1.08		0.47
11-6	水泥砂浆楼地面 混凝土或硬基层上 20mm	100m²	0.01	1195.35	386.86	70.86	338.13	11.95	3.87	0.71	3.38
人工单价		小计						17.02	14.54	0.96	5.22
118.27 元/工日		未计价材料费									
清单项目综合单价								37.73			

材料费明细	主要材料名称、规格、型号					单位	数量	单价(元)	合价(元)	暂估单价(元)	暂估合价(元)
	其他材料费								10.88		
	材料费小计								10.88		

　6)　坡道

　(1)　坡道做法：30 厚火烧面花岗岩石板面层，干石灰粗砂擦缝；洒素水泥面(洒适量清水)；25 厚 1：3 干硬性水泥砂浆找平层；素水泥浆一道(内掺建筑胶)；100 厚 C15 预拌混凝土，混凝土运输距离自行考虑；300 厚 3∶7 灰土，分两步夯实；素土夯实。

坡道计价.mp4

（2）定额套取，如图 6-12 所示。

素土夯实：可以套取原土夯实二遍(机械)定额。

300 厚 3∶7 灰土：可直接套用 4-47 垫层灰土子目，4-47 子目单位为 m^3，清单单位是 m^2，需要根据垫层厚度进行定额工程计算(清单工程量×0.3)。

100 厚 C15 预拌混凝土：坡道没有对应的子目，可选用香蕉混凝土垫层子目。定额工程量单位 m^3，与清单工程量不一致，需要进行计算(清单工程量×0.1)。

素水泥浆一道：可直接套素水泥浆界面剂定额。

25 厚 1∶3 干硬性水泥砂浆找平层：可选用水泥砂浆楼地面(与坡道类似)混凝土或硬基层上 20mm 子目，然后在定额标准换算中把厚度换算成 25mm。

30 厚火烧面花岗岩石板面层，干石灰粗砂擦缝和洒素水泥面(洒适量清水)：可组合套用块料面层，块料面层中包含砂浆接合层。

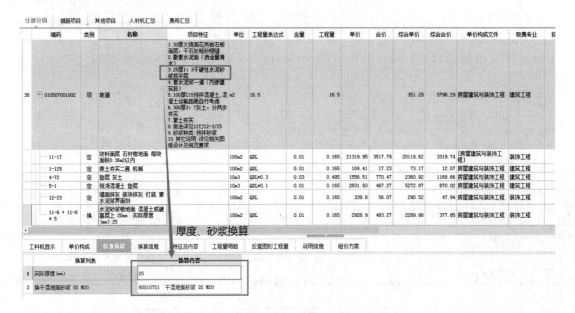

图 6-12　坡道

（3）坡道综合单价分析表。

坡道综合单价分析表如表 6-6 所示。

表6-6 坡道综合单价分析表

工程名称：单位工程　　　　　　　　　标段：　　　　　　　　　第 56 页 共 207 页

项目编码	010507001002	项目名称	坡道	计量单位	m²	工程量	16.5

清单综合单价组成明细

定额编号	定额项目名称	定额单位	数量	单价(元)				合价(元)			
				人工费	材料费	机械费	管理费和利润	人工费	材料费	机械费	管理费和利润
11-17	块料面层 石材楼地面 每块面积 0.36m² 以内	100m²	0.01	2540.15	16804.68	70.86	705.1	25.4	168.05	0.71	7.05
1-129	原土夯实二遍 机械	100m²	0.01	45.15		18.23	11.22	0.45		0.18	0.11
4-72	垫层 灰土	10m³	0.03	543.07	1597.62	11.22	209.89	16.29	47.93	0.34	6.3
5-1	现浇混凝土 垫层	10m³	0.01	380.82	4595.12		198.86	3.81	45.95		1.99
12-23	墙面抹灰 装饰抹灰 打底 素水泥浆界面剂	100m²	0.01	135.79	107.59		47.14	1.36	1.08		0.47
11-6 + 11-8 * 5	水泥砂浆楼地面 混凝土或硬基层上 20mm 实际厚度(mm)：25	100m²	0.01	1343.16	478.66	88.57	381.05	13.43	4.79	0.89	3.81
人工单价		小计						60.74	267.8	2.11	19.73
116.5 元/工日		未计价材料费									
清单项目综合单价								350.37			

材料费明细	主要材料名称、规格、型号			单位	数量	单价(元)	合价(元)	暂估单价(元)	暂估合价(元)
	其他材料费						213.45		
	材料费小计						213.44		

7) 台阶

(1) 台阶做法：60 厚 C20 预拌混凝土(厚度不包括踏步三角部分)，台阶面向外坡 1%；300 厚 3∶7 灰土分两步夯实；素土夯实。

(2) 台阶清单定额套取，如图 6-13 所示。

素土夯实：可以套原土夯实二遍(机械)定额。

300 厚 3∶7 灰土分两步夯实：可直接套 4-47 垫层灰土子目，4-47 子目单位为 m³，清单单位是 m²，需要根据垫层厚度进行定额工程计算(清单工程量×0.3)。

60 厚 C20 预拌混凝土：属于台阶实体，可直接选用现浇混凝土台阶子目。

编码	类别	名称	项目特征	单位	工程量表达式	含量	工程量	单价	合价	综合单价	综合合价	单价构成文件	取费专业
010507004001	项	台阶	1.60厚C20预拌混凝土（厚度不包括踏步三角部分），台阶面向外坡1%，混凝土运输距离自行考虑 2.300厚3:7灰土分两步夯实 3.素土夯实 4.部位:室外入口处台阶 5.做法:套12YJ9-1第103页(2) 6.其它说明:详见相关图纸设计及规范要求	m2	11.91		11.91			155.84	1856.05	房屋建筑与装饰工程	建筑工程
5-50	定	现浇混凝土 台阶		10m2···	QDL	0.1	1.191	641.07	763.51	842.75	1003.72	房屋建筑与装饰工程	建筑工程
1-129	定	原土夯实二遍 机械		100m2	QDL	0.01	0.1191	104.41	12.44	73.17	8.71	房屋建筑与装饰工程	建筑工程
4-72	定	垫层 灰土		10m3	QDL*0.3	0.03	0.3573	1556.51	556.14	2360.92	843.56	房屋建筑与装饰工程	建筑工程

图 6-13 台阶

(3) 台阶综合单价分析表。

台阶综合单价分析表如表 6-7 所示。

表 6-7 台阶综合单价分析表

工程名称：单位工程 　　　标段：　　　第 57 页 共 207 页

项目编码	010507004001	项目名称	台阶	计量单位	m²	工程量	11.91

清单综合单价组成明细

定额编号	定额项目名称	定额单位	数量	单价(元)				合价(元)			
				人工费	材料费	机械费	管理费和利润	人工费	材料费	机械费	管理费和利润
5-50	现浇混凝土 台阶	10m² 水平投影面积	0.1	147.85	605.5		77.4	14.79	60.55		7.74
1-129	原土夯实二遍 机械	100m²	0.01	45.15		18.23	11.22	0.45		0.18	0.11
4-72	垫层 灰土	10m³	0.03	543.07	1597.62	11.22	209.89	16.29	47.93	0.34	6.3

续表

人工单价	小计		31.53	108.48	0.52	14.15
102.22 元/工日	未计价材料费					
清单项目综合单价			154.68			

材料费明细	主要材料名称、规格、型号	单位	数量	单价(元)	合价(元)	暂估单价(元)	暂估合价(元)
	预拌混凝土 C20	m³	0.1236	475.73	58.8		
	其他材料费				49.68		
	材料费小计				108.47		

8) 现浇构件钢筋

现浇构件钢筋，定额套取是按照钢筋直径进行的，如子目 5-89，现浇构件圆钢筋，钢筋 HPB300mm 直径≤10mm，包含 HPB300 中所有直径≤10mm 的钢筋。钢筋组价如图 6-14 所示。

图 6-14 现浇构件钢筋

251

9) 钢筋接头

钢筋接头定额是按照连接方式和钢筋直径选取，钢筋接头计价如图 6-15 所示。

	编码	类别	名称	项目特征	单位	工程量表达式	含量	工程量	单价	合价	综合单价	综合合价	单价构成文件	取费专业
55	010516003001	项	机械连接	1.连接方式:直螺纹连接 2.规格:≤Φ16以内 3.其它说明:详见相关图纸设计及规范要求	个	236		236			18.73	4420.28	房屋建筑与装饰工程	建筑工程
	5-154	定	钢筋焊接、机械连接、植筋 直螺纹钢筋接头 钢筋直径 ≤25mm		10个	QDL	0.1	23.6	221.96	5238.26	187.26	4419.34	房屋建筑与装饰工程	建筑工程
56	010516003002	项	机械连接	1.连接方式:电渣压力焊接 2.规格:≤Φ18以内 3.其它说明:详见相关图纸设计及规范要求	个	2339		2339			5.26	12303.14	房屋建筑与装饰工程	建筑工程
	5-148	定	钢筋焊接、机械连接、植筋 电渣压力焊接 ≤Φ18		10个	QDL	0.1	233.9	66.91	15650.25	52.56	12293.78	房屋建筑与装饰工程	建筑工程
57	010516003003	项	机械连接	1.连接方式:电渣压力焊接 2.规格:≤Φ32以内 3.其它说明:详见相关图纸设计及规范要求	个	323		323			6.22	2009.06	房屋建筑与装饰工程	建筑工程
	5-149	定	钢筋焊接、机械连接、植筋 电渣压力焊接 ≤Φ32		10个	QDL	0.1	32.3	78.84	2546.53	62.18	2008.41	房屋建筑与装饰工程	建筑工程
58	010516003004	项	机械连接	1.连接方式:直螺纹连接 2.规格:≤Φ20以内 3.其它说明:详见相关图纸设计及规范要求	个	1014		1014			17.8	18049.2	房屋建筑与装饰工程	建筑工程
	5-153	定	钢筋焊接、机械连接、植筋 直螺纹钢筋接头 钢筋直径 ≤20mm		10个	QDL	0.1	101.4	209.63	21256.48	177.98	18047.17	房屋建筑与装饰工程	建筑工程
59	010516003005	项	机械连接	1.连接方式:直螺纹连接 2.规格:≤Φ25以内 3.其它说明:详见相关图纸设计及规范要求	个	2545		2545			18.73	47667.85	房屋建筑与装饰工程	建筑工程
	5-154	定	钢筋焊接、机械连接、植筋 直螺纹钢筋接头 钢筋直径 ≤25mm		10个	QDL	0.1	254.5	221.96	56488.82	187.26	47657.67	房屋建筑与装饰工程	建筑工程

图 6-15 钢筋接头

6. 金属结构工程

金属结构工程部分共有 4 项清单，钢梯两项、砌块墙钢丝网加固两项。这里选择钢梯作详细组价介绍。

(1) 钢梯做法。

钢梯形式：爬式。

除锈处理：防锈漆两道，调和漆罩面。

(2) 清单定额套取，如图 6-16 所示。

钢筋和接头计价.mp4

	编码	类别	名称	项目特征	单位	工程量表达式	含量	工程量	单价	合价	综合单价	综合合价	单价构成文件	取费专业
B1	A.6		金属结构工程									31T790.47	房屋建筑与装饰…	
1	010606008001	项	钢梯	1.钢材品种、规格:HRB400、Φ20mm 2.钢梯形式:爬式,参12YJ9-7/94 3.除锈处理:防锈漆二道,调和漆罩面 4.其它说明:详见相关图纸设计及规范要求	t	0.18		0.18			15067.9	2712.22	房屋建筑与装饰工程	建筑工程
	6-37	定	金属结构制作 钢楼梯 爬式		t	QDL	1	0.18	8147.69	1466.58	7728.81	1391.19	房屋建筑与装饰工程	建筑工程
	6-81	定	金属结构安装 钢楼梯 爬式		t	QDL	1	0.18	7902.65	1422.48	7324.99	1318.5	房屋建筑与装饰工程	建筑工程
	14-171	定	金属面 红丹防锈漆一遍		100m2	QDL	0.01	0.0018	668.36	1.2	548.12	0.99	房屋建筑与装饰工程	装饰工程
	14-172	定	金属面 调和漆二遍		100m2	QDL	0.01	0.0018	1072.41	1.93	860.76	1.55	房屋建筑与装饰工程	装饰工程

图 6-16 钢梯

钢梯工序分为三步，即钢梯制作、钢梯安装、刷漆处理。因此套定额时也要分制作、安装、刷漆。

钢梯制作：可根据钢梯形式爬式钢梯直接套金属结构制作钢楼梯爬式。

钢梯安装：可以直接套金属结构安装钢楼梯爬式。

防锈漆两道：常用防锈漆为红丹防锈漆，因此可直接套金属面红丹防锈漆一遍。

(3) 钢梯综合单价分析表。

钢梯综合单价分析表如表 6-8 所示。

钢楼梯计价.mp4

表 6-8　钢梯综合单价分析表

工程名称：单位工程　　　　　　　　标段：　　　　　第 78 页　共 207 页

项目编码	010606008001	项目名称	钢梯	计量单位	t	工程量	0.18

清单综合单价组成明细

定额编号	定额项目名称	定额单位	数量	单价(元)				合价(元)			
				人工费	材料费	机械费	管理费和利润	人工费	材料费	机械费	管理费和利润
6-37	金属结构制作 钢楼梯 爬式	t	1	1715.96	4565.96	605.39	861.03	1715.96	4565.96	605.39	861.03
6-81	金属结构安装 钢楼梯 爬式	t	1	1034.06	5544.71	243.39	520.49	1034.06	5544.71	243.39	520.49
14-171 R*1.74, C*1.9	金属面 红丹防锈漆一遍 金属面刷两遍防锈漆时 人工*1.74，材料*1.9	100m²	0.01	451.28	390.21		81.48	4.51	3.9		0.81
14-172	金属面 调和漆二遍	100m²	0.01	454.89	262.7		143.17	4.55	2.63		1.43
人工单价		小计						2759.08	10117.2	848.78	1383.76
102.94 元/工日		未计价材料费									
清单项目综合单价								15108.79			

续表

材料费明细	主要材料名称、规格、型号	单位	数量	单价(元)	合价(元)	暂估单价(元)	暂估合价(元)
	其他材料费				10117.2		
	材料费小计				10117.18		

7. 门窗工程

门窗工程部分清单项共有 28 项，其中门有 20 项，窗有 8 项，部分木质门计价如图 6-17 所示。门窗选取定额直接根据清单描述套取，这里就不再细讲，但如果清单、定额工程量单位不一致，需要对定额工程量进行计算，不能改变外部清单的工程量单位。比如，图 6-17 中编码 010801001001 项木质门，清单工程量单位 m^2，按照清单描述选择 8-3 成品套装木门安装单扇门子目，工程量单位是樘，需要根据门尺寸(M0821)进行计算，用清单工程量/单个门面积，得出门数量。

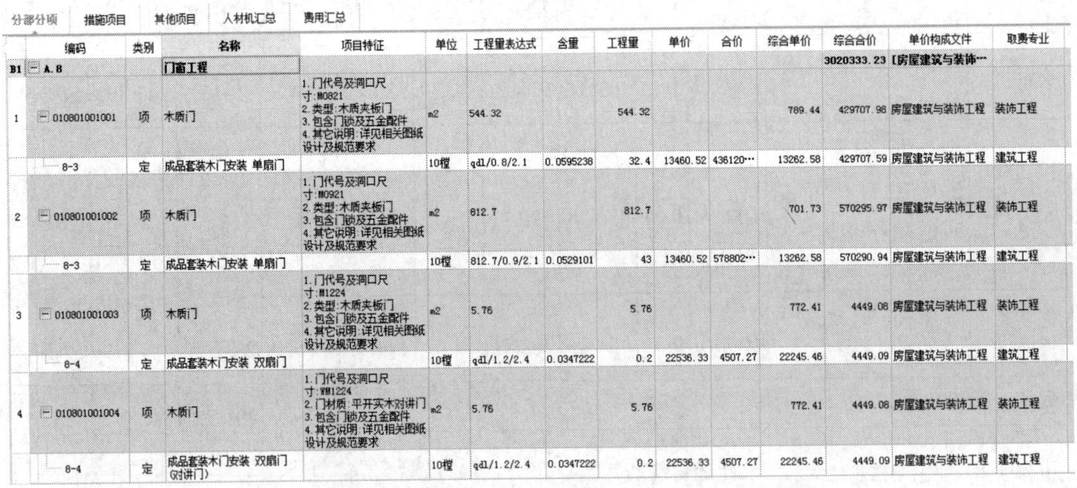
分部分项 措施项目 其他项目 人材机汇总 费用汇总

	编码	类别	名称	项目特征	单位	工程量表达式	含量	工程量	单价	合价	综合单价	综合合价	单价构成文件	取费专业
B1	A.8		门窗工程									3020333.23	[房屋建筑与装饰…	
1	010801001001	项	木质门	1.门代号及洞口尺寸:M0821 2.类型:木质夹板门 3.包含门锁及五金配件 4.其它说明:详见相关图纸设计及规范要求	m2	544.32		544.32			789.44	429707.98	房屋建筑与装饰工程	装饰工程
	8-3	定	成品套装木门安装 单扇门		10樘	qdl/0.8/2.1	0.0595238	32.4	13460.52	436120…	13262.58	429707.59	房屋建筑与装饰工程	建筑工程
2	010801001002	项	木质门	1.门代号及洞口尺寸:M0921 2.类型:木质夹板门 3.包含门锁及五金配件 4.其它说明:详见相关图纸设计及规范要求	m2	812.7		812.7			701.73	570295.97	房屋建筑与装饰工程	装饰工程
	8-3	定	成品套装木门安装 单扇门		10樘	812.7/0.9/2.1	0.0529101	43	13460.52	578802…	13262.58	570290.94	房屋建筑与装饰工程	建筑工程
3	010801001003	项	木质门	1.门代号及洞口尺寸:M1224 2.类型:木质夹板门 3.包含门锁及五金配件 4.其它说明:详见相关图纸设计及规范要求	m2	5.76		5.76			772.41	4449.08	房屋建筑与装饰工程	装饰工程
	8-4	定	成品套装木门安装 双扇门		10樘	qdl/1.2/2.4	0.0347222	0.2	22536.33	4507.27	22245.46	4449.09	房屋建筑与装饰工程	建筑工程
4	010801001004	项	木质门	1.门代号及洞口尺寸:WM1224 2.门材质:平开实木对讲门 3.包含门锁及五金配件 4.其它说明:详见相关图纸设计及规范要求	m2	5.76		5.76			772.41	4449.08	房屋建筑与装饰工程	装饰工程
	8-4	定	成品套装木门安装 双扇门(对讲门)		10樘	qdl/1.2/2.4	0.0347222	0.2	22536.33	4507.27	22245.46	4449.09	房屋建筑与装饰工程	建筑工程

图 6-17 部分木质门

8. 屋面及防水工程

屋面及防水工程中清单项较多，共有 17 项，我们选择其中 010902003003 项屋面刚性层/地下室底板进行组价详解。

(1) 屋面刚性层/地下室底板做法：50 厚 C20 细石混凝土保护层；干铺石油沥青纸胎油毡一层；4 厚 SBS 改性沥青防水卷材(Ⅱ 型)，遇墙上翻 400mm，遇基础承台下翻 500mm(附加一道 4 厚 SBS 卷材防水，本层仅用于有一级防水要求的房间，二级防水要求时取消本层)(单独列项)；刷基层处理剂一道；20 厚 1：2.5 水泥砂浆找平层。

(2) 屋面刚性层/地下室底板清单定额套取：50 厚 C20 细石混凝土保护层：细石混凝土保护层可以套细石混凝土找平层 30mm 子目，然后在定额标准换算中进行厚度换算，换算成 50mm，如图 6-18 所示。

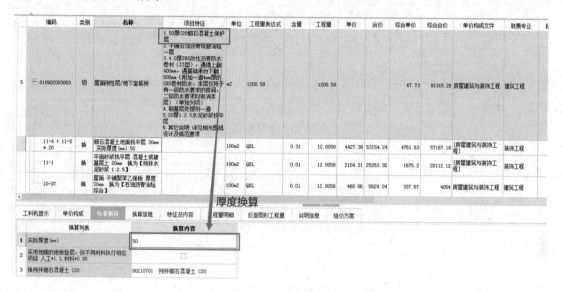

图 6-18　厚度换算

干铺石油沥青纸胎油毡一层：定额中没有完全相同的子目，可以套做法相近的子目屋面干铺聚苯乙烯板厚度 50mm，然后在工料机显示中进行主材换算，把聚苯乙烯板换算成沥青油毡，如图 6-19 所示。

4 厚 SBS 改性沥青防水卷材(Ⅱ 型)，遇墙上翻 400mm，遇基础承台下翻 500mm(附加一道 4 厚 SBS 卷材防水，本层仅用于有一级防水要求的房间，二级防水要求时取消本层)(单独列项)：清单描述中说明单独列项，在 010902003003 项屋面刚性层/地下室底板清单中不需要套定额。这个做法单独列项的清单编码为 010904001001 项楼(地)面卷材防水/地下室底板，清单定额套取如图 6-20 所示。

刷基层处理剂一道：基层处理剂在做防水时包含这一道工序，这里就不再单独套取。

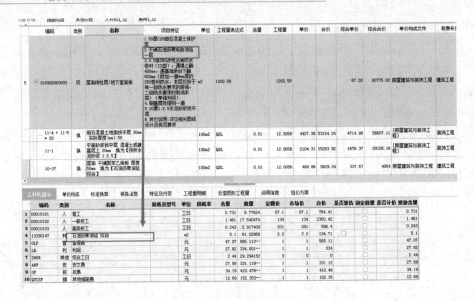

图 6-19　主材换算

编码	类别	名称	项目特征	单位	工程量表达式	含量	工程量	单价	合价	综合单价	综合合价	单价构成文件	取费专业
11	⊟ 010904001001	项	卷(地)面卷材防水/地下室底板	1.4.0厚SBS改性沥青防水卷材(Ⅱ型)，遇墙上翻400mm，遇基础承台上翻500mm (附加一遍4mm厚的SBS卷材防水，本层仅用于有一级防水要求的房间)，一级防水要求时取消本层) 2.部位：地下室底板防水 3.其它说明：详见相关图纸设计及规范要求	m2	1271.03		1271.03			42.16	53586.62	房屋建筑与装饰工程	建筑工程
	9-34	定	卷材防水 改性沥青卷材 热熔法一层 平面		100m2	928.09	0.0073019	9.2809	4281.48	39735.99	4149.71	38513.04	房屋建筑与装饰工程	建筑工程
	9-35	定	卷材防水 改性沥青卷材 热熔法一层 立面		100m2	QDL-928.09	0.0026981	3.4294	4624.03	15857.65	4395.71	15074.65	房屋建筑与装饰工程	建筑工程

图 6-20　SBS 改性沥青防水卷材

20 厚 1∶2.5 水泥砂浆找平层：直接套平面砂浆找平层混凝土或硬基层上子目，然后在工料机显示中进行主材换算，把砂浆换算成预拌水泥砂浆 1∶2.5，如图 6-21 所示。

9. 保温、隔热、防腐

保温、隔热、防腐部分共有 9 项清单，有保温隔热屋面、保温隔热天棚、保温隔热墙面等。以保温隔热墙面中的一个清单项为例介绍保温隔热防腐计价。

(1) 保温隔热墙面/外墙 1：薄抹第三道抹面胶浆；抹第二道抹面胶浆 3～6 厚，压入耐碱玻璃纤维网布；锚栓锚固抹面胶浆复合耐碱玻璃纤维网布层；抹第一道抹面胶浆 3～6 厚，压入耐碱玻璃纤维网布；60 厚半硬质岩棉板(A 级)保温层，板两表面及侧面涂刷界面剂，配套胶黏剂粘贴。

图6-21　水泥砂浆找平层主材换算

(2) 保温隔热墙面/外墙1清单定额套取。

从做法中分析，保温隔热墙面主要做法是60厚半硬质岩棉板(A级)保温层和三层复合耐碱玻璃纤维网布。因此套定额主要根据这两层做法，如图6-22所示。套取粘贴沥青珍珠岩板附墙粘贴厚度50mm，然后在标准换算中进行厚度换算，换算成60mm。再套一个抗裂保护层耐碱网格布抗裂砂浆厚度4mm，从做法可以看到是压入了三层网格布，因此在定额标准换算中把厚度换算成三层的厚度12mm。

10. 楼地面装饰工程

楼地面装饰部分共有13个清单项，以编码011101001001为例。水泥砂浆楼地面/楼1做法为：20厚豆石混凝土，随打随抹光，素水泥浆一道。

素水泥浆一道可直接套素水泥浆界面剂子目。

20厚豆石混凝土可以直接套细石混凝土找平层30mm，然后在定额标准换算中进行厚度换算，把厚度换算成20mm，如图6-23所示。

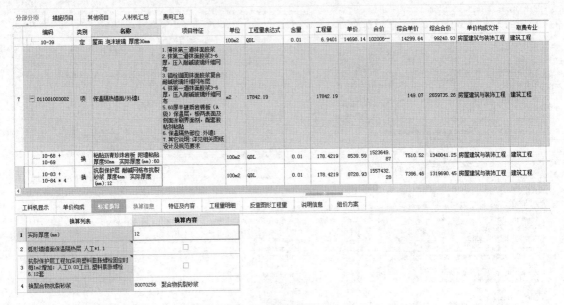

图 6-22　保温隔热墙面/外墙 1

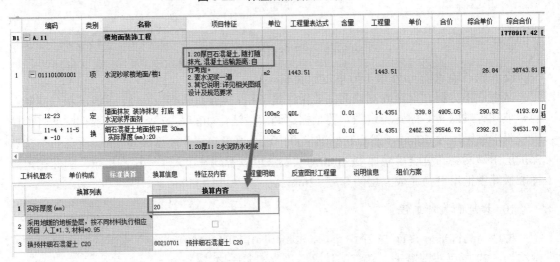

图 6-23　水泥砂浆楼地面/楼 1

11. 墙柱面工程

墙柱面工程部分清单项均为墙面一般抹灰，以墙面一般抹灰/地下室外墙为例。做法为：20 厚 1：2.5 水泥砂浆找平，因此定额可以直接选择墙面一般抹灰外墙(14+6)mm，厚度与清单描述一致，如图 6-24 所示。

编码	类别	名称	项目特征	单位	工程量表达式	含量	工程量	单价	合价	综合单价	综合合价	单价构成文件	取费专业
B1	□ A.12		墙、柱面装饰与隔断、幕墙工程								2543782.6	[房屋建筑与装饰工程]	
1	□ 011201001002	项	墙面一般抹灰/地下室外墙	1.墙体类型:混凝土墙、砌块墙 2.20厚1:2.5水泥砂浆找平 3.部位:地下室外墙 4.砂浆种类:预拌砂浆 5.其它说明:详见相关图纸设计及规范要求	m2	692.78		692.78			36.55	25321.11	房屋建筑与装饰工程	装饰工程
	┈ 12-2	定	墙面抹灰 一般抹灰 外墙(14+6)mm		100m2	QDL	0.01	6.9278	4754.35	32937.19	3656.05	25328.38	[房屋建筑与装饰工程]	装饰工程

(a) 地下室外墙

	分部分项	措施项目	其他项目	人材机汇总	费用汇总									
<	编码	类别	名称	项目特征	单位	工程量表达式	含量	工程量	单价	合价	综合单价	综合合价	单价构成文件	取费专业
2	□ 011201001003	项	墙面一般抹灰/内墙2	1.刷建筑胶素水泥浆一遍,配合比为建筑胶:水=1:4 2.15厚1:1:6水泥石灰砂浆,分两次抹灰 3.厚1:0.5:3水泥石灰砂浆 4.砂浆种类:预拌砂浆 5.其它说明:详见相关图纸设计及规范要求	m2	37930.81		37930.81			27.38	1038545.58	房屋建筑与装饰工程	装饰工程
	┈ 12-1	定	墙面抹灰 一般抹灰 内墙(14+6)mm		100m2	QDL	0.01	379.3081	3124.4	1185110.23	2446.96	928151.75	[房屋建筑与装饰工程]	装饰工程
	┈ 12-23	定	墙面抹灰 装饰抹灰 打底 素水泥浆界面剂		100m2	QDL	0.01	379.3081	339.8	128888.89	290.52	110196.59	房屋建筑与装饰工程	装饰工程

(b) 内墙

图 6-24　墙面一般抹灰

12. 天棚工程

天棚工程中清单项 5 个,天棚抹灰顶 1、顶 2、顶 3、顶 4、顶 5,以下以顶 1 为例。

(1) 天棚抹灰顶 1 做法:钢筋混凝土楼板底整理干净;5 厚 1:1:4 水泥石灰砂浆;3 厚 1:0.5:3 水泥石灰砂浆。

(2) 定额套取:从做法中可以看出砂浆厚度为 8mm,两层做法采用的砂浆种类不同,可以分层套,也可以直接套用天棚抹灰混凝土天棚一次抹灰 10 厚子目,然后换算厚度为 8mm,如图 6-25 所示。

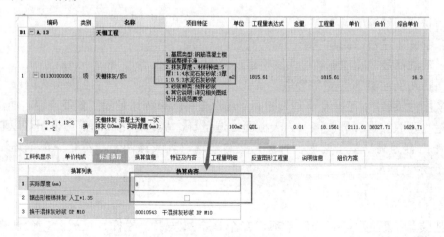

图 6-25　天棚抹灰顶 1

13. 油漆、涂料、裱糊

油漆、涂料、裱糊部分共有 12 个清单项,部分组价如图 6-26 所示,以编码 011406001001 为例,抹灰面油漆/顶 1。

	编码	类别	名称	项目特征	单位	工程量表达式	含量	工程量	单价	合价	综合单价	综合合价	单价构成文件	取费专业
B1	⊟ A.14		油漆、涂料、裱糊工程									830150.27	房屋建筑与装饰…	
1	011406001001	项	抹灰面油漆/顶1	1.刮腻子遍数:满刮腻子一遍,磨平。2.油漆品种、刷漆遍数:面漆两道,底漆一道。3.其它说明:详见相关图纸设计及规范要求	m2	1735		1735			22.21	38534.35	房屋建筑与装饰工程	装饰工程
	14-200	定	乳胶漆 室内 天棚面 二遍		100m2	QDL	0.01	17.35	2825.09	49015.31	2222.29	38556.73	房屋建筑与装饰工程	装饰工程
2	011406001002	项	抹灰面油漆/顶1	1.刮腻子遍数:满刮腻子一遍,磨平。2.油漆品种、刷漆遍数:面漆两道,底漆一道。3.部位:梯板底。4.其它说明:详见相关图纸设计及规范要求	m2	1054.66		1054.66			22.21	23424	房屋建筑与装饰工程	装饰工程
	14-200	定	乳胶漆 室内 天棚面 二遍		100m2	QDL	0.01	10.5466	2825.09	29795.09	2222.29	23437.6	房屋建筑与装饰工程	装饰工程
3	011406001003	项	抹灰面油漆/顶3	1.刮腻子遍数:满刮腻子一遍。2.油漆品种、刷漆遍数:白色乳胶漆两道,底漆一道。3.其它说明:详见相关图纸设计及规范要求	m2	1691.64		1691.64			22.21	37571.32	房屋建筑与装饰工程	装饰工程
	14-200	定	乳胶漆 室内 天棚面 二遍		100m2	QDL	0.01	16.9164	2825.09	47790.35	2222.29	37593.15	房屋建筑与装饰工程	装饰工程
4	011406001004	项	抹灰面油漆/顶5	1.刮腻子遍数:满刮腻子一遍。2.油漆品种、刷漆遍数:白色乳胶漆两道,底漆一道。3.其它说明:详见相关图纸设计及规范要求	m2	544.75		544.75			22.21	12098.9	房屋建筑与装饰工程	装饰工程
	14-200	定	乳胶漆 室内 天棚面 二遍		100m2	QDL	0.01	5.4475	2825.09	15389.68	2222.29	12105.92	房屋建筑与装饰工程	装饰工程
5	011406001005	项	抹灰面油漆/内墙2（地库）	1.刮内墙腻子两遍。2.乳胶漆两遍。3.部位:地下部分,参车库做法。4.砂浆种类:预拌砂浆。5.其它说明:详见相关图纸设计及规范要求	m2	2899.29		2899.29			18.82	54564.64	房屋建筑与装饰工程	装饰工程
	14-199	定	乳胶漆 室内 墙面 二遍		100m2	QDL	0.01	28.9929	2364.95	68566.76	1883.25	54600.88	房屋建筑与装饰工程	装饰工程
6	011406001006	项	抹灰面油漆/内墙3	1.刮腻子遍数:满刮腻子一遍。2.油漆品种、刷漆遍数:面漆两道,底漆一道。3.其它说明:详见相关图纸设计及规范要求	m2	1193.07		1193.07			18.82	22453.58	房屋建筑与装饰工程	装饰工程
	14-199	定	乳胶漆 室内 墙面 二遍		100m2	QDL	0.01	11.9307	2364.95	28215.51	1883.25	22468.49	房屋建筑与装饰工程	装饰工程

图 6-26　油漆、涂料、裱糊部分组价

(1) 抹灰面油漆/顶 1 做法。

① 刮腻子遍数:满刮腻子一遍,磨平。

② 油漆品种、刷漆遍数:面漆两道,底漆一道。

(2) 抹灰面油漆/顶 1 定额套取。

抹灰面油漆/顶 1 可以看出是天棚面油漆,根据清单描述是满刮腻子一遍,面漆两道,底漆一道,可直接选择乳胶漆室内天棚面二遍子目,从选择定额的信息说明可以看到,子目的工作内容为满刮腻子两遍,打磨,底漆一遍,乳胶漆两遍。符合清单描述做法,如图 6-27 所示。

14. 其他装饰工程

其他装饰工程包含 4 个清单项,3 个是金属扶手、栏杆、栏板,1 个信报箱。以 011503001007 金属扶手、栏杆、栏板和 011507004001 信报箱为例,讲其他装饰工程组价。

编码	类别	名称	项目特征	单位	工程量表达式	含量	工程量	单价	合价	综合单价	综合合价
B1	⊟ A.14	**油漆、涂料、裱棚工程**									830150.27
1	⊟ 011406001001	项	抹灰面油漆/顶1	1.刮腻子遍数:满刮腻子一遍,磨平 2.油漆品种、刷漆遍数:面漆两道,底漆一道 3.其它说明:详见相关图纸设计及规范要求	m2	1735		1735			22.21	38534.35
	14-200	定	乳胶漆 室内 天棚面 二遍		100m2	QDL	0.01	17.35	2825.09	49015.31	2222.29	38556.73

子目工作内容和附注信息
工作内容:
1.室内外:清扫、满刮腻子二遍、打磨、刷底漆一遍、乳胶漆二遍等. 2.每增加一遍:刷乳胶漆一遍等.

工料机显示	单价构成	标准换算	换算信息	特征及内容	工程量明细	反查图形工程量	说明信息	组价方案

图 6-27　抹灰面油漆/顶 1

1) 金属扶手、栏杆、栏板

(1) 金属扶手、栏杆、栏板做法。

① 扶手材料种类、规格：ϕ50*2 钢管；

② 栏杆材料种类、规格：不锈钢栏杆；

③ 除锈处理，防锈漆两道，磁漆两道；

④ 栏杆高度：900mm；

⑤ 部位：首层坡道扶手。

(2) 金属扶手、栏杆、栏板清单定额套取，如图 6-28 所示。

扶手材料种类规格为 ϕ50*2 钢管，栏杆材料种类、规格为不锈钢栏杆，因此栏杆定额选用不锈钢栏杆，不锈钢扶手。

除锈处理是防锈漆和磁漆，因此定额选用金属面红丹防锈漆和醇酸磁漆二遍子目。

编码	类别	名称	项目特征	单位	工程量表达式	含量	工程量	单价	合价	综合单价	综合合价	单价构成文件	取费专业
B1	⊟ A.15		**其他装饰工程**								103082.92	[房屋建筑与装饰…	
1	⊟ 011503001001	项	金属扶手、栏杆、栏板	1.扶手材料种类、规格:25*25方钢管,间距125mm 2.栏杆材料种类、规格:40*40*3mm方钢管 3.除锈处理,防锈漆两道,调和漆两道 4.栏杆高度:1000mm 5.部位:空调板栏杆,做法详见12TJ6—73 6.其它说明:详见相关图纸设计及规范要求	m	388.8		388.8			185.2	72005.76	房屋建筑与装饰工程	装饰工程
	15-86	定	铁栏杆 铁扶手		10m	QDL	0.1	38.88	2027.89	78844.36	1711.08	66526.19	[房屋建筑与装饰…	装饰工程
	14-171	定	金属面 红丹防锈一遍		100m2	qdl*1	0.01	3.888	668.36	2598.58	548.12	2131.09	房屋建筑与装饰工程	装饰工程
	14-172	定	金属面 调和漆二遍		100m2	qdl*1	0.01	3.888	1072.41	4169.53	860.76	3346.63	房屋建筑与装饰工程	装饰工程

图 6-28　金属扶手、栏杆、栏板

2) 信报箱

信报箱定额中没有类似子目，可采用补充子目的方法，补充子目操作如图 6-29 所示，在名称中输入信报箱，单价中输入 1000 元，数量 1 个，确定后就完成了信报箱子目补充，单价 1000 元/个。补充定子目显示如图 6-30 所示。

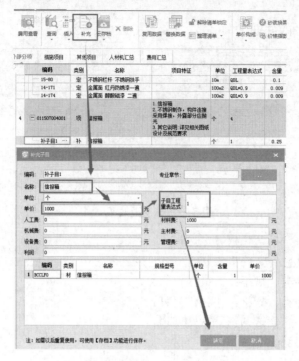

图 6-29　补充子目

图 6-30　信报箱

6.1.2 措施项目工程计价

措施项目费是指为了完成建设工程施工,发生于该工程施工前和施工过程中的技术、生活、安全、环境保护等方面的费用。包括安全文明施工费(环境保护费、文明施工费、安全施工费、临时设施费、扬尘污染防治增加费)、单价类措施费(脚手架费、垂直运输费、超高增加费、大型机械设备进出场及安拆费、施工排水及井点降水、其他)、其他措施费(费率类:夜间施工增加费、二次搬运费、

措施项目计价.mp4

冬雨季施工增加费、其他)。

1. 脚手架

脚手架费，是指施工需要的各种脚手架搭、拆、运输费用及脚手架购置费的摊销(或租赁)费用。

脚手架组价如图 6-31 所示。

图 6-31 脚手架

2. 模板

模板清单按照构件类型直接选用，定额子目是按照 3.6m 综合考虑，本项目层高是 3.9m，因此超过 3.6m 的构件模板均需加套一个模板超高的定额子目。模板定额套取直接按照清单名称和清单描述对应套取即可，外部清单部分模板组价如图 6-32 所示。

3. 垂直运输和建筑物超高增加

1) 垂直运输

垂直运输工作内容，包括单位工程在合理工期内全部工程项目所需要的垂直运输机械台班，不包括机械的场外往返运输，一次性安拆及路基铺垫和轨道铺垫等的费用。

垂直运输清单描述檐高 78.6m，地下室 2 层，因此定额选择 20m(6 层)以上塔式起重机施工全现浇结构檐高 100m 以内子目，如图 6-33 所示。

序号	类别	名称	单位	项目特征	工程量	组价方式	计算基数	费率(%)	综合单价	综合合价	人工费价格指数	机械费价格指数	管理费价格指数
13		011702001001 基础	m2	1.模板及支架制作、安装、拆除、堆放、运输及清理模板内杂物、刷隔离剂等 2.其它说明：详见相关设计及规范要求	315.26	可计量清单	—		44.09	13699.81			
	定	5-195 现浇混凝土模板 满堂基础 无梁式 复合模板 木支撑	100m2		3.1526				4408.32	13897.67	1.113	1.082	1.389
14		011702002001 矩形柱	m2	1.模板及支架制作、安装、拆除、堆放、运输及清理模板内杂物、刷隔离剂等 2.其它说明：详见相关设计及规范要求	88.37	可计量清单			59.79	5203.64			
	定	5-220 现浇混凝土模板 矩形柱 复合模板 钢支撑	100m2		0.8837				5979.3	5283.91	1.113	1.082	1.389
15		011702003001 构造柱	m2	1.模板及支架制作、安装、拆除、堆放、运输及清理模板内杂物、刷隔离剂等 2.其它说明：详见相关设计及规范要求	7648.76	可计量清单			47.14	360562.55			
	定	5-222 现浇混凝土模板 构造柱 复合模板 钢支撑	100m2		76.4876				4714	360562.55	1.113	1.082	1.389
16		011702006001 矩形梁	m2	1.模板及支架制作、安装、拆除、堆放、运输及清理模板内杂物、刷隔离剂等 2.其它说明：详见相关设计及规范要求	3200.27	可计量清单			52.03	166510.05			
	定	5-232 现浇混凝土模板 矩形梁 复合模板 钢支撑	100m2		32.0027				5203.3	166519.65	1.113	1.082	1.389
17		011702008001 圈梁	m2	1.模板及支架制作、安装、拆除、堆放、运输及清理模板内杂物、刷隔离剂等 2.其它说明：详见相关设计及规范要求	1215.75	可计量清单			59.33	72130.45			
	定	5-235 现浇混凝土模板 圈梁 直形 复合模板 钢支撑	100m2		12.1575				5933.06	72131.18	1.113	1.082	1.389

图 6-32　部分模板

图 6-33　垂直运输

2) 超高施工增加

建筑物超高增加人工、机械定额适用于单层建筑物檐高超过 20m，多层建筑物超过 6 层的项目。

外部清单中超高施工增加清单描述中檐高 78.6m，层数 27 层，因此定额选用建筑物檐高 80m 以内子目，如图 6-34 所示。

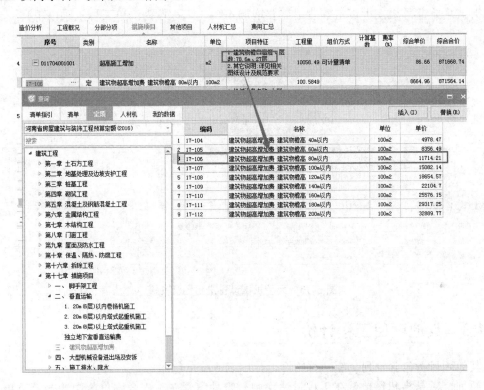

图 6-34　超高施工增加

4. 大型机械设备进出场及安拆

大型机械设备进出场及安拆费是指机械整体或者分体自停放场地运至施工现场或由一个施工地点运至另一个施工地点，所发生的机械进出场运输和转移费用，以及机械在施工现场进行安装、拆卸所需的人工费、材料费、机械费、试运转费和安装所需的辅助设施的费用。

外部清单大型机械设备进出场及安拆组价如图 6-35 所示，具体机械的选择是根据项目规模的大小进行的，外部清单项目檐高 78.6m，层数 27 层，因此需配备施工电梯、塔式起重机、挖掘机。确定了进场机械后，可进行定额套取，施工电梯涉及电梯基础、电梯安拆、电梯进出场三项定额子目，塔式起重机涉及起重机基础、起重机安拆、起重机进出场三项子目。

自升式塔式起重机安拆费是按塔高 45m 确定的，＞45m 且檐高≤200m，塔高每增加 10m，按相应定额增加费用 10%，尾数不足 10m 的，按 10m 计算。外部清单项目檐高 78.6m，因此自升式塔式起重机安拆费定额费用需要增加 40%，工程量为清单工程量乘以 1.4。

| 造价分析 | 工程概况 | 分部分项 | 措施项目 | 其他项目 | 人材机汇总 | 费用汇总 | | | | | | |

序号	类别	名称	单位	项目特征	工程量	组价方式	计算基数	费率(%)	综合单价	综合合价
35	⊟ 011705001001	大型机械设备进出场及安拆	台·次	1.机械设备名称:大型机械设备进出场及安拆(含配套基础) 2.建筑檐高:78.6m 3.机械设备规格型号:自行考虑 4.其它说明:详见相关设计及规范要求	1	可计量清单			117161.12	117161.12
	17-114	定	施工电梯 固定式基础	座		1				7916.66	7916.66
	17-113	定	塔式起重机 固定式基础(带配重)	座		1				8120	8120
	17-124	定	施工电梯安拆费 75m以内	台次		1				12839.64	12839.64
	17-116 *1.4	换	自升式塔式起重机安拆费 单价*1.4	台次		1				44792.85	44792.85
	17-147	定	进出场费 自升式塔式起重机	台次		1				28614.63	28614.63
	17-130	定	进出场费 履带式 挖掘机 1m3以外	台次		1				4566.63	4566.63
	17-149	定	进出场费 施工电梯 75m以内	台次		1				10310.71	10310.71

| 工料机显示 | 单价构成 | 标准换算 | 换算信息 | 特征及内容 | 工程量明细 | 反查图形工程量 | 说明信息 | 组价方案 |

	换算列表	换算内容
1	实际塔高(m)	45

图 6-35 大型机械设备进出场及安拆

6.1.3 其他项目工程计价

其他项目费包含暂列金额、暂估价、计日工、总承包服务费。

暂列金额是指建设单位在工程量清单中暂定并包含在工程合同价款中的一笔款项。用于施工合同签订时尚未确定或者不可预见的所需材料、工程设备、服务的采购，施工中可能发生的变更、合同约定调整因素出现时的工程价款调整，以及发生的索赔、现场签证确认等的费用。

计日工是指施工过程中，施工企业完成建设单位提出的施工图纸以外的零星项目或工作所需的费用。

总承包服务费是指总承包人为配合、协调建设单位进行的专业工程发包，对建设单位自行采购的材料、工程设备等进行保管以及施工现场管理、竣工资料汇总整理等服务所需的费用。

其他项目费可根据具体项目的实际情况进行计取，外部清单案例项目不计取，如图 6-36 所示。

	序号	名称	计算基数	费率(%)	金额	费用类别	不可竞争费	不计入合价	备注
1		**其他项目**			**0**				
2	1	暂列金额	暂列金额		0	暂列金额	☐	☐	
3	2	暂估价	专业工程暂估价		0	暂估价	☐	☐	
4	2.1	材料（工程设备）暂估价	ZGJCLKJ		0	材料暂估价	☐	☑	
5	2.2	专业工程暂估价	专业工程暂估价		0	专业工程暂估价	☐	☑	
6	3	计日工	计日工		0	计日工	☐	☐	
7	4	总承包服务费	总承包服务费		0	总承包服务费	☐	☐	

图6-36 其他项目

6.3 工 程 调 价

6.3.1 分部分项工程

1. 价格指数调整

工程造价指数是反映一定时期的工程造价相对于某一固定时期的工程造价变化程度的比值或比率。它反映了报告期与基建期相比的价格变动趋势，是调整工程造价价差的依据。它包括按单位或单项工程划分的造价指数，按工程造价构成要素划分的人工、材料、机械价格指数等。

价格指数调整.mp3

价格指数调整.mp4

扩展资源2.价差调整及造价指数的确定.doc

工程造价指数由各地区造价信息管理机构定期发布，河南省2020年1～6月价格指数如图6-37所示。

2020年1～6月价格指数

专业	人工费指数	机械人工费指数	管理费指数
房屋建筑与装饰工程	1.185	1.134	1.636
通用安装工程	1.189	1.134	1.705
市政工程	1.147	1.134	1.457
综合管廊工程	1.050	1.134	1.178
装配式建筑工程	1.071	1.134	1.200
绿色建筑工程	1.066	1.134	1.343

图6-37 河南省2020年1～6月价格指数

价格指数调整根据最新公布的人工费、机械人工费、管理费指数对工程造价进行调整，把最新的价格指数输入软件指定位置，如图 6-38 所示。

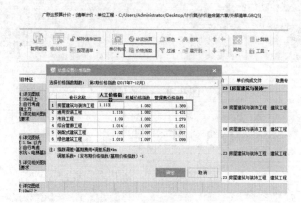

图 6-38　价格指数调整

2. 人材机中材料价格调整

清单定额套取完成后，在人材机汇总中可以看到人工、材料、机械的软件编码、名称、规格型号、数量、预算价、市场价、价差等信息。预算价是定额中价格，代表定额编制时的价格，我们需要根据最新的材料价格替换定额中的预算价，如图 6-39 所示。

	编码	类别	名称	规格型号	单位	数量	预算价	市场价	价格来源	市场价合计	价差	价差合计	供货方式
1	00010101	人	普工		工日	25176.021135	87.1	87.1		2192831.44	0	0	自行采购
2	00010102	人	一般技工		工日	46681.597265	134	134		6255334.03	0	0	自行采购
3	00010103	人	高级技工		工日	15335.922178	201	201		3082520.36	0	0	自行采购
4	01000106	材	型钢	综合	t	0.344748	3415	3716.81	郑州信息价(2020年04月)	1281.36	301.81	104.05	自行采购
5	01010101	材	钢筋	HPB300 φ10以内	kg	29188.9422	3.5	3.425	郑州信息价(2020年04月)	99972.13	-0.075	-2189.17	自行采购
6	01010165	材	钢筋	综合	kg	73.047147	3.4	3.4		248.36	0	0	自行采购
7	01010177	材	钢筋	φ10以内	kg	418.891359	3.5	3.425	郑州信息价(2020年04月)	1434.7	-0.075	-31.42	自行采购
8	01010179	材	钢筋	φ10以外	kg	387	3.4	3.35	郑州信息价(2020年04月)	1296.45	-0.05	-19.35	自行采购
9	01010210	材	钢筋	HRB400以内 φ10以内	kg	576709.02	3.4	3.558	郑州信息价(2020年04月)	2051930.69	0.158	91120.03	自行采购
10	01010211	材	钢筋	HRB400以内 φ12~φ18	kg	411550.625	3.5	3.458	郑州信息价(2020年04月)	1423142.75	-0.042	-17285.13	自行采购
11	01010212	材	钢筋	HRB400以内 φ20~φ25	kg	135581.875	3.4	3.458	郑州信息价(2020年04月)	468842.12	0.058	7863.75	自行采购
12	01030701	材	镀锌铁丝	综合	kg	105	6.56	3.717	郑州信息价(2020年04月)	390.29	-2.843	-298.52	自行采购
13	01030727	材	镀锌铁丝	φ0.7	kg	6073.531378	5.95	3.717	郑州信息价(2020年04月)	22575.32	-2.233	-13562.2	自行采购
14	01030755	材	镀锌铁丝	φ4.0	kg	4960.595252	5.18	3.717	郑州信息价(2020年04月)	18438.53	-1.463	-7257.35	自行采购
15	01050111	材	钢丝绳		kg	1.339245	7.73	3.504	郑州信息价(2020年04月)	4.69	-4.226	-5.66	自行采购
16	01050156	材	钢丝绳	φ6	m	408.148068	3.1	3.1		1265.26	0	0	自行采购
17	01050166	材	钢丝绳	φ12	kg	3.38496	7.73	3.504	郑州信息价(2020年04月)	11.86	-4.226	-14.3	自行采购
18	01050171	材	钢丝绳	φ12.5	kg	319.017881	8.58	8.58		2737.17	0	0	自行采购
19	01050301	材	纯风绳	φ6	kg	0.342849	8.35	8.35		2.86	0	0	自行采购
20	01090101	材	圆钢	综合	t	21.38358	3060	3893.81	郑州信息价(2020年04月)	83263.6	833.81	17829.84	自行采购
21	01090113	材	圆钢	φ10~14	kg	77.1336	3.25	3.35		258.4	0.1	7.71	自行采购
22	01090123	材	圆钢	φ15~24	kg	3064.519858	3.39	3.39		10388.72	0	0	自行采购
23	01130101	材	扁钢	综合	kg	613.439727	2.86	2.86		1754.44	0	0	自行采购
24	01090156	材	槽钢	18#以外	kg	15712.482977	3.4	3.4		53422.44	0	0	自行采购
25	01290283	材	中厚钢板	综合	t	0.715452	3390	3761.06	郑州信息价(2020年04月)	2690.86	371.06	265.48	自行采购

图 6-39　人材机中材料价格调整

软件中的材料价格分为三种来源：①信息价；②市场价；③专业测定价。信息价是政府造价主管部门根据各类典型工程材料用量和社会供货量，通过市场调研并经过加权平均计算得到的平均价格，属于社会平均价格，并且对外公布的价格。市场价是供应商提供的材料的价格。专业测定价是专家结合大数据综合分析得出的价格。这三种价格进行替换时，首先要选择信息价，如果信息价没有，可自行选择市场价或专业测定价。

价格调整有三种方式，即批量载价、依次调价、统一调价。

1）批量载价

批量载价是通过软件的载价功能进行统一价格调整，可以自行选择按照哪一种或多种价格来源进行统一替换，如图6-40所示。

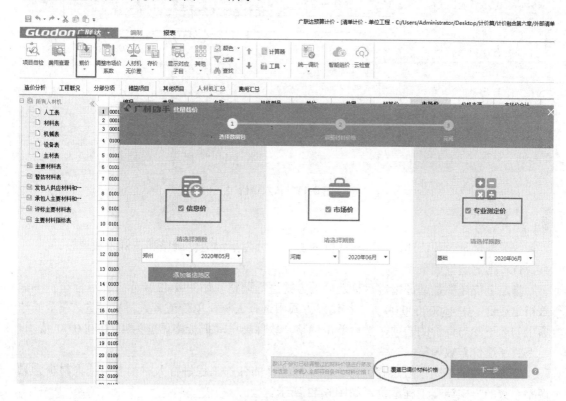

图6-40　批量载价

2）依次调价

依次调价是手动调价，把人材机汇总表中的所有需要调整的人、材、机依次进行价格调整，如图6-41所示，调整完成后人材机汇总会出现价格来源，显示价格是信息价、市场价或者专业测定价。

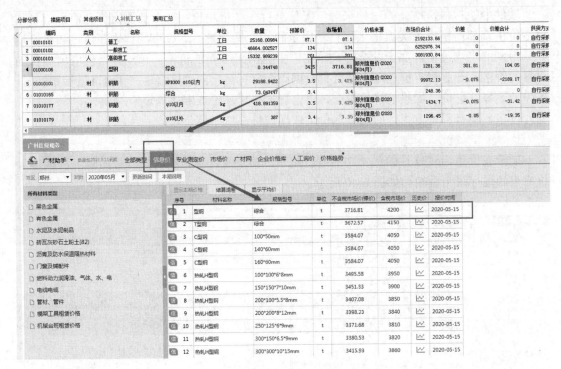

图 6-41　依次调价

3. 统一调价

统一调价是一种快速调整工程造价的方式，分为指定造价调整和造价系数调整。

1)　指定造价调整

指定造价调整是通过指定目标造价的方式进行调整。如图 6-42 所示，在目标造价中输入指定造价，如 45000000.00 元，在调整方式中选择人材机单价或者人材机含量，在全局选项中勾选不参与调价的选项，然后单击调整，软件会自动把价格调整为 45000000.00 元。

2)　造价系数调整

造价系数调整是通过选择分部工程，对选择的分部工程进行人材机单价或人材机含量调整系数的方式调整工程造价，如图 6-43 所示。

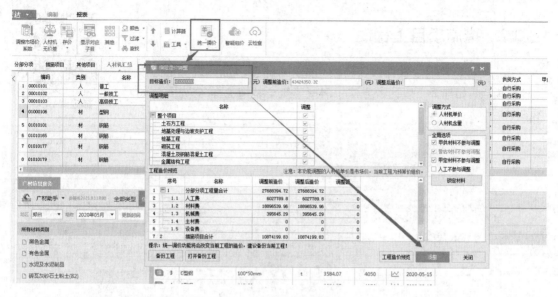

图 6-42　指定造价调整

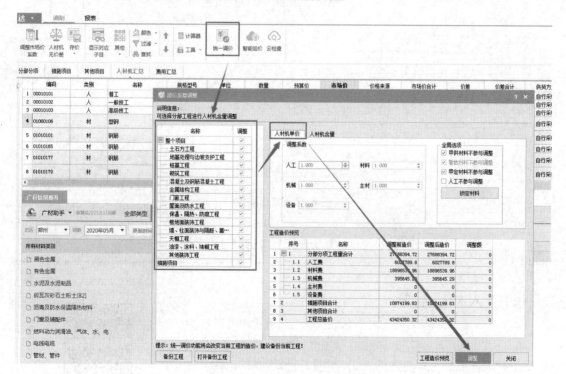

图 6-43　造价系数调整

6.3.2 措施项目工程

措施项目可以通过软件载入模板功能，在选择界面，选择措施项目计价模板，如选择一般计税方法中房屋建筑与装饰工程(全费用)，如图 6-44 所示。

措施费.mp3

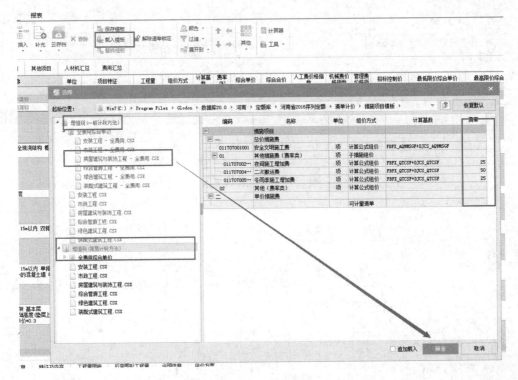

图 6-44　措施项目

6.4　人材机与费用汇总

6.4.1 人材机汇总

1. 所有人才机(部分)

所有人才机是工程包含的人工、材料、机械设备的汇总，表中显示编码、名称、规格型号、单位、数量、预算价、市

人材机汇总和甲供材设置.mp4

场价、价格来源等数据。调整过价格的人材机市场价一栏中字体颜色会变化，市场价高于预算价显示红色，市场价低于预算价显示绿色，如图6-45所示。

	编码	类别	名称	规格型号	单位	数量	预算价	市场价	价格来源	市场价合计	价差	价差合计	供货方式
1	00010101	人	普工		工日	25168.010391	87.1	87.1		2192133.71	0	0	自行采购
2	00010102	人	一般技工		工日	46664.003488	134	134		6252976.47	0	0	自行采购
3	00010103	人	高级技工		工日	15332.990475	201	201		3081931.09	0	0	自行采购
4	01000106	材	型钢	综合	t	0.344748	3415	3716.81	郑州信息价(2020年04月)	1281.36	301.81	104.05	自行采购
5	01010101	材	钢筋	HPB300 φ10以内	kg	29188.9422	3.5	3.425	郑州信息价(2020年04月)	99972.13	-0.075	-2189.17	自行采购
6	01010165	材	钢筋	综合	kg	73.047147	3.4	3.4		248.36	0	0	自行采购
7	01010177	材	钢筋	φ10以内	kg	418.891359	3.5	3.425	郑州信息价(2020年04月)	1434.7	-0.075	-31.42	自行采购
8	01010179	材	钢筋	φ10以外	kg	387	3.4	3.35	郑州信息价(2020年04月)	1296.45	-0.05	-19.35	自行采购
9	01010210	材	钢筋	HRB400内 φ10以内	kg	576709.02	3.4	3.558	郑州信息价(2020年04月)	2051930.69	0.158	91120.03	自行采购
10	01010211	材	钢筋	HRB400以内 φ12~φ18	kg	411550.825	3.5	3.458	郑州信息价(2020年04月)	1423142.75	-0.042	-17285.13	自行采购
11	01010212	材	钢筋	HRB400以内 φ20~φ25	kg	135581.875	3.4	3.458	郑州信息价(2020年04月)	468842.12	0.058	7863.75	自行采购
12	01030701	材	镀锌铁丝	综合	kg	105	6.56	3.717	郑州信息价(2020年04月)	390.29	-2.843	-298.52	自行采购
13	01030727	材	镀锌铁丝	φ0.7	kg	6073.531378	5.95	3.717	郑州信息价(2020年04月)	22575.32	-2.233	-13562.2	自行采购
14	01030755	材	镀锌铁丝	φ4.0	kg	4960.595252	5.18	3.717	郑州信息价(2020年04月)	18438.53	-1.463	-7257.35	自行采购
15	01050111	材	钢丝绳		kg	1.339245	7.73	3.504	郑州信息价(2020年04月)	4.69	-4.226	-5.66	自行采购
16	01050156	材	钢丝绳	φ8	m	408.148068	3.1	3.1		1265.26	0	0	自行采购
17	01050166	材	钢丝绳	φ12	kg	3.38496	7.73	3.504	郑州信息价(2020年04月)	11.86	-4.226	-14.3	自行采购
18	01050171	材	钢丝绳	φ12.5	m	319.017881	8.58	8.58		2737.17	0	0	自行采购
19	01050301	材	缆风绳	φ8	kg	0.342849	8.35	8.35		2.86	0	0	自行采购
20	01090101	材	圆钢	综合	t	21.38358	3060	3893.81	郑州信息价(2020年04月)	83263.6	833.81	17829.84	自行采购
21	01090121	材	圆钢	φ10~14	kg	77.1336	3.25	3.35		258.4	0.1	7.71	自行采购
22	01090123	材	圆钢	φ15~24	kg	3064.519858	3.39	3.39		10388.72	0	0	自行采购
23	01130101	材	扁钢	综合	kg	613.439727	2.86	2.86		1754.44	0	0	自行采购
24	01190156	材	槽钢	18#以外	kg	15712.482977	3.4	3.4		53422.44	0	0	自行采购
25	01290283	材	中厚钢板	综合	t	0.715452	3390	3761.06	郑州信息价(2020年04月)	2690.86	371.06	265.48	自行采购

显示绿色

显示红色

图6-45 所有人才机表

(1) 人工表。人工表如图6-46所示。

	编码	类别	名称	规格型号	单位	数量	预算价	市场价	价格来源	市场价合计	价差	价差合计	供货方式
1	00010101	人	普工		工日	25168.00984	87.1	87.1		2192133.66	0	0	自行采购
2	00010102	人	一般技工		工日	46664.002527	134	134		6252976.34	0	0	自行采购
3	00010103	人	高级技工		工日	15332.989239	201	201		3081930.84	0	0	自行采购

分部分项　措施项目　其他项目　人材机汇总　费用汇总

图6-46 人工表

(2) 材料表。材料表如图6-47所示。

(3) 机械表。机械表如图6-48所示。图中灰色表示二次分析成的机械价格，不能调整，是根据已调整过的人材机价格二次分析而成的价格。

2. 主要材料表

主要材料表如图6-49所示。

| 分部分项 | 措施项目 | 其他项目 | 人材机汇总 | 费用汇总 |

	编码	类别	名称	规格型号	单位	数量	预算价	市场价	价格来源	市场价合计	价差	价差合计	供货方式
1	01000106	材	型钢	综合	t	0.344748	3415	3716.81		1281.36	301.81	104.05	自行采购
2	01010101	材	钢筋	HPB300 φ10以内	kg	29188.9422	3.5	3.425	郑州信息价(2020年04月)	99972.13	-0.075	-2189.17	自行采购
3	01010165	材	钢筋	综合	kg	73.047147	3.4	3.4		248.36	0	0	自行采购
4	01010177	材	钢筋	φ10以内	kg	418.891359	3.5	3.425	郑州信息价(2020年04月)	1434.7	-0.075	-31.42	自行采购
5	01010179	材	钢筋	φ10以外	kg	387	3.4	3.35	郑州信息价(2020年04月)	1296.45	-0.05	-19.35	自行采购
6	01010210	材	钢筋	HRB400以内 φ10以内	kg	576709.02	3.4	3.558	郑州信息价(2020年04月)	2051930.69	0.158	91120.03	自行采购
7	01010211	材	钢筋	HRB400以内 φ12~φ18	kg	411550.825	3.5	3.458	郑州信息价(2020年04月)	1423142.75	-0.042	-17285.13	自行采购
8	01010212	材	钢筋	HRB400以内 φ20~φ25	kg	135581.875	3.4	3.458	郑州信息价(2020年04月)	468842.12	0.058	7863.75	自行采购
9	01030701	材	镀锌铁丝	综合	kg	105	6.56	3.717		390.29	-2.843	-298.52	自行采购
10	01030727	材	镀锌铁丝	φ0.7	kg	6073.531378	5.95	3.717		22575.32	-2.233	-13562.2	自行采购
11	01030755	材	镀锌铁丝	φ4.0	kg	4960.595252	5.18	3.717		18438.53	-1.463	-7257.35	自行采购
12	01050111	材	钢丝绳		kg	1.339245	7.73	3.504		4.69	-4.226	-5.66	自行采购
13	01050156	材	钢丝绳	φ8	m	408.148068	3.1	3.1		1265.26	0	0	自行采购
14	01050166	材	钢丝绳	φ12	m	3.38496	7.73	3.504		11.86	-4.226	-14.3	自行采购
15	01050171	材	钢丝绳	φ12.5	m	319.017881	8.58	8.58		2737.17	0	0	自行采购
16	01050301	材	纸风绳	φ8	kg	0.342849	8.35	8.35		2.86	0	0	自行采购
17	01090101	材	圆钢	综合	t	21.38358	3060	3893.81	郑州信息价(2020年04月)	83263.6	833.81	17829.84	自行采购
18	01090121	材	圆钢	φ10~14	kg	77.1336	3.25	3.35		258.4	0.1	7.71	自行采购
19	01090123	材	圆钢	φ15~24	kg	3064.519858	3.39	3.39		10388.72	0	0	自行采购
20	01130101	材	扁钢	综合	kg	613.439727	2.86	2.86		1754.44	0	0	自行采购
21	01190156	材	槽钢	18#以外	kg	15712.48297T	3.4	3.4		53422.44	0	0	自行采购
22	01290283	材	中厚钢板	综合	t	0.715452	3390	3761.06	郑州信息价(2020年04月)	2690.86	371.06	265.48	自行采购
23	01610107	材	止水钢板(成品)3*400mm		m	174.51	35	35		6107.85	0	0	自行采购
24	01610111	材	金属材料(瓶钢)		kg	456.072314	3.5	3.5		1596.25	0	0	自行采购
25	01610126	材	金属周转材料		kg	936.962781	4.58	4.58		4291.29	0	0	自行采购
26	01610506	材	铸铁楔		g	42.602272	0.46	0.46		19.6	0	0	自行采购
27	02050536	材	密封圈		个	34.31781	5	5		171.59	0	0	自行采购
28	02090101	材	塑料薄膜		m2	29821.170875	0.26	0.26		7753.5	0	0	自行采购

图 6-47　材料表

	编码	类别	名称	规格型号	单位	数量	预算价	市场价	价格来源	市场价合计	价差	价差合计	供货方式
1	00010100	机	机械人工		工日	3915.303814	134	134		524650.71	0	0	自行采购
2	14030106-1	机	柴油		kg	12390.966871	6.94	6.94		85993.31	0	0	自行采购
3	34110103-1	机	电		kw·h	269166.220703	0.7	0.7		188416.35	0	0	自行采购
4	34110103-2	机	电		kw·h	76.271501	0.7	0.7		53.39	0	0	自行采购
5	50000	机	折旧费		元	275101.476568	0.85	0.85		233836.26	0	0	自行采购
6	50010	机	检修费		元	58911.451227	0.85	0.85		50074.73	0	0	自行采购
7	50020	机	维护费		元	134552.386594	0.85	0.85		114369.53	0	0	自行采购
8	50030	机	安拆费及场外运费		元	36408.67299T	0.9	0.9		32767.81	0	0	自行采购
9	50060	机	其他费		元	2567.30634	1	1		2567.31	0	0	自行采购
10	50080	机	校验费		元	1070.604379	0.85	0.85		910.01	0	0	自行采购
11	990619010	机	布料机		台班	7.371974	550	550		4054.59	0	0	自行采购
12	990788210	机	金属面抛光机		台班	8.6904	11.23	11.23		97.59	0	0	自行采购
13	990803021	机	电动多级离心清水泵停滞	φ100	台班	70.912355	9.66	9.66		685.01	0	0	自行采购
14	99460112	机	其他机械降效		元	2008.255608	1	1		2008.26	0	0	自行采购
15	99460114	机	回程费		元	4895.2175	1	1		4895.22	0	0	自行采购
16	99460114B	机	回程费(占机械费)		元	1659.3375	1	1		1659.34	0	0	自行采购
17	873160102	机	打洪机(一般)	最大夯实距离50m	台班	863.390609	4.14	4.14		3574.44	0	0	自行采购
18	990101015	机	履带式推土机	功率75kW	台班	4.36222	857	857		3738.62	0	0	自行采购
19	990108059	机	履带式单斗液压挖掘机	斗容量1.6	台班	4.790442	1149.61	1149.61		5508.54	0	0	自行采购
20	990108079	机	履带式单斗液压挖掘机	斗容量2.5	台班	0.5	1492.04	1492.04		746.02	0	0	自行采购

图 6-48　机械表

3. 主要材料指标表

主要材料指标表如图 6-50 所示。

| 分部分项 | 措施项目 | 其他项目 | 人材机汇总 | 费用汇总 |

顺序号	编码	类别	名称	规格型号	单位	数量	供货方式	甲供数量	预算价	市场价	市场价合计	市场价锁定	价差	价差合计	输出标记
1	01010210	材	钢筋	HRB400以内 φ***	kg	576709.02	自行采购		3.4	3.558	2051930.69	□	0.158	91120.03	☑
2	01010211	材	钢筋	HRB400以内 φ***	kg	411550.825	自行采购		3.5	3.458	1423142.75	□	-0.042	-17285.13	☑
3	01010212	材	钢筋	HRB400以内 φ***	kg	135581.875	自行采购		3.4	3.458	468842.12	□	0.058	7863.75	☑
4	05030105	材	板方材		m3	490.552008	自行采购		2100	2100	1030159.22	□	0	0	☑
5	09270116	材	玻璃纤维网格布(耐碱)		m2	143168.47469	自行采购		2.05	2.05	293495.37	□	0	0	☑
6	11010141	材	单扇套装平开实木门		樘	754	自行采购		1250	1250	942500	□	0	0	☑
7	1109020601	材	隔热断桥铝合金飘凸窗平开(含中空玻璃)	推拉窗	m2	1081.2	自行采购		535.5	535.5	578982.6	□	0	0	☑
8	11110111	材	塑钢推拉门		m2	1432.821312	自行采购		187.72	154.87	221901.04	□	-32.85	-47068.18	☑
9	11230144	材	保温门		m2	453.6	自行采购		480	480	217728	□	0	0	☑
10	35010101	材	复合模板		m2	22757.194375	自行采购		37.12	37.12	844747.06	□	0	0	☑
11	80070256	材	聚合物抗裂砂浆		kg	451086.2125	自行采购		1.75	1.75	789400.87	□	0	0	☑
12	80070631	材	沥青珍珠岩浆		m3	1113.352856	自行采购		650	650	723679.23	□	0	0	☑
13	80230806	材	蒸压粉煤灰加气混凝土砌块	600*190*240	m3	2309.15904	自行采购		235	235	542652.37	□	0	0	☑
14	80210555T	商砼	预拌混凝土	C20	m3	804.696976	自行采购		260	475.73	382818.49	□	215.73	173597.28	☑
15	80210559	商砼	预拌混凝土	C25	m3	2265.248705	自行采购		260	490.29	1110628.79	□	230.29	521664.12	☑
16	80210561	商砼	预拌混凝土	C30	m3	6937.535665	自行采购		260	504.85	3502414.88	□	244.85	1699655.61	☑
17	8021056102	商砼	预拌混凝土抗渗p8	C30	m3	1677.1858	自行采购		260	504.85	846727.25	□	244.85	410658.94	☑
18	80210565	商砼	预拌混凝土	C40	m3	1212.630975	自行采购		260	524.27	635746.04	□	264.27	320461.99	☑
19	8021056501	商砼	预拌混凝土	C35	m3	622.5513	自行采购		260	524.27	326384.97	□	264.27	164521.63	☑
20	80210T01	商砼	预拌细石混凝土	C20	m3	826.940833	自行采购		260	475.73	393400.56	□	215.73	178395.95	☑

图 6-49　主要材料表

	编码	类别	名称	规格型号	单位	数量	市场价	市场价合计	主要材料系数
1	⊟		钢筋			1178.13			
2	01010101	材料费	钢筋	HPB300 φ10以内	kg	29188.9422	3.425	99972.13	0.001
3	01010165	材料费	钢筋	综合	kg	73.047147	3.4	248.36	0.001
4	01010179	材料费	钢筋	φ10以外	kg	387	3.35	1296.45	0.001
5	01010210	材料费	钢筋	HRB400以内 φ10***	kg	576709.02	3.558	2051930.69	0.001
6	01010211	材料费	钢筋	HRB400以内 φ12***	kg	411550.825	3.458	1423142.75	0.001
7	01010212	材料费	钢筋	HRB400以内 φ20***	kg	135581.875	3.458	468842.12	0.001
8	01090101	材料费	圆钢	综合	t	21.38358	3893.81	83263.6	1
9	01090121	材料费	圆钢	φ10~14	kg	77.1336	3.35	258.4	0.001
10	01090123	材料费	圆钢	φ15~24	kg	3064.519858	3.39	10388.72	0.001
11	17010121	材料费	钢管		kg	116.426348	3.54	412.15	0.001
12	⊟		木材		m3	492.99			
13	05000020	材料费	木材(成材)		m3	0.2274	2500	568.5	1
14	05010156	材料费	原木		m3	2.214912	1280	2835.09	1
15	05030105	材料费	板方材		m3	490.552008	2100	1030159.22	1
16			砂		m3	0			
17	⊟		石		m3	213.07			
18	04050127	材料费	碎石	10	m3	213.07171	52	11079.73	1
19			水泥		t	0			
20	⊟		砖		千块	1.14			
21	04130141	材料费	烧结煤矸石普通砖	240*115*53	千块	1.141218	398.23	454.47	1
22	⊟		商品混凝土		m3	12638.53			
23	80210555	材料费	预拌混凝土	C15	m3	126.9267	451.46	57302.33	1
24	80210555T	材料费	预拌混凝土	C20	m3	804.696976	475.73	382818.49	1
25	80210559	材料费	预拌混凝土	C25	m3	2265.248705	490.29	1110628.79	1
26	80210561	材料费	预拌混凝土	C30	m3	6937.535665	504.85	3502414.88	1
27	8021056102	材料费	预拌混凝土抗渗p8	C30	m3	1677.1858	504.85	846727.25	1
28	80210701	材料费	预拌细石混凝土	C20	m3	826.940833	475.73	393400.56	1

图 6-50　主要材料指标表

6.4.2　费用汇总

　　费用汇总中分为不含税工程造价合计和含税工程造价合计。不含税工程造价合计包括分部分项工程费、措施项目费、其他项目费、规费。含税工程造价合计包括不含税工程造价合计、税金。外部清单项目的费用汇总如图6-51所示。

	序号	费用代号	名称	计算基数	基数说明	费率(%)	金额	费用类别	备注	输出
1	1	A	分部分项工程	FBFXHJ	分部分项合计		27,688,394.72	分部分项工程费		☑
2	2	B	措施项目	CSXMHJ	措施项目合计		10,874,199.83	措施项目费		☑
3	2.1	B1	其中: 安全文明施工费	AQWMSGF	安全文明施工费		1,029,280.38	安全文明施工费		☑
4	2.2	B2	其他措施费 (费率类)	QTCSF + QTF	其他措施费+其他(费率类)		473,582.77	其他措施费		☑
5	2.3	B3	单价措施费	DJCSHJ	单价措施合计		9,371,336.68	单价措施费		☑
6	3	C	其他项目	C1 + C2 + C3 + C4 + C5	其中:1)暂列金额+2)专业工程暂估价+3)计日工+4)总承包服务费+5)其他		0.00	其他项目费		☑
7	3.1	C1	其中: 1) 暂列金额	ZLJE	暂列金额		0.00	暂列金额		☑
8	3.2	C2	2) 专业工程暂估价	ZYGCZGJ	专业工程暂估价		0.00	专业工程暂估价		☑
9	3.3	C3	3) 计日工	JRG	计日工		0.00	计日工		☑
10	3.4	C4	4) 总承包服务费	ZCBFWF	总承包服务费		0.00	总包服务费		☑
11	3.5	C5	5) 其他				0.00			☑
12	4	D	规费	D1 + D2 + D3	定额规费+工程排污费+其他		1,276,258.95	规费	不可竞争费	☑
13	4.1	D1	定额规费	FBFX_GF + DJCS_GF	分部分项规费+单价措施规费		1,276,258.95	定额规费		☑
14	4.2	D2	工程排污费				0.00	工程排污费	据实计取	☑
15	4.3	D3	其他				0.00			☑
16	5	E	不含税工程造价合计	A + B + C + D	分部分项工程+措施项目+其他项目+规费		39,838,853.50			☑
17	6	F	增值税	E	不含税工程造价合计	9	3,585,496.82	增值税	一般计税方法	☑
18	7	G	含税工程造价合计	E + F	不含税工程造价合计+增值税		43,424,350.32	工程造价		☑

图 6-51　外部清单项目的费用汇总

6.5　造价分析

造价分析是对工程总造价进行分析,通过建筑面积计算出工程单方造价,总造价包括分部分项工程费中人材机的费用、措施项目费、其他项目费、规费、税金。

造价分析的作用是对设计预算与竣工决算进行对比,运用成本分析的方法,分析各项资金运用情况,核实预算是否与实际接近,能否控制成本分析的目的是总结经验,找出差距和原因,为改进以后工作提供依据。外部清单项目的造价分析如图 6-52 所示。

扩展资源 3.工程造价计算
六个步骤.doc

	名称	内容
1	工程总造价(小写)	43,424,351.05
2	工程总造价(大写)	肆仟叁佰肆拾贰万肆仟叁佰伍拾壹元…
3	单方造价	1720.09
4	分部分项工程费	27688395.39
5	其中:人工费	6027790.14
6	材料费	18896540.29
7	机械费	395645.29
8	主材费	0
9	设备费	0
10	管理费	1470887.8
11	利润	897576.34
12	措施项目费	10874199.83
13	其他项目费	
14	规费	1276258.95
15	增值税	3585496.88

图 6-52　外部清单项目的造价分析

6.6 报 表 汇 总

1. 工程量清单费扉页

工程量清单费扉页如图 6-53 所示。

_____ 单位工程 _____ 工程

招 标 工 程 量 清 单

招 标 人： _____   造价咨询人： _____
　　　　　　　（单位盖章）　　　　　　　　　　　　　　　　　（单位资质专用章）

法定代表人　　　　　　　　　　　　　　法定代表人
或其授权人： _____   或其授权人： _____
　　　　　　　（签字或盖章）　　　　　　　　　　　　　　　　（签字或盖章）

编 制 人： _____   复 核 人： _____
　　　　　（造价人员签字盖专用章）　　　　　　　　　　　（造价工程师签字盖专用章）

编 制 时 间：　 年　月　日　　　 复 核 时 间：　 年　月　日

图 6-53　工程量清单费扉页

2. 综合单价分析表

(1) 砖基础综合单价分析表：砖基础综合单价分析表如图 6-54 所示。

综合单价分析表

工程名称：单位工程　　　　　　　　　　　　　　　　　标段：　　　　　　　　　　　　　　　　　第 10 页　共 207 页

项目编码		010401001001		项目名称		砖基础	计量单位	m³	工程量	1.32
清单综合单价组成明细										
定额编号	定额项目名称	定额单位	数量	单价（元）				合价（元）		
				人工费	材料费	机械费	管理费和利润	人工费	材料费	机械费	管理费和利润
4-1 H800107 31 80010741	砖基础 换为【预拌砌筑砂浆（干拌）DM M5】	10 m³	0.1	1041.09	2829	50.02	400.32	104.11	262.9	5	40.03
人工单价		小计						104.11	262.9	5	40.03
105.86元/工日		未计价材料费									
清单项目综合单价								412.04			
材料费明细	主要材料名称、规格、型号				单位	数量	单价（元）	合价（元）		暂估单价（元）	暂估合价（元）
	其他材料费							210.12			
	材料费小计							210.12			

注：1. 如不使用省级或行业建设主管部门发布的计价依据，可不填定额编号、名称等。
　　2. 招标文件提供了暂估单价的材料，按暂估的单价填入表内"暂估单价"栏及"暂估合价"栏。

表-09

图 6-54　砖基础综合单价分析表

(2) 零星砌体综合单价分析表：零星砌体综合单价分析表如图 6-55 所示。

(3) 砌块墙综合单价分析表：砌块墙综合单价分析表如图 6-56 所示。

(4) 墙面一般抹灰综合单价分析表：墙面一般抹灰综合单价分析表如图 6-57 所示。

(5) 单项脚手架综合单价分析表：单项脚手架综合单价分析表如图 6-58 所示。

3. 总价措施项目清单与计价表

总价措施项目清单与计价表如图 6-59 所示。

4. 其他项目清单与计价汇总表

其他项目清单与计价汇总表如图 6-60 所示。

综合单价分析表

项目编码		010401012001		项目名称			零星砌体	计量单位		m³	工程量		0.81
清单综合单价组成明细													
定额编号	定额项目名称	定额单位	数量	单价（元）				合价（元）					
				人工费	材料费	机械费	管理费和利润	人工费	材料费	机械费	管理费和利润		
4-32	零星砌体 普通砖	10m³	0.1	1981.68	2587.41	44.59	764.05	198.17	258.74	4.46	76.41		
人工单价		小计						198.17	258.74	4.46	76.41		
104.26元/工日		未计价材料费											
清单项目综合单价								537.76					
材料费明细	主要材料名称、规格、型号			单位	数量	单价（元）	合价（元）	暂估单价（元）	暂估合价（元）				
	其他材料费						220.18						
	材料费小计						220.18						

注：1. 如不使用省级或行业建设主管部门发布的计价依据，可不填定额编号、名称等。
2. 招标文件提供了暂估单价的材料，按暂估的单价填入表内"暂估单价"栏及"暂估合价"栏。

表-09

图 6-55 零星砌体综合单价分析表

综合单价分析表

项目编码		010402001001		项目名称			砌块墙	计量单位		m³	工程量		2260.84
清单综合单价组成明细													
定额编号	定额项目名称	定额单位	数量	单价（元）				合价（元）					
				人工费	材料费	机械费	管理费和利润	人工费	材料费	机械费	管理费和利润		
4-45 H80010 7318001074 1	蒸压加气混凝土砌块 墙厚≤200mm 砂浆 换为【预拌砌块砂浆（干拌）DM M5】	10m³	0.1	1022.77	2463.09	14.8	394.75	102.28	246.31	1.48	39.48		
人工单价		小计						102.28	246.31	1.48	39.48		
103.76元/工日		未计价材料费											
清单项目综合单价								389.54					
材料费明细	主要材料名称、规格、型号			单位	数量	单价（元）	合价（元）	暂估单价（元）	暂估合价（元）				
	蒸压粉煤灰加气混凝土砌块 600*190*240			m3	0.977	235	229.6						
	其他材料费						1.09						
	材料费小计						230.7						

注：1. 如不使用省级或行业建设主管部门发布的计价依据，可不填定额编号、名称等。
2. 招标文件提供了暂估单价的材料，按暂估的单价填入表内"暂估单价"栏及"暂估合价"栏。

表-09

图 6-56 砌块墙综合单价分析表

综合单价分析表

工程名称：单位工程							标段：					第 154 页 共 207 页		
项目编码	011201001007		项目名称			墙面一般抹灰/外墙1		计量单位		m²		工程量		14645.31
清单综合单价组成明细														
定额编号	定额项目名称	定额单位	数量	单价（元）				合价（元）						
				人工费	材料费	机械费	管理费和利润	人工费	材料费	机械费	管理费和利润			
12-2 换	墙面抹灰 一般抹灰 外墙 (14+6)mm 实际厚度(mm):15 换为【预拌水泥砂浆 1:3】	100m²	0.01	2108.24	388.03	60.64	744.24	21.08	3.88	0.61	7.44			
10-83 + 10-84	抗裂保护层 耐碱网格布抗裂砂浆 厚度4mm 实际厚度(mm):5	100m²	0.01	1348.98	1936.8		408.28	13.49	19.37		4.08			
人工单价			小计					34.57	23.25	0.61	11.52			
115.7元/工日			未计价材料费											
清单项目综合单价								69.95						
材料费明细	主要材料名称、规格、型号				单位	数量	单价（元）	合价（元）		暂估单价（元）	暂估合价（元）			
	聚合物抗裂砂浆				kg	8.25	1.75	14.44						
	玻璃纤维网格布(耐碱)				m²	2.297	2.05	4.71						
	其他材料费							0.27						
	材料费小计							19.42						

注：1. 如不使用省级或行业建设主管部门发布的计价依据，可不填定额编号、名称等。
2. 招标文件提供了暂估单价的材料，按暂估的单价填入表内"暂估单价"栏及"暂估合价"栏。

表-09

图 6-57 墙面一般抹灰综合单价分析表

综合单价分析表

工程名称：单位工程							标段：					第 180 页 共 207 页		
项目编码	011701002002		项目名称			外脚手架		计量单位		m²		工程量		198.53
清单综合单价组成明细														
定额编号	定额项目名称	定额单位	数量	单价（元）				合价（元）						
				人工费	材料费	机械费	管理费和利润	人工费	材料费	机械费	管理费和利润			
17-49 ×0.3	单项脚手架 外脚手架 15m以内 双排 装拆脚手架 单价×0.3	100m²	0.01	214.97	189.02	25.75	101.04	2.15	1.89	0.26	1.01			
人工单价			小计					2.15	1.89	0.26	1.01			
102.88元/工日			未计价材料费											
清单项目综合单价								5.31						
材料费明细	主要材料名称、规格、型号				单位	数量	单价（元）	合价（元）		暂估单价（元）	暂估合价（元）			
	其他材料费							1.8						
	材料费小计							1.81						

注：1. 如不使用省级或行业建设主管部门发布的计价依据，可不填定额编号、名称等。
2. 招标文件提供了暂估单价的材料，按暂估的单价填入表内"暂估单价"栏及"暂估合价"栏。

表-09

图 6-58 单项脚手架综合单价分析表

总价措施项目清单与计价表

工程名称：单位工程　　　　　　　　　标段：单项工程　　　　　　　　　第1页 共1页

序号	项目编码	项目名称	计 算 基 础	费率(%)	金 额(元)	调整费率(%)	调整后金额(元)	备 注
1	011707001001	安全文明施工费	分部分项安全文明施工费+单价措施安全文明施工费					
2		其他措施费（费率类）						
2.1	011707002001	夜间施工增加费	分部分项其他措施费+单价措施其他措施费					
2.2	011707004001	二次搬运费	分部分项其他措施费+单价措施其他措施费					
2.3	011707005001	冬雨季施工增加费	分部分项其他措施费+单价措施其他措施费					
3		其他（费率类）						

图 6-59　总价措施项目清单与计价表

其他项目清单与计价汇总表

工程名称：单位工程　　　　　　　　　标段：单项工程　　　　　　　　　第1页 共1页

序号	项 目 名 称	金 额(元)	结算金额(元)	备 注
1	暂列金额			明细详见表12-1
2	暂估价			
2.1	材料（工程设备）暂估价			明细详见表12-2
2.2	专业工程暂估价			明细详见表12-3
3	计日工			明细详见表12-4
4	总承包服务费			明细详见表12-5

图 6-60　其他项目清单与计价汇总表

5. 主要材料价格表

主要材料价格表如图 6-61 所示。

主要材料价格表

工程名称：单位工程   第 1 页 共 1 页

序号	材料编码	材料名称	规格.型号等特殊要求	单位	数 量	单价(元)	合 价(元)
1	01010210	钢筋	HRB400以内 ϕ10以内	kg	576709.02		
2	01010211	钢筋	HRB400以内 ϕ12～ϕ18	kg	411550.825		
3	01010212	钢筋	HRB400以内 ϕ20～ϕ25	kg	135581.875		
4	05030105	板方材		m³	490.552008		
5	09270116	玻璃纤维网格布(耐碱)		m²	143168.47469		
6	11010141	单扇套装平开实木门		樘	754		
7	11090206@1	隔热断桥铝合金飘凸窗平开(含中空玻璃)	推拉窗	m²	1081.2		
8	11110111	塑钢推拉门		m²	1432.821312		
9	11230144	保温门		m²	453.6		
10	35010101	复合模板		m²	22757.194375		
11	80070256	聚合物抗裂砂浆		kg	451086.2125		
12	80070631	沥青珍珠岩板		m³	1113.352656		
13	80230806	蒸压粉煤灰加气混凝土砌块	600*190*240	m³	2309.15904		
14	80210557	预拌混凝土	C20	m³	804.696976		
15	80210559	预拌混凝土	C25	m³	2265.248705		
16	80210561	预拌混凝土	C30	m³	6937.535665		
17	80210561@2	预拌混凝土抗渗p8	C30	m³	1677.1858		
18	80210565	预拌混凝土	C40	m³	1212.630975		
19	80210565@1	预拌混凝土	C35	m³	622.5513		
20	80210701	预拌细石混凝土	C20	m³	826.940833		

图 6-61　主要材料价格表

第 7 章 竣工决算编制与保证金

7.1 竣 工 验 收

7.1.1 竣工验收的范围和依据

1. 竣工验收的范围

国家颁布的建设法规规定，凡新建、扩建、改建的基本建设项目和技术改造项目(所有列入固定资产投资计划的建设项目或单项工程)，已按国家批准的设计文件所规定的内容建成，符合验收标准，即工业投资项目经负荷试车考核，试生产期间能够正常生产出合格产品，形成生产能力的；非工业投资项目符合设计要求，能够正常使用的，无论是属于哪种建设性质，都应及时组织验收，办理固定资产移交手续。

扩展资源 1.工程竣工
预验收.doc

有的工期较长、建设设备装置较多的大型工程，为了及时发挥其经济效益，对其能够独立生产的单项工程，也可以根据建成时间的先后顺序，分期分批地组织竣工验收；对能生产中间产品的一些单项工程，不能提前投料试车，可按生产要求与生产最终产品的工程同步建成竣工后，再进行全部验收。

对于某些特殊情况，工程施工虽未全部按设计要求完成，也应进行验收，这些特殊情况主要有以下几种。

(1) 因少数非主要设备或某些特殊材料短期内不能解决，虽然工程内容尚未全部完成，但已可以投产或使用的工程项目。

(2) 规定要求的内容已完成，但因外部条件的制约，如流动资金不足、生产所需原材料不能满足等，而使已建工程不能投入使用的项目。

(3) 有些建设项目或单项工程，已形成部分生产能力，但近期内不能按原设计规模续建，应从实际情况出发，经主管部门批准后，可缩小规模对已完成的工程和设备组织竣工验收，移交固定资产。

2. 竣工验收的依据

建设项目竣工验收的主要依据包括以下几种。

(1) 上级主管部门对该项目批准的各种文件。

(2) 可行性研究报告。

(3) 施工图设计文件及设计变更洽商记录。

(4) 国家颁布的各种标准和现行的施工验收规范。

(5) 工程承包合同文件。

(6) 技术设备说明书。

(7) 建筑安装工程统一规定及主管部门关于工程竣工的规定。

(8) 从国外引进的新技术和成套设备的项目，以及中外合资建设项目，要按照签订的合同和进口国提供的设计文件等进行验收。

(9) 利用世界银行等国际金融机构贷款的建设项目，应按世界银行规定，按时编制《项目完成报告》。

竣工验收条件.mp3

7.1.2 竣工验收的内容

(1) 检查工程建设内容、建设规模是否按鉴定时依据的建筑技术管理规程、设计规范、批准的设计文件(包括变更设计)与施工技术规范建成；配套辅助项目是否与主体工程同步建成。

(2) 检查建设资金的来源和使用是否符合国家有关规定；检查概算、预算执行情况；发生调整概算的，是否经过审批部门批准；材料、设备购置是否合理，工程其他支出是否符合国家有关规定。

(3) 检查建设过程中发生的各类设计变更，是否按规定办理设计变更审批手续。

(4) 检查工程质量是否符合颁布的工程质量验收评定标准。

(5) 检查工程设备配套及设备安装、调试情况；主要设备经过联动试运转及考核情况；生产项目试生产情况；从国外引进设备合同完成情况。

(6) 检查环保、水土保持、劳动安全卫生、消防等设施是否按批准的设计文件建成，经考核是否合格；建筑抗震设防是否符合规定。

(7) 检查运营投产或投产使用准备情况，运营生产组织管理机构、岗位人员培训、物资准备、外部协作条件是否已经落实。是否满足国家运输要求和运营行车安全。

(8) 检查财务决算情况，竣工财务决算报表和财务决算说明书内容是否真实、准确。

(9) 检查工程竣工文件编制完成情况；建设项目批准文件、设计文件、竣工文件、监理文件等资料是否齐全、准确，并按规定归档。

7.1.3 竣工验收的方式与程序

1. 竣工验收的方式

在综合布线系统工程中采用的工程验收方法主要是随工验收(又称随工检验)和竣工检验(又称工程验收)，它们各有其主要作用和使用时段。

(1) 随工验收。随工验收的主要作用是对综合布线系统工程中的隐蔽性工程(或施工工序)随时随地进行检验,以防不合格的施工结果被掩盖,成为今后产生隐患的导火索。为此,在施工过程中,工程监理单位必须对综合布线系统工程中的几个要害部位或关键部分,加强监督管理,严格抓好质量,同时监理单位的随工检验人员应认真负责地做好随工验收记录,以便今后查考。

(2) 竣工检验。竣工检验是工程竣工检验的简称,又称工程验收。竣工检验一般分为预先检验(或称预先验收、初步检验)或正式检验(又称正式工程验收)。

2. 竣工验收的程序

(1) 申请报告。当工程具备验收条件时,承包人即可向监理人报送竣工验收申请报告。

(2) 验收。监理人收到承包人按要求提交的竣工验收申请报告后,应审查申请报告的各项内容,并按不同情况进行处理。

(3) 单位工程验收。发包人根据合同进度计划安排,在全部工程竣工前需要使用已经竣工的单位工程时,或承包人提出经发包人同意时,可进行单位工程验收。验收合格后,由监理人向承包人出具经发包人签认的单位工程验收证书。

(4) 施工期运行。是指合同工程尚未全部竣工,其中某项或几项单位工程或工程设备安装已竣工,根据专用合同条款约定,需要投入施工期运行的,经发包人约定验收合格,证明能确保安全后,才能在施工期投入运行。

(5) 试运行。

(6) 竣工清场。除合同另有约定外,工程接收证书颁发后,承包人应按要求对施工现场进行整理,直至监理人检验合格为止,竣工清场费用由承包人承担。

工程竣工验收监督.mp3

7.2 竣 工 决 算

7.2.1 竣工决算的概念

竣工决算是以实物数量和货币指标为计量单位,综合反映竣工项目从筹建开始到项目竣工交付使用为止的全部建设费用、投资效果和财务情况的总结性文件,是竣工验收报告的重要组成部分。竣工决算是正确核定新增固定资产价值,考核分析投资效果,建立健全经济责任制的依据,反映建设项目实际无形资产和其他资产造价和投资效果的文件。通过竣工决算,既能够正确反映建设工程的实际造价和投资结果;又可以通过竣工决算与概算、预算的对比分析,考核投资控制的

竣工决算的意义.mp3

工作成效，为工程建设提供重要的技术经济方面的基础资料，提高未来工程建设的投资效益。

7.2.2 竣工决算的作用

(1) 建设项目竣工决算是综合、全面地反映竣工项目建设成果及财务情况的总结性文件，它采用货币指标、实物数量、建设工期和各种技术经济指标综合、全面地反映建设项目自开始建设到竣工为止全部建设成果和财务状况。

(2) 建设项目竣工决算是办理交付使用资产的依据，也是竣工验收报告的重要组成部分。建设单位与使用单位在办理交付资产的验收交接手续时，通过竣工决算反映了交付使用资产的全部价值，包括固定资产、流动资产、无形资产和其他资产的价值。及时编制竣工决算可以正确核定固定资产价值并及时办理交付使用，可缩短工程建设周期，节约建设项目投资，准确考核和分析投资效果。

(3) 为确定建设单位新增固定资产价值提供依据。在竣工决算中，详细地计算了建设项目所有的建安费、设备购置费、其他工程建设费等新增固定资产总额及流动资金，可作为建设主管部门向企业使用单位移交财产的依据。

(4) 建设项目竣工决算是分析和检查涉及概算的执行情况，考核建设项目管理水平和投资效果的依据。

竣工决算反映了竣工项目计划，实际的建设规模、建设工期以及设计和实际的生产能力。反映了概算总投资和实际的建设成本，同时还反映了所达到的主要技术经济指标。通过对这些指标计划数、概算数与实际数进行对比分析，不仅可以全面掌握建设项目计划和概算执行情况，而且可以考核建设项目投资效果，为今后制订建设项目计划，降低建设成本，提高投资效益提供必要的参考资料。

项目竣工时，应编制建设项目竣工财务决算。建设周期长、建设内容多的项目，单项工程竣工，具备交付使用条件的，可编制单项工程竣工财务决算。建设项目全部竣工后应编制竣工财务总决算。

扩展资源 2.竣工决算
的编制依据.doc

7.2.3 质量保证金

1. 质量保证金的概念

发包人应按照合同约定的质量保证金比例从结算款中预留质量保证金。承包人未按照合同约定履行属于自身责任的工程缺陷修复义务的，发包人有权从质量保证金中扣除用于缺陷修复的各项支出。经查验，工程缺陷属于发包人原因造成的，应由发包人承担查验和缺陷修复的费用。在合同约定的缺陷责任期终止后，发包人应按照合同中最终结清的相关规定,将剩余的质量保证金返还给承包人。当然,剩余质量保证金的返还,并不能免除承包人按照合同约定应承担的质量保修责任和应履行的质量保修义务。

2. 最终结清

缺陷责任期终止后,承包人应按照合同约定向发包人提交最终结清支付申请。发包人对最终结清支付申请有异议的,有权要求承包人进行修正和提供补充资料。承包人修正后,应再次向发包人提交修正后的最终结清支付申请。发包人应在收到最终结清支付申请后的14 天内予以核实,并应向承包人签发最终结清支付证书。发包人应在签发最终结清支付证书后的 14 天内,按照最终结清支付证书列明的金额向承包人支付最终结清款。如果发包人未在约定的时间内核实,又未提出具体意见的,应视为承包人提交的最终结清支付申请已被发包人认可。

发包人未按期最终结清支付的,承包人可催告发包人支付,并有权获得延迟支付的利息。最终结清时,如果承包人被预留的质量保证金不足以抵减发包人工程缺陷修复费用的,承包人应承担不足部分的补偿责任。承包人对发包人支付的最终结清款有异议的,按照合同约定的争议解决方式处理。

7.3　竣工决算完整流程编制

竣工决算的编制步骤是个关键,如果在步骤方面出现了紊乱,即便编制依据齐全、准确,也可能导致决算结果出现偏差。因此,正确的竣工决算基本编制步骤如下所述。

(1) 收集、整理、分析原始资料。负责项目竣工决算编制的人员应该从项目进入施工阶段时就开始根据决算编制依据的要求,收集、整理各种有关资料,并进行全面的分析,以便做好项目档案资料的归纳整理和财务处理,这是为下一步的决算编制打基础。但是,仅仅做到这些还不够,工作人员还应该对财产物资进行盘点核实,以及清偿债权债务,以保证账账、账证、账实、账表相符。此外,对各种材料、设备、器具、工具等也要进行逐项盘点、核实,然后填列清单,并妥善保管,这些都将作为编制决算的重要参考资料。

(2) 核实工程变动情况,重新核算各单位工程、单项工程造价。核实工程变动情况是决定决算结果是否准确的关键,在核实的过程中一定要细致、精确。核实的过程中,不仅要把竣工资料与原设计图进行查对、核实,必要时还需进行实地勘察、测量,以确认实际变动情况。核实完成后,再根据前期审定的施工单位的竣工结算等原始资料,按照有关规定对原概(预)算进行增减调整,重新核定工程造价。

(3) 核定其他各项投资费用。对经审定的待摊投资、待核销基建支出和非经营项目的转出投资及其他投资,按照有关法律法规进行严格划分和核定后,分别计入相应的基建支出(占用)栏目内。比如,将审定后的待摊投资、其他投资、待核销基建支出和非经营项目的转出投资应分别写入相应的基建支出栏目内。

（4）编制竣工财务决算说明书。严格按照上述的要求进行编制，要使财务决算说明书符合内容全面、文字流畅、简明扼要、说明问题的要求。

（5）填写竣工决算报表。按照建设工程决算表格中的内容，根据编制依据中的有关资料统计或计算各个项目和数量，并将其结果填到相应表格的栏目内，完成所有报表的填写。

关于竣工财务决算报表的内容和格式，并不是绝对统一和不变的，它同样会因为项目性质和领域的不同而有所变化。不过主要报表一般包括项目概况表、项目竣工财务决算表、项目交付使用资产总表、项目交付使用资产明细表等。下面以基本建设项目为例，将其竣工财务决算的报表格式和内容给大家展示出来。具体格式如表 7-1～表 7-4 所示。

表 7-1　基本建设项目概况表

建竣决 01 表

建设项目(单项工程)名称		建设地址		项目		概算	实际	备注
主要设计单位		主要施工企业			建筑安装工程			
总投资(万元)	设计	实际		基建支出	设备、工具、器具			
					待摊投管			
					其中：建设单位支出			
新增生产能力					其他投资			
	能力(效益)名称	设计	实际		待核销基建支出			
建设起止时间	设计	竣工			非经营项目转出投资			
	实际	竣工			合计			
设计概算批准文号								
完成主要工程质量	建议规模			设备(台、套、吨)				
	设计		实际	设计		实际		

续表

	工程项目、内容	已完成投资额	尚需投资额	完成时间
收据工程				
	小计			

表 7-2　基本建设项目竣工财务决算表

建竣决 02 表 单位：万元

资金来源	金　额	资金占用	金　额
一、基建拨款		一、基本建设支出	
1.预算拨款		1.交付使用资产	
2.基建基金拨款		2.在建工程	
其中：国债专项基金拨款		3.待核销基建支出	
3.专项建设基金拨款		4.非经营项目转出投资	
4.进口设备转账拨款		二、应收生产单位投资借款	
5.器材转账拨款		三、拨付所属投资借款	
6.煤代油专用基金拨款		四、器材	
7.自筹资金拨款		其中：待处理器材损失	
8.其他拨款		五、货币资金	
二、项目资本		六、预付及应收款	
1.国家资本		七、有价证券	
2.法人资本		八、固定资产	
3.个人资本		固定资产原价	
4.外商资本		减：累计折旧	
三、项目资本公积		固定资产净值	
四、基建借款		固定资产清理	
其中：国债转贷		待处理固定资产损失	
五、上级拨入投资借款			
六、企业债券资金			
七、待冲基建支出			
八、应付款			
九、未交款			
1.未交税金			

续表

资金来源	金 额	资金占用	金 额
2.其他未交款			
十、上级拨入资金			
十一、留成收入			
合计			

表 7-3　基本建设项目交付使用资产总表

建竣决 03 表

序号	单项工程项目名称	总计	固定资产				流动资产	无形资产	递延资产
			合计	建安工程	设备	其他			

交付单位：　　年　月　日　　　　　　接收单位：　　年　月　日

(盖章)　　　　　　　　　　　　　　　　(盖章)

表 7-4　基本建设项目交付使用资产明细表

序号	单项工程名称	固定资产								流动资产		无形资产	
		建筑工程			设备、工具、器具、家具								
		结构	面积(m²)	金额(元)	名称	规格型号	数量	金额(元)	其中：设备安装费(元)	其中：分摊待摊投资(元)	名称	金额(元)	名称	金额(元)

　　凡按图竣工没有变动的，由承包人(包括总包和分包承包人，下同)在原施工图上加盖"竣工图"标志后，即作为竣工图。

① 表中"建筑工程"项目应按单项工程名称填列其结构、面积和价值。其中"结构"是指项目按钢结构、钢筋混凝土结构、混合结构等结构形式填写；"面积"则按各项目实际完成面积填写；"金额"按交付使用资产的实际价值填写。

② 表中"固定资产"部分要在逐项盘点后，根据盘点实际情况填写，工具、器具和家具等低值易耗品可分类填写。

③ 表中"流动资产""无形资产"项目应根据建设单位实际交付的名称和价值分别填列。

(6) 做好工程造价对比分析。

(7) 清理、装订竣工图。

扩展资源 3.竣工决算报告.doc

(8) 按国家规定上报审批、存档。

将上面提到的文件和表格检查核对无误后，装订成册，就是一份完整的建设工程竣工决算文件。将该文件提交给主管部门审查，并把其中财务成本部分文件送交开户银行签证。竣工决算在上报主管部门的同时，抄送有关设计单位。大、中型建设项目的竣工决算还应抄送财政部、建设银行总行和省、市、自治区的财政局和建设银行分行各一份。建设工程竣工决算文件，应由建设单位负责组织人员编写，在竣工建设项目办理验收使用一个月之内完成。

7.4　竣工决算案例

某一大、中型建设项目 2017 年开工建设，2018 年年底有关财务核算资料如下。

(1) 已经完成部分单项工程，经验收合格后，已经交付使用的资产。

① 固定资产价值 80000 万元。

② 为生产准备的使用期限在 1 年以内的备品备件、工具、器具等流动资产价值 28000 万元，期限在 1 年以上，单位价值在 2000 元以上的工具 57 万元。

③ 建造期间购置的专利权、非专利技术等无形资产 1750 万元，摊销期 5 年。

(2) 基本建设支出的未完成项目。

① 建筑安装工程支出 20000 万元。

② 设备工器具投资 39000 万元。

③ 建设单位管理费、勘察设计费等待摊投资 1700 万元。

④ 通过出让方式购置的土地使用权形成的其他投资 160 万元。

(3) 非经营项目发生待核销基建支出 60 万元。

(4) 应收生产单位投资借款 1260 万元。

(5) 购置需要安装的器材 70 万元，其中待处理器材 20 万元。

(6) 货币资金 510 万元。

(7) 预付工程款及应收有偿调出器材款 22 万元。

(8) 建设单位自用的固定资产原值 73000 万元，累计折旧 13500 万元。

(9) 反映在资金平衡表上的各类资金来源的期末余额。

① 预算拨款 56000 万元。

② 自筹资金拨款 52324 万元。

③ 其他拨款 460 万元。

④ 建设单位向商业银行借入的借款 121000 万元。

⑤ 建设单位当年完成交付生产单位使用的资产价值中，130 万元属于利用投资借款形成的待冲基建支出。

⑥ 应付器材销售商 45 万元货款和尚未支付的应付工程款 2100 万元。

⑦ 未缴税金 30 万元。

接下来尝试对该项目进行三项工作：填写资金平衡表、编制项目竣工财务决算表、计算基本建设结余资金。

1. 填写资金平衡表

填写资金平衡表中的有关数据，是为了了解建设期的在建工程的核算，主要在"建筑安装工程投资""设备投资""待摊投资""其他投资"四个会计科目中反映。当年已经完工、交付生产使用资产的核算主要在"交付使用资产"科目中反映，并分固定资产、流动资产、无形资产、递延资产等明细科目反映。

在填写资金平衡表的过程中，要注意各资金项目的归类，即哪些资金应归入哪些项目。

(1) 固定资产指使用期限超过 1 年，单位价值在规定标准以上(一般不超过 2000 元)，并在使用过程中保持原有物质形态的资产。从背景资料中可知，满足这两个条件的有：固定资产 80000 万元；期限在 1 年以上，单件价值 2000 元以上的工具 57 万元。因此资金平衡表中的固定资产为 80000+57=80057(万元)。

(2) 流动资产是指可以在 1 年内或超过 1 年的一个营业周期内变现或者运用的资产。对于不同时具备固定资产两个条件的低值易耗品也计入流动资产范围。因此，资金平衡表中的流动资产为为生产准备的使用期限在 1 年以内的随机备件、工具、器具 28000 万元。

(3) 无形资产是指企业长期使用，但没有实物形态的资产，如专利权、著作权、非专利技术、商誉等。资金平衡表中的无形资产为建筑期内购置的专利权与非专利技术 1750 万元。

(4) 递延资产是指不能全部计入当年损益，应在以后年度摊销的费用，如开办费、租入固定资产的改良工程支出等。

(5) 建筑工程安装投资、设备投资、待摊投资、其他投资四项可直接在背景资料中找到。

填制完的资金平衡表如表 7-5 所示。

表 7-5　资金平衡表

单位：万元

资金项目	金　额	资金项目	金　额
(一)交付使用资产	109807	(二)在建工程	60860
1.固定资产	80057	1.建筑安装工程投资	20000
2.流动资产	28000	2.设备投资	39000
3.无形资产	1750	3.待摊投资	1700
4.递延资产		4.其他投资	160

2. 编制项目竣工财务决算表

根据上述有关资料编制该项目竣工财务决算表，见表 7-6。

表 7-6　基本建设项目竣工财务决算表

建竣决 02 表

单位：万元

资金来源	金额	资金占用	金额	补充资料
一、基建拨款	108460	一、基本建设支出	170727	1.基建投资借款期末余额
1.预算拨款	56000	1.交付使用资产	109807	
2.基建基金拨款		2.在建工程	60860	
3.专项建设基金拨款		3.待核销基建支出	60	
4.进口设备转账拨款		4.非经营项目转出投资		
5.器材转账拨款		二、应收生产单位投资借款	1260	2.应急生产单位投资借款期末余额
6.煤代油专用基金拨款		三、拨付所属投资借款		
7.自筹资金拨款	52324	四、器材	70	
8.其他拨款	460	其中：待处理器材损失	20	3.基建结余资金
二、项目资本		五、货币资金	510	
1.国家资本		六、预付及应收款	22	
2.法人资本		七、有价证券		
3.个人资本		八、固定资产	59500	
三、项目资本公积		固定资产原价	73000	

续表

资金来源	金额	资金占用	金额	补充资料
四、基建借款		减：累计折旧	13500	
其中：国债转贷	121000	固定资产净值	59500	
五、上级拨入投资借款		固定资产清理		
六、企业债券资金		待处理固定资产损失		
七、待冲基建支出	130			
八、应付款	2145			
九、未交款	30			
1.未缴税金	30			
2.其他未交款				
十、上级拨入资金				
十一、留成收入				
合计	232089	合计	232089	

3. 计算基本建设结余资金

基建结余资金=基建拨款+项目资本+项目资本公积+基建借款+企业债券资金

　　　　+待冲基建支出-基建支出-应收生产单位投资借款

　　　　=108784+121000+130-170727-1260

　　　　=57927(万元)

第 8 章 工程计价在软件中的体现

8.1 土建 GTJ 导入

土建 GTJ 导入过程详见第 5 章 5.1.1 小节内容。

8.1.1 分部整理+清单排序

1. 分部整理

"分部整理"中的操作在第 5 章 5.1.1 小节内容中已讲到。这里主要讲"删除自定义分部标题"的适用。

对于单位工程自己添加的一些部分(不需要的),可选择"分部整理"中的"删除自定义分部标题",进行整体删除。勾选"删除自定义分部标题",执行分部整理时首先删除已有自定义分部标题和标准章节分部标题,然后执行分部整理。

2.清单排序

在"分部整理"中,单击"编制"→"整理清单"按钮,在其下拉菜单中有"清单排序"选项,如图 8-1 所示。

图 8-1 分部整理

在弹出的"清单排序"对话框中,根据需要,可选中"重排流水码""清单排序"或"保存清单顺序"的单选按钮,然后单击"确定"按钮,软件即可自己完成清单排序,如图 8-2 所示。

如果在清单编制时,只是想把清单排序后简单看一下,再恢复到原顺序继续工作的,可以选中"保存清单原顺序"单选按钮。待查看完毕后,单击"还原清单顺序"按钮。

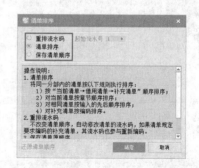

图 8-2 清单排序类型选择

8.1.2 组价套取(GTJ 中未套取)

若 GTJ 中未套取做法，在 GCCP 中则不能导入，需手动添加。如图 8-3 所示，右击红框处，选择添加清单或定额子目。

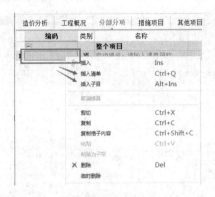

图 8-3　导入未套做法的 GTJ

在弹出的窗口中选择需要的清单，如图 8-4 所示。软件中提供了搜索功能，可以快速查找所需清单、定额子目，节省翻找清单定额的时间。

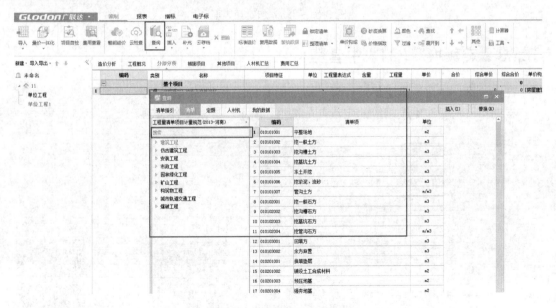

图 8-4　手动添加清单界面

在每个清单下补充合适的定额项，如图 8-5 所示。选择与清单"平整场地"相适应的红框部分定额子目。对于清单定额比较熟悉的，可以在章节中查找所需项目。

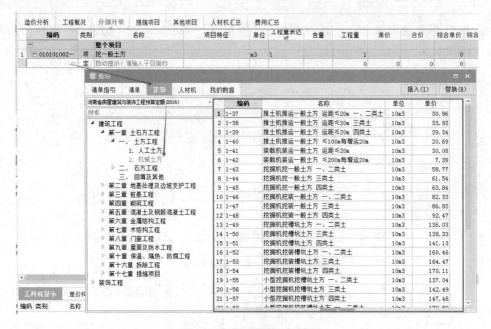

图 8-5 手动添加定额界面

8.1.3 定额换算(GTJ 中套取)

在"量价一体化"里选择已经套过做法的 GTJ 文件。

根据相应的做法更改相应的定额，如图 8-6 所示，导入文件选项。

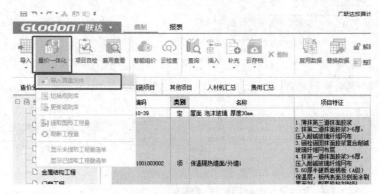

图 8-6 导入文件选项

定额换算.mp4

1. 标准换算

"标准换算"包含定额常规换算和系数换算，根据需要进行换算。

当项目特征、材料含量、材料规格与定额子目中描述不一致时，就需要对定额子目进行换算。例如，项目特征中所需为混凝土强度等级 C20 的预拌混凝土，则可在标准换算里将默认的"80210557　预拌混凝土 C20"换算为对应的"80210561　预拌混凝土 C30"，如图 8-7 所示。有时候也需要调整换算系数，如图 8-7 中右下角所示。

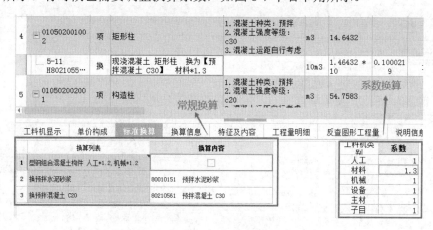

图 8-7　定额换算界面

2. 换算信息

单击"换算信息"按钮，可以查看该项目的换算编码、换算说明、换算来源，软件会自动记录每次换算的过程，方便后期校对查询，如图 8-8 所示。

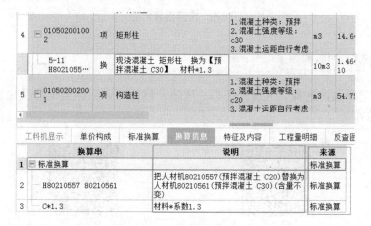

图 8-8　定额换算界面

3. 取消换算

右击换算项，选择"取消换算"选项，可以取消之前对该项进行的所有换算操作，如图 8-9 所示。

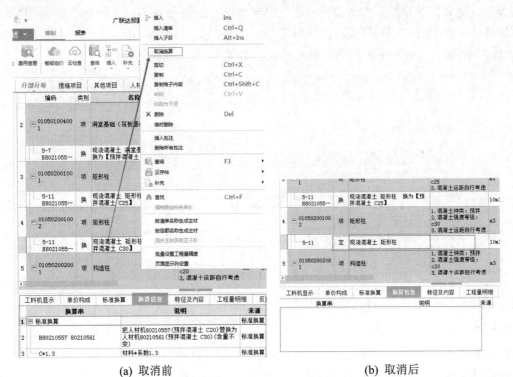

(a) 取消前   (b) 取消后

图 8-9　定额换算界面

8.1.4 主材价调整

在"编制"界面，选择"人材机汇总"选项，然后可以根据当地情况来调整主材价格，如图 8-10 所示。

扩展资源 1.主材价调整.doc   主材价格调整.mp4

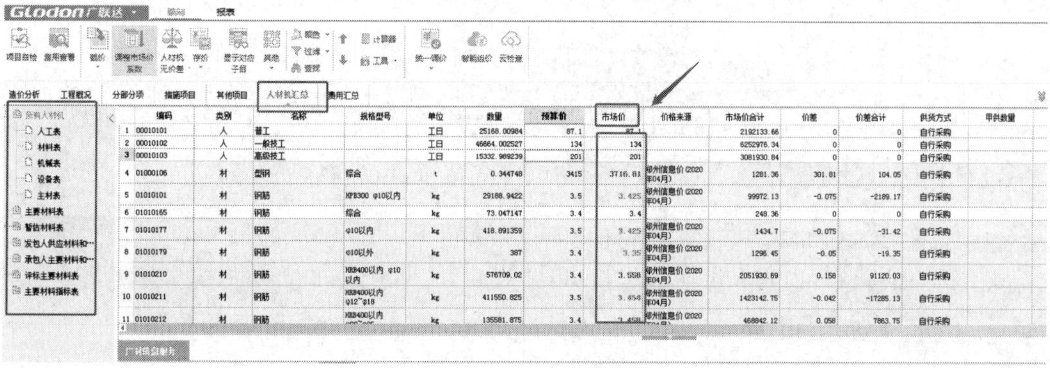

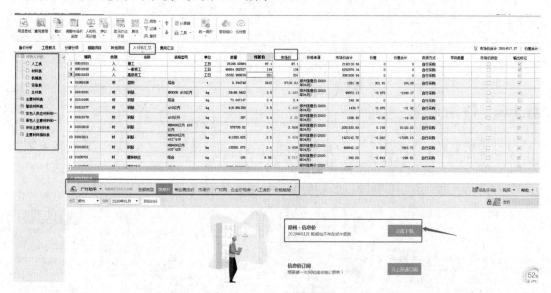

图 8-10　人材机汇总

　　然后在其下方的"广材信息服务"里面也可以选择所需地方及相应时间段的信息价，若没有，可以直接单击下载，如图 8-11 所示。

图 8-11　广材信息服务

下载后可根据相对应的人材机进行预算价调整，如图 8-12 所示。
也可以搜索并选择所需对应的价格，如图 8-13 所示。

图 8-12　下载信息价后的界面

图 8-13　材料搜索

8.1.5 ▏费用汇总

　　文件编辑完成后，需要对分部分项、措施项目、其他项目及调差部分各项费用明细进行查看，并根据合同规定对取费基数及费率进行调整。单击"编制"选项之后，选择"费用汇总"选项，即会显示目前项目各项费用，如图 8-14 所示。

序号		费用代号	名称	计算基数	基数说明	费率(%)	金额	费用类别	备注	输出
1	1	A	分部分项工程	FBFXHJ	分部分项合计		27,688,394.72	分部分项工程费		☑
2	- 2	B	措施项目	CSXMHJ	措施项目合计		10,874,199.83	措施项目费		☑
3	2.1	B1	其中: 安全文明施工费	AQWMSGF	安全文明施工费		1,029,280.38	安全文明施工费		☑
4	2.2	B2	其他措施费 (费率类)	QTCSF + QTF	其他措施费+其他 (费率类)		473,582.77	其他措施费		☑
5	2.3	B3	单价措施费	DJCSHJ	单价措施合计		9,371,336.68	单价措施费		☑
6	- 3	C	其他项目	C1 + C2 + C3 + C4 + C5	其中: 1) 暂列金额+2) 专业工程暂估价+3) 计日工+4) 总承包服务费+5) 其他		0.00	其他项目费		☑
7	3.1	C1	其中: 1) 暂列金额	ZLJE	暂列金额		0.00	暂列金额		☑
8	3.2	C2	2) 专业工程暂估价	ZYGCZGJ	专业工程暂估价		0.00	专业工程暂估价		☑
9	3.3	C3	3) 计日工	JRG	计日工		0.00	计日工		☑
10	3.4	C4	4) 总承包服务费	ZCBFWF	总承包服务费		0.00	总承包服务费		☑
11	3.5	C5	5) 其他				0.00			☑
12	- 4	D	规费	D1 + D2 + D3	定额规费+工程排污费+其他		1,276,258.95	规费	不可竞争费	☑
13	4.1	D1	定额规费	FBFX_GF + DJCS_GF	分部分项规费+单价措施规费		1,276,258.95	定额规费		☑
14	4.2	D2	工程排污费				0.00	工程排污费	据实计取	☑
15	4.3	D3	其他				0.00			☑
16	5	E	不含税工程造价合计	A + B + C + D	分部分项工程+措施项目+其他项目+规费		39,838,351.93			☑
17	6	F	增值税	E	不含税工程造价合计	9	3,585,496.82	增值税	一般计税方法	☑
18	7	G	含税工程造价合计	E + F	不含税工程造价合计+增值税		43,424,350.32	工程造价		☑

图 8-14　费用汇总

每项的计算基数与费率都可以根据工程实际情况进行调整，如图 8-15 所示。

序号	费用代号	名称	计算基数	基数说明	费率(%)	金额	费用类别
1	1	A	分部分项工程	FBFXHJ	分部分项合计		27,688,394.72	分部分项工程费
2	2	B	措施项目	CSXMHJ	措施项目合计		10,874,199.83	措施项目费
3	2.1	B1	其中: 安全文明施工费	AQWMSGF	安全文明施工费		1,029,280.38	安全文明施工费
4	2.2	B2	其他措施费（费率类）	QTCSF + QTF	其他措施费+其他（费率类）		473,582.77	其他措施费
5	2.3	B3	单价措施费	DJCSHJ	单价措施合计		9,371,336.68	单价措施费
6	3	C	其他项目	C1 + C2 + C3 + C4 + C5	其中: 1) 暂列金额+2) 专业工程暂估价+3) 计日工+4) 总承包服务费+5) 其他		0.00	其他项目费
7	3.1	C1	其中: 1) 暂列金额	ZLJE	暂列金额		0.00	
8	3.2	C2	2) 专业工程暂估价	ZYGCZGJ	专业工程暂估价		0.00	专业工程暂估价
9	3.3	C3	3) 计日工	JRG	计日工		0.00	计日工
10	3.4	C4	4) 总承包服务费	ZCBFWF	总承包服务费		0.00	总包服务费
11	3.5	C5	5) 其他				0.00	
12	4	D	规费	D1 + D2 + D3	定额规费+工程排污费+其他		1,276,258.95	规费
13	4.1	D1	定额规费	FBFX_GF + DJCS_GF	分部分项规费+单价措施规费		1,276,258.95	定额规费
14	4.2	D2	工程排污费				0.00	工程排污费
15	4.3	D3	其他					
16	5	E	不含税工程造价合计					
17	6	F	增税					
18	7	G	含税工程造价合计					

	费用代码		费用名称	费用金额
	分部分项	1	FBFXHJ	分部分项合计	27688394.72
	措施项目	2	ZJF	分部分项直接费	27341927.26
	其他项目	3	RGF	分部分项人工费	6027789.8
	人材机	4	CLF	分部分项材料费	18896539.96
	变量表	5	JXF	分部分项机械费	395645.29
		6	ZCF	分部分项主材费	0
		7	SBF	分部分项设备费	0
		8	GLF	分部分项管理费	1470887.8
		9	LRFY	分部分项利润	897576.34
		10	FBFX_AQWMSGF	分部分项安全文明施工费	626399.17
		11	FBFX_QTCSF	分部分项其他措施费	288221.3
		12	FBFX_GF	分部分项规费	776710.8
		13	RGFCJ	分部分项人工费差价	-1392045.89
		14	CLFCJ	分部分项材料费差价	3383634.12
		15	JXFCJ	分部分项机械费差价	12422.32
		16	GLFCJ	分部分项管理费差价	33740.31
		17	FBFX_ZCJC	分部分项主材价差	0
		18	FBFX_SBJC	分部分项设备费价差	0
		19	GR	工日合计	54295.6706
		20	ZHGR	综合工日合计	55425.6098
		21	CSXMHJ	措施项目合计	10874199.83
		22	ZJCSHJ	总价措施合计	1502863.15
		23	DJCSHJ	单价措施合计	9371336.68

查询费用代码	查询费率信息
费用代码	

	费用代码	
分部分项	1	FBFXHJ	分部分
措施项目	2	ZJF	分部分
其他项目	3	RGF	分部分
人材机	4	CLF	分部分
变量表	5	JXF	分部分
	6	ZCF	分部分
	7	SBF	分部分

图 8-15 计算基数与费率

也可以通过下面费用代码区域双击来添加计算基数，如图 8-16 所示。在图 8-16 (a)中选择并添加了"工程排污费"的计算基数，然后图 8-16(b)中规费的总额就发生了变化。

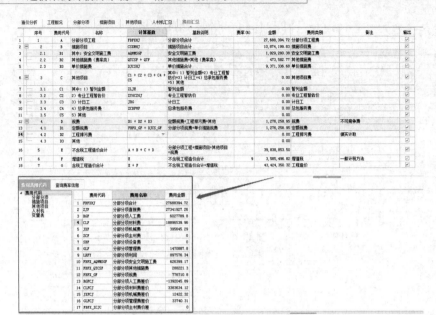

(a) 基数添加前

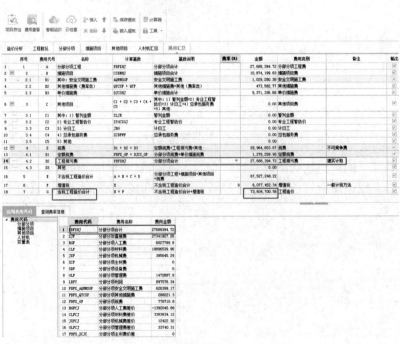

(b) 基数添加后

图 8-16　费用代码

8.1.6 造价分析

在"编制"界面选择"造价分析"即可，从弹出的对话框可得知工程总造价，单方造价，分部分项工程费，人材机，措施费及其他费用，如图 8-17 所示。

(1) 工程总造价(小写)：435962.33。

(2) 工程总造价(大写)：肆拾叁万伍仟玖佰陆拾贰元叁角叁分。

(3) 单方造价：0.00。

(4) 分部分项工程费：293750.85。

(5) 其中：人工费：96318.16。

······

	名称	内容
1	工程总造价(小写)	43,424,350.32
2	工程总造价(大写)	肆仟叁佰肆拾贰万叁仟肆佰伍拾元叁…
3	单方造价	0.00
4	分部分项工程费	27688394.72
5	其中:人工费	6027789.8
6	材料费	18896539.96
7	机械费	395645.29
8	主材费	0
9	设备费	0
10	管理费	1470887.8
11	利润	897576.34
12	措施项目费	10874199.83
13	其他项目费	0
14	规费	1276258.95
15	增值税	3585496.82

三材汇总表

序号	名称	单位	数量
1	钢材	吨	1195.82
2	其中:钢筋	吨	1178.43
3	木材	立方米	492.99
4	水泥	吨	129.49
5	商品砼	立方米	14487.98
6	商品砂浆	立方米	2296.11

图 8-17 三材汇总表

在"造价分析"栏下也可查看"三材汇总表"，来得知工程大概所需材料的量，如图 8-17 所示。

8.2 外部清单导入

8.2.1 清单锁定

在"编制"界面，选择"分部分项"，上方会有"锁定清单"图标，锁定清单之后，清单名称、项目特征及清单工程量无法更改，如图8-18所示。

外部清单导入和清单锁定.mp4

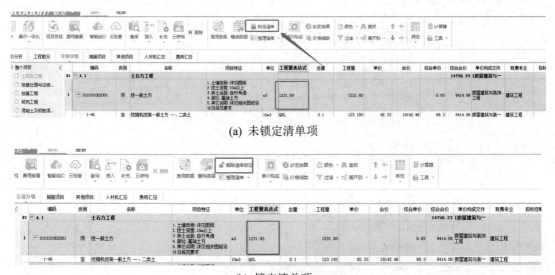

(a) 未锁定清单项

(b) 锁定清单项

图 8-18 清单锁定

8.2.2 组价套取

导入所需组价文件后，可单击"查询"选项，搜索所需要的定额，如图8-19所示。

清单定额套取.mp4

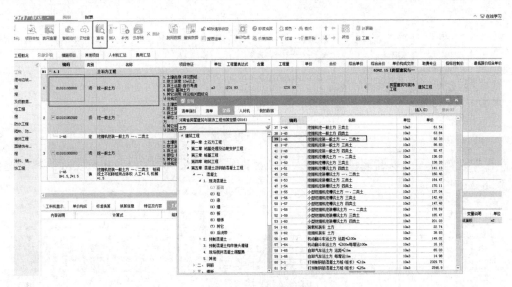

图 8-19　定额选择

8.2.3　定额换算

找到所需定额后，会弹出换算对话框或者单击下方的"标准换算"选项，可以更改实际所用材料。例如，所需为 C20 细石混凝土，默认选项为"80210555　预拌混凝土 C15"对应的改为"80210557　预拌混凝土 C20"，如图 8-20、图 8-21 所示。

扩展资源 2.工程造价定额　　定额换算.mp3
换算方法.doc

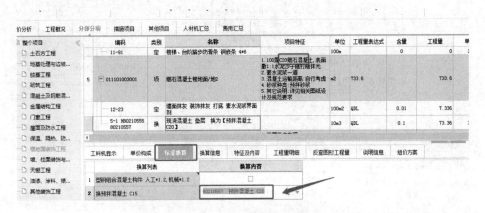

图 8-20　选择定额后对话框

	工料机显示	单价构成	标准换算	换算信息	特征及内容	工程量明细	反查图形工程量	说明信息	组价方案

	换算列表	换算内容
1	实际厚度(mm)	20
2	采用地暖的地板垫层，按不同材料执行相应项目 人工*1.3,材料*0.95	☐
3	换预拌细石混凝土 C20	80210701 预拌细石混凝土 C20

手动输入所需厚度

图 8-21　标准换算

根据具体情况可以选择是否需要人工机械的系数(见图 8-22)以及更改实际涂料的遍数(见图 8-23)。

10	编码	类别	名称	项目特征	单位	工程量表达式	含量	工程量	单价	合价
	14-213	换	内墙涂料 墙面 二遍 换为【丙烯酸防水涂料】		100m2	QDL	0.01	2.8688	2208.43	6335.54
	⊟ 011105001002	项	涂料踢脚线/踢1	1.2厚灰色丙烯酸涂料 2.配套抓子刮平 3.6厚1:2水泥砂浆压实抹平 4.7厚1:2水泥砂浆抹面压光 5.2厚配套专用界面砂浆批刮 6.踢脚线高度:150mm 7.部位:楼梯梯段踢脚线 8.其它说明:详见相关图纸设计及规范要求	m2	78.15		78.15		
	11-57 R*1.15,J*1.15	换	踢脚线 水泥砂浆 弧形踢脚线、楼梯段踢脚线 人工*1.15,机械*1.15		100m2	QDL	0.01	0.7815	8345.88	6522.31
	14-213	换	内墙涂料 墙面 二遍 换为【丙烯酸彩砂涂料】		100m2	QDL	0.01	0.7815	2200.81	1719.93

	工料机显示	单价构成	标准换算	换算信息	特征及内容	工程量明细	反查图形工程量	说明信息	组价方案

	换算列表	换算内容
1	弧形踢脚线、楼梯段踢脚线 人工*1.15,机械*1.15	☑
2	换干混抹灰砂浆 DP M10	80010543 干混抹灰砂浆 DP M10

图 8-22　选择人工、机械系数

10	14-213	换	涂料】		100m2	QDL	0.01	2.8688	2208.43	6335.54
	⊟ 011105001002	项	涂料踢脚线/踢1	1.2厚灰色丙烯酸涂料 2.配套抓子刮平 3.6厚1:2水泥砂浆压实抹平 4.7厚1:2水泥砂浆抹面压光 5.2厚配套专用界面砂浆批刮 6.踢脚线高度:150mm 7.部位:楼梯梯段踢脚线 8.其它说明:详见相关图纸设计及规范要求	m2	78.15		78.15		
	11-57 R*1.15,J*1.15	换	踢脚线 水泥砂浆 弧形踢脚线、楼梯段踢脚线 人工*1.15,机械*1.15		100m2	QDL	0.01	0.7815	8345.88	6522.31
	14-213	换	内墙涂料 墙面 二遍 换为【丙烯酸彩砂涂料】		100m2	QDL	0.01	0.7815	2200.81	1719.93

	工料机显示	单价构成	标准换算	换算信息	特征及内容	工程量明细	反查图形工程量	说明信息	组价方案

	换算列表	换算内容
1	实际遍数(遍)	2
2	门窗套、窗台板、腰线、压顶、扶手（栏板上扶手）等抹灰面刷喷油漆、涂料，与整体墙面分色者 人工*1.43	☐
3	独立柱抹灰面喷刷油漆、涂料、裱糊 人工*1.2	☐

根据实际手动更改

图 8-23　涂料粉刷遍数换算

8.2.4 主材价调整

在"编制"界面，选择"人材机汇总"，然后可以根据当地情况来调整主材价格，如图 8-24 所示。

例如，"型钢 综合"的市场价同 4 预算价一样为 3415，可根据广材助手里的搜索结果来调整为 3716.81，如图 8-25 所示。

材料价格调整.mp3

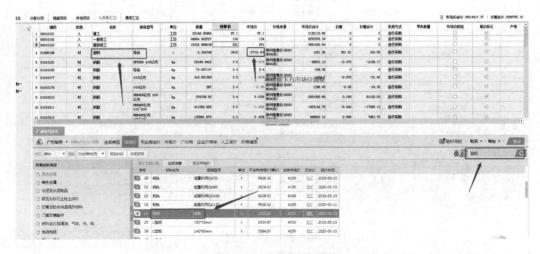

图 8-24　主材价调整

图 8-25　材料价格调整

8.2.5 费用汇总

文件编辑完成后，需要对分部分项、措施项目、其他项目及调差部分各项费用明细进行查看，并根据合同规定对取费基数及费率进行调整。在"编制"界面，选择"费用汇总"即可查看。

费用汇总.mp3

表中数据可单独修改，如图 8-26 所示。例如，其中增值税 9%的费率可通过手动输入更改为 11%的费率，修改后"含税工程造价合计"的数值发生了相应的变化。

序号	费用代号	名称	计算基数	基数说明	费率(%)	金额	费用类别	备注	输出
1	A	分部分项工程	FBFXHJ	分部分项合计		27,688,394.72	分部分项工程费		☑
2	B	措施项目	CSXMHJ	措施项目合计		10,874,199.83	措施项目费		☑
2.1	B1	其中：安全文明施工费	AQWMSGF	安全文明施工费		1,029,280.38	安全文明施工费		☑
2.2	B2	其他措施费（费率类）	QTCSF + QTF	其他措施费+其他（费率类）		473,582.77	其他措施费		☑
2.3	B3	单价措施费	DJCSHJ	单价措施费		9,371,336.68	单价措施费		☑
3	C	其他项目	C1 + C2 + C3 + C4 + C5	其中：1）暂列金额+2）专业工程暂估价+3）计日工+4）总承包服务费+5）其他		0.00	其他项目费		☑
3.1	C1	其中：1）暂列金额	ZLJE	暂列金额		0.00	暂列金额		☑
3.2	C2	2）专业工程暂估价	ZYGCZGJ	专业工程暂估价		0.00	专业工程暂估价		☑
3.3	C3	3）计日工	JRG	计日工		0.00	计日工		☑
3.4	C4	4）总承包服务费	ZCBFWF	总承包服务费		0.00	总包服务费		☑
3.5	C5	5）其他				0.00			☑
4	D	规费	D1 + D2 + D3	定额规费+工程排污费+其他		1,276,258.95	规费	不可竞争费	☑
4.1	D1	定额规费	FBFX_GF + DJCS_GF	分部分项规费+单价措施规费		1,276,258.95	定额规费		☑
4.2	D2	工程排污费				0.00	工程排污费	据实计取	☑
4.3	D3	其他				0.00			☑
5	E	不含税工程造价合计	A + B + C + D	分部分项工程+措施项目+其他项目+规费		39,838,853.50			☑
6	F	增值税	E	不含税工程造价合计	9	3,585,496.82	增值税	一般计税方法	☑
7	G	含税工程造价合计	E + F	不含税工程造价合计+增值税		43,424,350.32	工程造价		☑

(a) 增值税更改前

序号	费用代号	名称	计算基数	基数说明	费率(%)	金额	费用类别	备注	输出
1	A	分部分项工程	FBFXHJ	分部分项合计		27,688,394.72	分部分项工程费		☑
2	B	措施项目	CSXMHJ	措施项目合计		10,874,199.83	措施项目费		☑
2.1	B1	其中：安全文明施工费	AQWMSGF	安全文明施工费		1,029,280.38	安全文明施工费		☑
2.2	B2	其他措施费（费率类）	QTCSF + QTF	其他措施费+其他（费率类）		473,582.77	其他措施费		☑
2.3	B3	单价措施费	DJCSHJ	单价措施费		9,371,336.68	单价措施费		☑
3	C	其他项目	C1 + C2 + C3 + C4 + C5	其中：1）暂列金额+2）专业工程暂估价+3）计日工+4）总承包服务费+5）其他		0.00	其他项目费		☑
3.1	C1	其中：1）暂列金额	ZLJE	暂列金额		0.00	暂列金额		☑
3.2	C2	2）专业工程暂估价	ZYGCZGJ	专业工程暂估价		0.00	专业工程暂估价		☑
3.3	C3	3）计日工	JRG	计日工		0.00	计日工		☑
3.4	C4	4）总承包服务费	ZCBFWF	总承包服务费		0.00	总包服务费		☑
3.5	C5	5）其他				0.00			☑
4	D	规费	D1 + D2 + D3	定额规费+工程排污费+其他		1,276,258.95	规费	不可竞争费	☑
4.1	D1	定额规费	FBFX_GF + DJCS_GF	分部分项规费+单价措施规费		1,276,258.95	定额规费		☑
4.2	D2	工程排污费				0.00	工程排污费	据实计取	☑
4.3	D3	其他				0.00			☑
5	E	不含税工程造价合计	A + B + C + D	分部分项工程+措施项目+其他项目+规费		39,838,853.50			☑
6	F	增值税	E	不含税工程造价合计	11	4,382,273.89	增值税	一般计税方法	☑
7	G	含税工程造价合计	E + F	不含税工程造价合计+增值税		44,221,127.39	工程造价		☑

(b) 增值税更改后

图 8-26　费用汇总

8.2.6 造价分析

在"编制"界面选择"造价分析"选项，从弹出的对话框可得知工程总造价，单方造价，分部分项工程费，人材机，措施费及其他费用，如图 8-27 所示。

(1) 工程总造价(小写)：16417.21。

(2) 工程总造价(大写)：壹万陆仟肆佰壹拾柒元贰角壹分。

(3) 单方造价：0.00。

(4) 分部分项工程费：12871.27。

(5) 其中：人工费：7059.27。

……

这里的单方造价为 0，表示"工程概况"的"建筑面积"处没有填写数据(如图 8-28 所示)。只要补充填写面积数据，就会得到该工程的单方平均造价。

图 8-27 造价分析(1)

图 8-28 造价分析(2)

8.3　快 速 调 整

8.3.1　按照目标总价调整

调价.mp4

"调价"选项里有"指定造价调整"，可直接按照目标总价进行调整，如图 8-29(a)所示。

输入目标造价后，可单击"工程造价预览"来看具体数值，如图 8-29(b)所示。

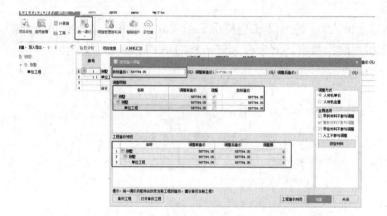

(a) 调整目标造价前

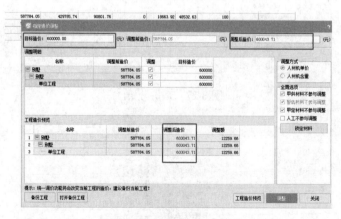

(b) 调整目标造价后

图 8-29　指定造价调整

8.3.2 ▎按照造价系数调整

在"指定造价调整"后面有"造价系数调整"，可根据调整相应系数来调整总造价，如图 8-30(a)所示。

手动更改系数后，可单击"工程造价预览"按钮，可知调整后工程造价的变动，如图 8-30(b)所示。

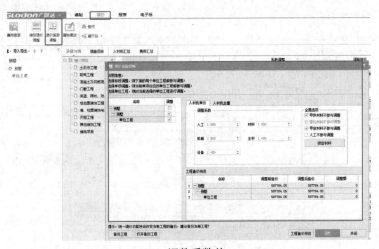

(a) 调整系数前

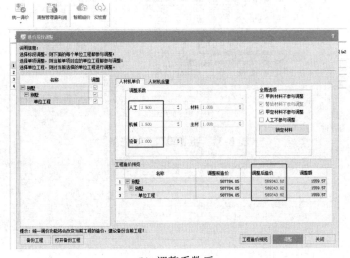

(b) 调整系数后

图 8-30　造价系数调整

8.3.3 批量设置价格指数

在"编制"界面，单击"价格指数"按钮，在弹出的"批量设置价格指数"对话框中可根据实际需求来作相应的调整，如图 8-31 所示。

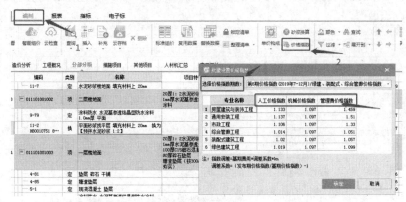

(a) 调出界面

(b) 选择界面

图 8-31 批量设置价格指数